U0172637

《复旦网络空间治理评论》第二辑

全球网络空间战略稳定
理论与实践

江天骄 ⊙主 编

时 事 出 版 社
北 京

图书在版编目（CIP）数据

全球网络空间战略稳定：理论与实践／江天骄主编．—北京：
时事出版社，2023.5
　ISBN 978-7-5195-0518-9

　Ⅰ.①全…　Ⅱ.①江…　Ⅲ.①网络安全—研究—世界　Ⅳ.①TN915.08

　中国国家版本馆 CIP 数据核字（2023）第 040616 号

出 版 发 行：时事出版社
地　　　　址：北京市海淀区彰化路 138 号西荣阁 B 座 G2 层
邮　　　　编：100097
发 行 热 线：（010）88869831　88869832
传　　　真：（010）88869875
电 子 邮 箱：shishichubanshe@ sina. com
网　　　　址：www. shishishe. com
印　　　　刷：北京良义印刷科技有限公司

开本：787×1092　1/16　印张：16.75　字数：213 千字
2023 年 5 月第 1 版　2023 年 5 月第 1 次印刷
定价：102.00 元
（如有印装质量问题，请与本社发行部联系调换）

本书是教育部青年基金项目"全球网络空间的战略稳定性研究"（项目编号：19YJCGJW004）的研究成果

编辑委员会

战略顾问：

邬贺铨　院士

何德全　院士

郝叶力　中国国际战略学会高级顾问、国家创新与发展战略研究会副会长

林　鹏　广东工业大学特聘教授、博导，享受国务院特殊津贴专家

编委会成员（排名不分先后）

沈　逸　教授，复旦大学网络空间国际治理研究基地主任

桂　勇　教授、博导，复旦大学社会治理研究中心主任

杨　珉　复旦大学计算机科学技术学院副院长，教授、博导

杨海军　上海市委网络安全与信息化委员会办公室总工程师

方兴东　浙江大学传媒与国际文化学院教授、浙江大学社会治理研究院首席专家，互联网实验室创始人

支振锋　中国社会科学院法学研究所研究员

田　丽　北京大学互联网发展研究中心主任，北京大学新媒体研究院副教授、博导

徐纬地　国防大学战略研究所原研究员，退役大校

郎　平　中国社会科学院世界经济与政治研究所国家安全研究室主任、研究员

李　艳　中国现代国际关系研究院科技与网络安全研究所执行所长，研究员

鲁传颖　上海国际问题研究院网络空间国际治理研究中心秘书长，研究员

惠志斌　上海社科院互联网研究中心主任，研究员

蔡翠红　复旦大学美国研究中心教授、博导

汪晓风　复旦大学美国研究中心副研究员

黄　晟　网络安全领域资深专家

Bruce McConnell　美国东西方研究所执行总裁兼首席执行官

Luca Belli　巴西瓦加斯基金会法学院教授

目　录

网络空间大国关系演进与战略稳定机制构建*

鲁传颖**

摘　要： 随着网络空间中权力与财富的不断集聚，大国之间围绕权力划分和资源分配的博弈也在加剧。在缺乏国际秩序和规则约束的状况下，国家在网络中的行为具有战略上的进攻性，行为上的不确定性、政策上的矛盾性等特点，使得网络空间大国关系处于一种缺乏互信，竞争大于合作，并且冲突不断的状态。大国关系的无序竞争进而导致了网络空间处于脆弱战略稳定的状态，深刻地影响了国际体系的秩序与和平。本文首先从力量格局、行为模式两个层面描述了网络空间大国关系的现状。其次，进一步分析了大国关系对网络空间战略稳定和全球战略稳定两个层面所造成的负面影响。最后，从建立大国网络空间战略稳定观，构建网络空间国际安全架构，探索如何建立网络空间战略稳定的制度体系。

关键词： 网络空间大国关系　战略稳定　国际安全架构

大国关系与战略稳定是网络空间全球治理领域两个重要的变量，对网络空间秩序构建与和平发展至关重要。目前，国际学术界对这一问题的认识还存在一些争议。一方面，很多学者否认"国家"是

　＊　本文发表于《国外社会科学》2020 年第 2 期。

　＊＊　鲁传颖，上海国际问题研究院网络空间国际治理研究中心秘书长，研究员。

网络空间中的主导行为体，坚定支持自下而上、公开透明的"多利益攸关方"治理模式。"多利益攸关方"是网络空间全球治理领域的主导理论，由此导致对网络空间大国关系的研究在国际上处于"非主流"的境地。① 另一方面，"战略稳定"具有深刻的"核武器""冷战"烙印，有学者将"网络"与"核"进行类比，试图将核稳定的经验应用于网络空间，但由于两者之间存在的诸多截然相反的属性增加了类比研究的难度。② 还有机构将"网络空间稳定"作为主要的研究对象，如联合国裁军研究所举办年度"网络稳定研讨会"，从军控角度来探讨网络空间冲突与稳定问题。由荷兰政府支持的全球多利益攸关方组织"全球网络稳定委员会"将重点放在如何提升网络空间的可用性、完整性，以及冲突的和平解决。国内学者也开始关注网络空间的战略稳定问题，从网络技术视角、危机管控经验、核稳定观、中美网络关系等多个层面探索如何维护网络空间的战略稳定问题。③ 总体来看，国内外现有的研究更多将战略稳定内涵界定落在网络空间和核稳定领域，缺乏对于国际体系战略稳定影响的分析，对全球战略稳定层面的研究关注不够。

在实践中，大国在网络空间中的冲突日趋激烈，网络空间军事化步伐进一步加剧，成为影响全球战略稳定的重要不稳定因素，这不仅令网络空间的秩序与和平面临严重威胁，也对物理世界中大国之间的国际安全、政治互信，以及全球贸易体系、科技创新体系和

---

① Laura DeNardis and Mark Raymond, "Thinking Clearly about Multi - stakeholder Internet Governance," *Paper Presented at Eighth Annual GigaNet Symposium*, November 14, 2013, pp. 1 - 2.

② Joseph S. Nye, Jr., "Nuclear Lessons for Cyber Security," *Strategic Studies Quarterly*, Vol. 5, No. 4, 2011, pp. 18 - 36.

③ 这方面的研究参见许蔓舒：《促进网络空间战略稳定的思考》，载《信息安全与通信保密》，2019年第7期，第5—8页；石斌：《大国构建战略稳定关系的基本历史经验》，载《中国信息安全》，2019年第8期，第29—35页；徐纬地：《战略稳定及其与核、外空和网络的关系》，载《信息安全与通信保密》，2018年第9期，第20—24页；沈逸：《解析中美网络空间战略稳定的目标、方向与路径之争》，载《信息安全与通信保密》，2018年第9期，第25—27页。

供应链完整造成严重破坏,① 因此,厘清网络空间大国关系的演进过程与内涵,分析其对战略稳定带来的深层次影响,在此基础上提出维护网络空间战略稳定机制,不仅对网络空间全球治理研究的理论创新,对于维护网络空间和全球战略稳定也具有一定的现实意义。

一、网络空间大国关系的力量格局和行为模式

网络空间大国关系是国际体系中的主要国家行为体在网络空间中的互动关系,主要受到双重因素的影响,分别是国家在网络空间实力分布产生的力量格局②,基于网络空间特殊的安全、政治、经济逻辑所形成的国家在网络空间中的行为模式③。力量格局和行为模式构成了影响大国在网络空间中互动关系的主要因素。

(一) 网络空间的力量格局

力量格局是国家在网络空间中的实力分布,它在一定程度上与现存国际体系中的力量格局关联密切,国家实力可以映射到网络空间当中。另一方面,网络空间自身所具备特殊的属性也对网络空间力量格局产生了很大影响,使得物理空间与网络空间的力量格局并非完全一致。可以根据网络空间的演进将网络空间中的力量格局划分为三个阶段:

①　周宏仁:《网络空间的崛起与战略稳定》,载《国际展望》,2019 年第 3 期,第 29 - 31 页。

②　鲁传颖:《网络空间治理的力量博弈、理念演变与中国战略》,载《国际展望》,2016 年第 1 期,第 118 - 119 页。

③　鲁传颖:《网络空间安全困境及治理机制构建》,载《现代国际关系》,2018 年第 11 期,第 55 - 59 页。

第一阶段是无政府阶段。国家不是治理的主要行为体，I*在互联网关键资源治理机制中主导地位的形成。① 无政府并不意味着混乱和秩序缺失，相反，依靠代码治理和技术社群的主导作用，互联网到得了稳定、快速的发展。开放、透明、自下而上的"多利益攸关方"治理模式在网络空间秩序构建中发挥了重要作用。由于国家并没有过多的参与到这一进程中，很多人因此提出了所谓的"网络空间自治论"。② 传统国际关系中以国家为主体的力量格局并未在这一阶段的网络空间中呈现。③ 这也反映了早期的互联网发展更多是基于技术和关键资源的分配，国家所关注的安全、政治、经济尚未出现在这一阶段的网络空间中。④

第二个阶段是美国霸权阶段。随着人类社会的安全、政治和经济活动不断的映射到网络空间中，美国携技术上的先发优势而成功将自己在物理世界中的实力映射到网络空间，成为网络空间中具有超强实力的国家。⑤ 美国发明的TCP/IP协议，战胜了包括一些欧洲国家支持的X.25协议，并以此为基础建立了全球互联网。⑥ 互联网发展早期形成的技术社群如ICANN、IETF、ISOC、IAB多位于美国境内。硅谷的崛起使得美国的互联网企业几乎垄断了网络领域从硬件、操作系统、软件、应用等全生态系统。因此，美国成为网络

---

① I*是指一系列以I开头的国际互联网组织，如ICANN、ISOC、IAB、IETF等，在互联网发展中扮演了核心角色。

② David Johnson and David Post, "Law and Borders: the Rise of Law in Cyberspace," *Stanford Law Review*, Vol 48, No. 5, May 1996, pp. 1368 – 1378.

③ 米尔顿·穆勒：《网络与国家：互联网治理的全球政治学》，周程等译，王骏等校，上海：上海交通大学出版社，2015年版，第3–4页。

④ Kahler, M. ed., *Networked politics: Agency, structure and power*. Ithaca, NY: Cornell University Press, 2009, p. 34.

⑤ John B. Sheldon, "Geopolitics and Cyber Power: Why Geography Still Matters," *American Foreign Policy Interests*, Vol. 36, No. 5, 2014, pp. 286 – 293.

⑥ Jeremy Malcolm, *Multi – stakeholder governance and the Internet governance forum*. Wembley, Australia: Terminus Press, 2008, pp. 44 – 69.

空间中唯一的霸权国家，决定着网络空间中的商业、政治和安全秩序。其他国家实质上都是接入美国的互联网，也被动的接受了美国对于网络空间中秩序的安排。①

第三个阶段是巴尔干化阶段。"巴尔干化"是指原本美国主导的、相对统一的网络空间出现分裂，各国政府开始加强对网络空间主权的维护，形成了网络空间国家化的趋势，原有的秩序开始出现巨大变革。② 产生这种现象主要有三个原因：一是网络空间战略性意义不断上升，各国加强了在网络空间的竞争，全球网络空间秩序与利益协调难度不断增加。③ "数据本地化"已经成为全球趋势，对网络空间完整性具有重要意义的数据自由流通原则受到挑战，加速了网络空间在数据层面"分裂"。2018 年以来，欧盟实施了《通用数据保护规则》，中国制定了《个人信息出境评估办法》，越来越多的国家加入制定数据本地化措施的阵营中。二是因为美国作为霸权国家过度将在网络空间中的优势转化为实现国家战略的工具，抵消了美国在网络空间规则制定中的合法性，加速了美国霸权的衰落。在政治上，美国以所谓的"互联网自由"推动意识形态扩展，危害他国的政治安全。中东变局中美国政府要求脸书、推特等社交媒体平台拒绝埃及、伊朗等政府的指令，为反对派的组织动员提供支持。在安全上，美国利用在网络空间中掌握的公共资源，对全球开展大

---

① Madeline Carr, "Power Plays in Global Internet Governance," *Millennium*: *Journal of International Studies*, Vol. 43, No. 2, 2015, pp. 640 – 659.

② Camino Kavanagh, "The United Nations, Cyberspace and International Peace and Security: Responding to Complexity in the 21st Century," Geneva: United Nations Institute for Disarmament Research, 2017.

③ 在第五届信息安全政府专家组中，美国政府由于其提出的"反措施""国家责任"原则未能获得一致支持，因而否决了整个专家组的报告，致使专家组旨在建立网络空间规范的进程受阻。参见 Michele G. Markoff, "Explanation of Position at the Conclusion of the 2016 – 2017 UN Group of Governmental Experts (GGE) on Developments in the Field of Information and Telecommunications in the Context of International Security," June 23, 2017, https://www.state.gov/s/cyberissues/releasesandremarks/272175.htm。

规模网络监听，危害了包括盟友在内的世界各国国家安全。三是网络安全的非对称性进一步加剧了美国面临的网络安全挑战，使得美国不得不将更多的资源投向维护国内安全，加强网络军事力量维护。同时主动放弃对维护网络空间秩序的资源投入，撤并了国务院网络事务协调员办公室，并取消了协调员一职。美国不仅客观上缺乏推动提供网络空间秩序的能力，主观上也认为现阶段建立国际规则并不现实。[①] 因此，美国 2018 年发布的《国防部网络安全战略》先后制定了"前置防御""持续接触"等单边主义、先发制人的网络战略，通过自助的方式来维护自身网络安全。[②]

（二）大国在网络空间的行为模式

影响网络空间大国关系的另一重因素是国家在网络空间中的行为模式，主要表现为网络技术对传统安全、政治和商业逻辑的颠覆，国家形成了更具进攻性的网络安全逻辑，相互不信任的网络政治逻辑和面临大国博弈的商业逻辑等三个层面。[③]

国家的网络安全逻辑与传统安全逻辑存在很大差异，国际合作更难以开展，这背后反映了网络本身的不安全性，网络空间的不安全感和网络攻防的不对称性等网络技术对安全所带来的颠覆性影响。首先，网络具有不安全性，任何的设备和系统都是由人设计，理论上说任何设备和系统中都存在着不同程度的错误，并且这种错误的概率非常高，这些错误都有可能成为漏洞从而被攻击。因此，网络

---

① Michael P. Fischerkeller and Richard J. Harknett, "Persistent Engagement, Agreed Competition, Cyberspace Interaction Dynamics and Escalation," Alexandria: Institute for Defense Analysis, May 2018.

② Department of Defense, *Summary of the Department of Defense Cyber Strategy*, Washington, DC: Department of Defense, September 18, 2018.

③ 鲁传颖：《网络空间安全困境及治理机制构建》，载《现代国际关系》，2018 年第 11 期，第 55 – 59 页。

一直在安全与不安全之间进行转换，并且总体上是不安全的。其次，网络空间给国家带来了很大的"不安全感"，表现在国家难以对网络安全环境做出客观、准确的态势感知、威胁评估。中国国家领导人曾经用"谁进来了不知道、是敌是友不知道、干了什么不知道"来形容中国所面临的网络安全环境。① 网络空间的虚拟性、匿名性颠覆了传统对安全环境的认知。最后，网络攻防具有不对称性，网络攻击的对象不仅仅是军事目标，大多数对国计民生具有重要价值的关键基础设施都是目标，这些关键基础设施数量大、分布广泛，并且主要由企业在运行，存在极大的安全风险。从防御角度而言，要对如此众多具有潜在安全风险的关键基础设施进行保护，不仅收效甚微，成本也是难以负担。

大国在网络空间政治互动中缺乏基本互信，导致政治安全无法得到保障，政治共识难以建立，政治承诺落实困难等问题。首先，政治安全对于任何大国而言，都是国家利益的核心领域，不容侵犯。在物理世界中，西方国家在意识形态领域的话语权要远远大于其他国家，也很难遇到政治安全问题。网络的匿名性和不对称性改变了这一格局，无论是俄罗斯黑客干预大选，还是剑桥分析事件，都表明西方国家民主政治的核心区域，在网络空间中面临极大的挑战。② 其次，大国在网络空间中的政治共识难以建立，由于网络议题的跨域性，不同的部门在不同议题上具有不同的立场，使得大国之间很难就具体议题达成共识。如美国政府强调网络间谍的合法性，但是美国企业和民众却出于知识产权和隐私保护的目的反对政府的观点，这就极大增加了大国之间在网络间谍问题上达成共识的难度。③ 最

---

① 新华社：《习近平总书记在网络安全和信息化工作座谈会上的讲话》，2016 年 4 月 25 日。
② Clint Watts, "How Russia Wins an Election," *Politico Magazine*, December 13, 2016.
③ Jack Moore, "Intelligence Chief: OPM Hack Was Not a 'Cyberattack'," September 10, 2015, https://www.nextgov.com/cybersecurity/2015/09/intelligence-chief-clapper-opm-hack-was-not-cyberattack/120722/.

后，由于网络具有抵赖性，影响了大国对政治承诺的落实。网络空间是匿名的，对网络攻击的溯源是有极大的技术难度，因此，对行为抵赖成为普遍的做法。无论是"震网"病毒，还是索尼影业"想哭"病毒等都没有找出背后真正的始作俑者，很多都是源自于猜测。

网络空间也在对传统的商业逻辑产生影响，技术国家化、供应链碎片化、产品的本地化等趋势越来越明显，对传统基于效率优先、全球分工的商业模式带来了极大挑战。技术和产品封锁一直是国际关系领域的主要领域，如美国在国际上推动建立的"瓦森纳协定"和国内的《出口管制法》都是重要的体现。网络空间的不同点在于网信技术在民用领域的发展很大程度上领先于军事技术。类似于像谷歌、微软、亚马逊这样的全球性企业所掌握的人才、技术和资源甚至超过了政府，对美国而言，如"斯诺登事件"所揭示的那样，这些企业成为了政府实现战略目标高度依赖的资源。[1] 对另外一些国家而言，依赖这些外国企业则意味着重大的脆弱点，因此鼓励发展基于本土的网络产品和服务。国家开始从战略竞争、国家安全的角度来看待网络空间的商业逻辑，客观上破坏了供应链完整性，从而颠覆了传统的商业逻辑。

二、网络空间大国关系对战略稳定的影响

战略稳定是国际安全领域的重要概念，源自于美苏在核领域的战略互动，很多人将战略稳定理解为大国在核武器领域的战略稳定

---

① Broeders, D. S. Boeke and I. Georgieva, "Foreign intelligence in the digital age. Navigating a state of 'unpeace'," *The Hague Program For Cyber Norms Policy Brief*. September 2019.

关系。① 另一种战略稳定是指在国际体系层面的全球安全、政治、经济体系的稳定，中国与俄罗斯曾经发表过两份维护全球战略稳定的联合声明。② 随着战略性地位不断提升，以及其对现存国际体系的颠覆性影响越来越大，网络空间不仅成为国际体系中具有战略意义的新领域，并开始对现有的国际安全、政治和经济体系的稳定造成冲击。③ 因此，可以从两个层次来分析网络空间大国之间的互动关系对战略稳定的影响：一是大国在网络空间的互动加剧了网络空间的冲突和安全困境，从而影响了网络自身的稳定性；二是网络空间对全球战略稳定的影响。

（一）大国博弈加剧网络空间陷入脆弱稳定的状态

目前网络空间大国关系的主要特点是，总体上的战略博弈加剧，网络空间在安全上逐步陷入困境、政治上相互不信任、商业领域博弈加剧。从网络空间的大国关系来看，衡量网络空间是否处于稳定状态的因素主要包括：网络空间的总体安全环境、国家在网络空间中爆发冲突的可能性，以及是否存在可以维护稳定的制度体系。④ 当前，这种竞争性的大国关系，冲击了网络空间自身的稳定性，陷入一种脆弱稳定状态，并极有可能产生不稳定。

首先，大国在网络空间的战略竞争，使得原本在全球网络安全领域扮演重要角色的网络安全技术协调机构之间合作面临困境，加

---

① Robert Jervis, "Some Thoughts on Deterrence in the Cyber Era," *Journal of Information Warfare*, Vol. 15, No. 2, 2016, pp. 66 – 73.

② 杨毅主编：《全球战略稳定论》，国防大学出版社，2005 年版，第 3 页。

③ James N., Miller Jr. and Richard Fontaine, *A New Era In U. S. - Russian Strategic Stability: How Changing Geopolitics and Emerging Technologies Are Reshaping Pathways to Crisis and Conflict*, Washington, DC: Center for New American Security, 2017.

④ Gary Hart, et alia, *Report on A Framework for International Cyber Stability*, Washington, DC: International Security Advisory Board, US Department of State, July 2, 2014.

剧网络空间的整体安全环境进一步恶化。计算机应急响应机构（CERT）和国际网络安全应急论坛（FIRST）是网络安全领域最重要的技术合作组织，前者以国家为单位，开展合作，如中国计算机应急响应机构（CN‑CERT）、美国计算机应急响应机构（US‑CERT）等。"斯诺登事件"之前，各国计算机应急响应机构之间有大量的技术合作，对于维护全球网络安全具有重要作用。受网络空间大国关系的影响，目前各国计算机应急响应机构之间的合作在越来越多的政治压力下大幅降低。国际网络安全应急论坛在网络安全有害信息共享和打击黑客领域具有举足轻重的作用，也面临计算机应急响应机构同样的困境。由于受到美国政府的压力，国际网络安全应急论坛宣布暂停华为的会员资格，要求华为不得再参加国际网络安全应急论坛的相关活动。类似政治干预技术安全的情况愈发严重，造成了网络空间安全环境的恶化。

其次，大国之间的网络冲突越来越严重，单边主义和先发制人的思想盛行，网络空间安全秩序陷入集体行动困境。网络空间的集体行动困境主要表现在现有的国际安全架构无法适用于网络空间，大国在建立新的国际安全机制上缺乏共识。在"震网"病毒、"棱镜门"、索尼影业和黑客干预大选等全球重大的网络安全冲突上，国际安全架构基本失灵，加剧了各国网络战略向自助和进攻性网络战略方向调整。美国国防部制定了前置防御和持续接触政策，主张要把网络安全的防线扩展到他国主权范围内，并且通过网络行动对其网络对手进行反击。美国先后宣布对伊朗、朝鲜和俄罗斯的关键基础设施开展了网络攻击行动，作为对两国危害美国网络安全行为的报复。[①] 美国认为自己的行为是出于防御的目的，但是国际社会以及

① Dovid E. Sorger and Nicele Perlroth, "U. S. Escalates Online Attacks on Russia's Power Grid", *The New York Times*, June 15, 2019.

伊朗、朝鲜和俄罗斯对此有完全不同的解读，各方之间的网络冲突将会进一步加剧和升级。

最后，大国之间在网络空间领域建立信任措施举步维艰，中美、美俄之间的对话渠道集体陷入困境。建立信任措施是国际安全领域预防冲突升级的重要举措，在网络空间中，大国之间也试图将 CBMs 作为维护网络空间稳定的重要机制。美俄、中美之间都曾试图在网络空间建立 CBMs。"斯诺登"事件之前，美俄之间建立了网络安全工作组，并就 CBMs 达成共识，后因俄罗斯接纳了斯诺登的政治避难而被取消。[①] 再后来，双方在黑客干预大选问题上不断升级，美国从对俄开展跨域威慑到直接入侵俄罗斯电网作为报复，美俄冲突不断加剧。中美之间也曾在 2013 年建立中美网络安全工作组，并尝试推动 CBMs，后因起诉军人事件，工作组被无限期中断。虽然后来中美之间建立了打击网络犯罪高级别对话机制和执法与网络安全对话机制，但由于缺乏两军的直接参与，在建立 CBMs 上效果并不明显，特别是在贸易战的干扰下，执法与网络安全对话也陷入停滞状态，中美网络关系总体上也处于一种脆弱稳定状态。

（二）网络空间对全球战略稳定造成冲击

网络空间大国关系对全球战略稳定的影响还体现在对核战略稳定，以及对国际安全、国际政治和国际经济体系稳定造成的冲击。因此，可以说网络空间大国关系是全球战略稳定领域面临的前所未有的重大挑战。

网络安全已成为核武器面临的重大风险来源，但大国之间对此

---

① Ellen Nabashima, "U. S. and Russia sign pact to create communication link on cyber security", *The Washington Post*, June 17, 2013.

却未能建立相应的维护稳定机制。核武器的指挥与控制系统和卫星通信系统存在巨大的网络安全风险，对核安全造成冲击，从而影响核领域的长期稳定。由于核武器所具有的特殊性，任何针对核武器的网络安全事故都会导致国家的警惕、焦虑、困惑，削弱国家对于核威慑力量的可靠性和完整性的信心，从而导致重大的危机升级和破坏性后果。相对于传统核领域大国之间在核威慑、危机管控、冲突升级/降级等方面具有的成熟经验，国家对于网络安全对核武器所造成的威胁不仅缺乏全面、准确的认知，对于危机管控和冲突降级的举措缺乏共识。因此，网络安全已经成为影响核稳定的重大挑战，需要尽快建立相应的稳定机制。

网络科技改变了传统军事形态和作战方式，给国际安全领域带来了新风险和威胁。随着网络安全、人工智能在军事领域的实战化，战争的形态将被彻底改变。军人、战场和战争模式会发生颠覆性的变化。程序员将成为军人中的重要组成部分，他们手中的武器将会与动能武器有着截然不同的区别，攻击的目标也会发生巨大变化。一方面，网络技术会使得武器杀伤的精确性大幅提高，降低战争的暴力性；另一方面，也会使得很多民用关键基础设施成为被攻击的对象，从而造成更大范围的影响。[①] 现有的国际法，包括《联合国宪章》、国际人道法如何适用在这一领域，大国之间存在很大的分歧。[②] 现有的国际安全架构，包括军控与裁军机制，也无法用来解决新的现象。网络武器扩散、人工智能武器的滥用，将有可能带来重大的危机和人道主义灾难，危及国际安全体系的稳定。

现有的国际政治体系总体上也越来越难以适应网络空间所带来

---

① UNIDIR, "The Weaponization of Increasingly Autonomous Technologies: Concerns, Characteristics and Definitional Approaches," *Geneva: United Nations Institute for Disarmament Research*, 2017.

② Michael N. Schmitt, et alia. , *Tallinn Manual 2.0 on the International Law Applicable to Cyber Operations*, Cambridge: Cambridge University Press, February, 2017.

的挑战，特别是联合国作为国际政治体系的中枢核心，如何在网络空间秩序构建上发挥领导作用，受到了部分西方国家政府和社会的质疑和抵制。联合国需要建立自身在网络空间治理中的合法性、代表性和有效性，来维护网络空间政治体制的运转。首先，联合国在传统国际政治领域的合法性不仅源自于战后的制度安排，也源自于成员国的授权。网络是一个新的空间，不同行为体，不同国家对于网络空间的基本属性存在极大的分歧，联合国是否在网络空间治理中合法性的危机。其次，联合国是主权国家组成的国际政府间组织，非国家行为体并不认可国家可以代表其加入联合国，并且由于联合国特殊的官僚体制，非国家行为体很难参与到决策体系中，加剧了其对联合国代表性的质疑。① 最后，联合国的有效性在于是否能够在重大网络空间治理问题上促使各国达成共识并加以落实。以联合国信息安全政府专家组为例，在过去已经结束的五届专家组中，只有三次达成共识，并且共识不仅范围有限，而且其中一些关键共识未得到落实，从而加剧了国际社会对于联合国政治地位的质疑。②

网络经济的颠覆性及其背后的国家安全、隐私保护因素加剧了国际经济治理体系面临的挑战，给全球经济的未来带来了极大的不确定性：一是数字经济规则缺失，数据的本地化和数据流动之间的矛盾对于国际经济体系的撕裂正在加剧，越来越多的国家出于安全需要开始要求数据本地化存储。数据在全球流动将会受到限制，从而对全球化造成新的冲击。二是大国博弈导致的供应链的碎片化趋势，将会进一步加剧全球地缘经济的博弈。③ 网络发达国家与网络新兴国家之间如果不能就维护供应链体系完整和全球信息通信技术生

---

① Mueller Milton. *Networks and States*. Cambridge, MA: MIT Press, 2010.

② *Group of Governmental Experts on Developments in the Field of Information and Telecommunications in the Context of International Security*, UN General Assembly Document A/70/174, July 22, 2015.

③ 李巍、赵莉：《美国外资审查制度的变迁及其对中国的影响》，载《国际展望》，2019年第1期，第45–50页。

态体系的完整，将会有可能在网络空间出现不同的地缘经济集团；三是一些颠覆性的创新会挑战现有的国际经济治理机制，如区块链技术应用产生的虚拟货币成为洗钱、勒索、诈骗等网络犯罪的首选工具，现有的国际经济治理体系无法应对虚拟、去中心化所带来的挑战。

三、如何维护网络空间战略稳定

大国互动关系影响了网络空间和全球战略稳定，危及网络空间的和平发展。维护战略稳定已经是网络空间全球治理领域最紧急和最基本的议程之一。根据物理学的定义，稳定是指物体受到扰动后能够自动恢复原来的状态。因此，维护网络空间战略稳定需要从主动和被动两个方向开展工作，主动是指国家需要建立网络空间战略稳定观，减少自身行为对稳定的破坏；被动是指建立一套在稳定被破坏后能够使其复原的制度体制，也即是网络空间安全架构。

（一）建立大国共识的网络空间战略稳定观

维护网络空间战略稳定需要大国就战略稳定观以及战略稳定的内涵达成共识，这有助于大国能更好地认识自身在网络空间的行为对战略稳定的影响。从大国关系角度来看，网络空间具有战略性、整体性、全局性、颠覆性四个特点。战略性是指各国都开始从战略高度来看待网络空间的崛起，都开始制定相应的战略规划来获取相对于对手的战略竞争优势，因此，也不会轻易妥协，或者放弃自己的战略利益；整体性是指所有接入到互联网中的设备在技术层面都是可以相互连通的，大到核武器，小到个人可穿戴设备，网络空间将数百亿的大大小小设备连接到一起。这些设备都是通过相同的协议、介质、编码而连接成一个整体，任何一个部分出现了问题，都有可能对整体秩序产生冲击；全局性是指网络空间中不同的议题往往会相互关联，并产生全局性影响。如国家为维护网络安全举措会影响技术和经济发展；网络技术具有颠覆性的影响，网络空间的演进逐步的颠覆了现有的国际秩序观念。如网络的实时传输，改变了基于传统地缘所建立的时空概念，过去建立在物理世界的军事、安全观念和能力都不足以应对网络空间的安全与军事需要。

根据网络空间战略性、整体性、全局性和颠覆性的特点，结合前文大国关系给战略稳定所带来的挑战，可以构建出当前网络空间战略稳定的内涵。主要包括大国在网络空间的冲突不会导致全球互联网运行的中断，网络战略和政策不会导致互联网的"巴尔干化"，军事行动不会导致大规模的关键基础设施瘫痪，以及设定网络行动的禁区，不将核武器的指挥与控制系统作为网络军事目标。国家可以此为目标，对自身的网络空间战略进行相应调整，减少对战略稳定的破坏。

一是确保战略博弈的可控性，国家在采取相应的行动时，应当保持一定的克制，以避免酿成危机或加剧冲突的升级，破坏网络空间的和平与发展。① 二是维护网络空间的整体性和连接性，国家在网络空间的行动不破坏网络空间的整体性。比如对于全球网络运营至关重要的互联网关键基础资源一旦出现问题，就会产生严重后果。因此，欧盟提出的保护互联网的"公共核心"对此有一定的借鉴意义。三是政策制定时应充分考虑网络空间的全局性，在制定网络安全、数字经济、信息化等不同领域的政策时，应当兼顾相互之间的

---

① Joseph S. Nye, Jr., "Deterrence and Dissuasion in Cyberspace," *International Security*, Vol. 41, No. 3, Winter 2016/17.

影响。一方面，国家具有维护网络安全的重要职责，但另一方面采取过度的安全化或者军事化的措施都会对网络空间产生全局性影响。如出于保护个人隐私和国家安全，国家会采取一定的数据本地化措施，但是过度的本地化会对网络空间数据自由流动产生负面影响。四是在应对网络技术的颠覆性影响时，避免触发现有体制的失灵。国际社会应当采取措施，将其对国际体系的冲击保持在可控的范围，不能触碰底线，不触发旧体系的解体。

（二）构建网络空间国际安全架构

网络空间大国关系固然对战略稳定造成挑战，但缺乏能够复原的机制是影响战略稳定的另一重要因素。国际社会曾参照传统国际安全领域做法，试图通过增加网络透明度、CBMS、危机管控来建立稳定机制。[①] 这一努力并未取得成功，美俄、中美之间建立的稳定机制基本都陷入停滞状态。因此，国际社会需要根据网络空间自身的属性和特点来构建稳定措施，将关注点集中在建立网络空间的国际安全架构上。网络空间的脆弱稳定状态与国际安全架构在应对网络冲突时几乎完全失灵有关，无法发挥网络冲突预防、危机应对、调停、冲突降级等作用。[②] 从现有网络冲突的特点来看，应在全球关键基础设施保护、集体溯源、漏洞分享机制和供应链安全等方面建立安全架构体系，形成真正有效的稳定机制。

第一，加强对各国共同依赖的全球关键基础设施的保护，不仅有助于维护全球网络空间稳定，也有利于国际社会探索在网络领域

---

① Daniel Stauffacher and Camino Kavanagh, "Confidence Building Measures and International Cyber Security," Geneva：ICT4 Peace Foundation, 2013.

② Jeremy Rabkin and John Yoo, *Striking Power：How Cyber, Robots, and Space Weapons Change the Rules for War*, New York：Encounter Books, September, 2017.

建立合作机制。关键基础设施保护是各国维护网络安全的重要任务，由于大国之间缺乏互信，使得相应的合作难以开展。美国国务院网络事务办公室副主任米希尔·马科夫就曾在中美网络对话中指出，"我们不会告诉任何人我们关键基础设施的数量和分布"。公开信息当然会暴露自己的风险点，但不公开也会导致合作难以展开。对于全球关键基础设施保护，不仅不具有敏感性，而且还有重要性和紧迫性。可以从全球能源、交通、金融正常运营所依赖的关键基础设施开展合作，明确全球关键基础设施的定义，建立相应的规范和措施，要求国家不应对全球关键基础设施开展攻击，并且建立相应的合作举措。

第二，开展集体溯源合作，为网络冲突的争端解决建立国际性的平台。溯源问题之所以关键，是因为它涉及到责任归属问题。由于缺乏客观中立的国际组织来对相应的网络安全事件进行调查，绝大多数涉及到国家的网络攻击最后都不了了之，这种现象会鼓励更多的网络攻击发生，扰乱国际网络安全秩序。有学者认为，应当在联合国层面建立相应的机构，专门就网络攻击的溯源问题开展工作，在网络攻击发生后开展相应的调查，一旦这样的国际机构成立，必将对攻击者产生极大的震慑作用，从而遏制网络攻击高发的态势。[1]要做到这一点还存在一定的难度，主要原因是少数大国垄断了溯源技术，既不愿意与其他国家进行分享，也不愿意协助联合国层面开展溯源的能力建设。对此，国际社会应当有明确的态度，克服少数国家的阻碍，支持联合国在溯源方面开展相应的工作。

第三，推动国际漏洞公平裁决机制（IVEP）。漏洞是指计算机存在的程序缺陷，这种缺陷往往被用来开发网络武器，开展网络攻击，从而对网络空间战略稳定构成了重大的冲击。各国都将漏洞分

---

① Martin Libicki, *Cyber deterrence and Cyberwar*, Santa Monica: RAND Corporation, 2009.

享作为应对网络安全威胁的重要方法。在国内层面，漏洞公平裁决机制是一个跨部门的过程，用于确定是否将以前未知的漏洞（"零日"）通知软件供应商，或将该漏洞暂时用于合法的国家安全目的。[①] 但是在国际层面，大国都在将发现漏洞和利用漏洞作为谋取战略竞争优势的手段，这加剧了网络空间整体的不稳定。从网络空间国际安全架构角度来看，推动各国在漏洞领域加强合作是重要的技术基础。国际社会应探索设立相应的国际机构，负责处理重大漏洞的信息共享机制和危机合作机制，主要包括漏洞信息共享，建立漏洞危机处理合作机制。

第四，加强供应链安全治理，有助于从技术和商业两个层面避免网络空间的"巴尔干化"，维护网络空间战略稳定。网络空间所依赖的网络产品和服务是建立在复杂的全球供应链体系之上，也是全球科技和商业领域最复杂、最高效的领域之一。在缺乏国际治理机制保障下，大国愈发表现出技术国家主义色彩，只信任本国生产的产品，以国家安全名义排除使用其他国家的产品；通过保护国家安全为由阻碍来自其他国家正常的投资活动；利用垄断核心技术和产品的优势拒绝向他国出售相应的技术和产品。为了维护网络空间战略稳定的技术和商业基础，国际社会应当为网络设备和产品提供更加安全的标准体系，增加供应链体系的透明性、可靠性、问责性。[②]国家应当将重心放在网络安全和服务的审查上，而非以破坏贸易规则的形式来拒绝国外的产品和投资。各国政府应该达成共识，不在民用网络安全产品中植入后门与漏洞，破坏供应链体系的安全性。美国微软公司在"数字日内瓦公约"中就倡议政府"不以科技公

---

① 朱莉欣：《构建网络空间国际法共同范式——网络空间战略稳定的国际法思考》，载《信息安全与通信保密》，2019 年第 7 期，第 9 – 11 页。

② NIST, "Best Practices in Cyber Supply Chain Risk Management: Intel Corporation: Managing Risk End – to – End in Intel's Supply Chain," https: //csrc. nist. gov/CSRC/media/Projects/Supply – Chain – Risk – Manag ement/documents/case_studies/USRP_NIST_Intel_100715. pdf.

司、私营部门或关键基础设施为攻击目标"。

四、结论

战略稳定是网络空间全球治理领域一项新兴议程，对于从战略和体系层面思考维护网络空间和平与发展具有重要价值和意义。厘清网络空间大国关系与战略稳定之间的关系，对于各国政府更好地理解和制定网络空间战略目标和实施路径具有重要的参考作用。当前，概念在理论层面还处于不断发展和完善的进程中，需要有更多国内外的学者参与探讨，在实践层面这一领域还需要联合国以及各国政府的支持和推动，将战略稳定作为构建网络空间秩序的基础。

互联网如何改变国际关系*

郎　平**

摘　要：数字时代的国际关系正在迈入一个新阶段。以互联网为代表的信息技术正在自下而上地塑造着主权国家和国际关系：互联网赋权社会，对社会单元进行权力重构，改变国家的传统权力边界；网络空间不断肆虐的网络攻击、基于信息操纵的政治战以及颠覆性技术在军事领域的应用使得国际安全形势更加复杂；围绕科技主导权、数字经贸规则以及网络空间安全规范的大国博弈更趋激烈，赋予大国竞争新的内涵。然而，互联网不会改变主权国家的政治地理学本质，不会改变国际关系以实力为基础的权力博弈逻辑，它改变的是国家的组织和行动方式以及大国竞争的内容和手段。未来的大国竞争将是一种"融合国力"的竞争，大国越是能够有效地融合各领域的国力并将其投射在网络空间，就越是能够在新一轮的科技革命竞争中获胜。

关键词：网络空间　大国竞争　网络安全　融合国力

当今世界正处于以互联网为代表的信息技术革命快速发展的进程中。在过去的半个世纪中，以互联网为代表的信息技术在创新通

---

　* 本文发表于《国际政治科学》2021 年第 2 期。
　** 郎平，中国社会科学院世界经济与政治研究所研究员。

信方式和提高计算效率的同时，跨越传统的国家地理边界，在全球构建了一个互联互通的网络空间。网络空间深刻地改变了人们的生活方式、生产方式和社会互动方式，对国家的政治、经济、社会、文化和安全秩序带来诸多冲击和挑战。当主权国家成为网络空间治理的重要行为体，地缘政治因素逐渐渗透并显著影响着网络空间的国际治理进程；与此同时，网络空间也会反作用于主权国家的行为模式和互动结果，冲击原有的国家政治生态、国家安全和国际秩序，这在一定程度上助推了当今世界"百年未有之大变局"。那么，互联网如何改变国际关系？具体而言，以互联网为代表的信息技术会通过何种方式、在哪些方面改变当前主权国家主导的国际关系？有哪些主要因素决定了以互联网为代表的信息技术能够"改变"国际关系的程度和方向？

一、问题的提出

进入 21 世纪，我们正处于所谓的第四次科技革命浪潮。以互联网、大数据、人工智能和物联网为重要驱动力，人类正在逐步迈向数字化和智能化的新时代，网络空间构成了国家间互动的重要外部环境。与此同时，互联网成为当今世界"百年未有之大变局"的重要推动力之一：科技革命助推了大国实力对比变化，网络文化传播推动了民众权利意识觉醒，数字贸易和数字货币的崛起加速了国际贸易金融体系的重构。与以往电力、蒸汽机和原子能为代表的工业革命不同，以互联网为代表的信息技术浪潮对国际政治的影响是由下至上的，它首先改变的是人们的思想和生活方式，接下来才逐步实现与传统工业的融合，从而加速重构经济发展、社会秩序与政府治理模式。在数字化时代，信息和数据已经成为国家重要的战略资源和权力来源，也成为大国竞争的新领域和新焦点，"世界进入颠覆性变革新阶段"。这些新兴技术不是在目前数字技术的渐进式发展，而是真正颠覆性变革，这些技术必将改变我们现在习以为常的所有系统，不仅将改变产品与服务的生产和运输方式，而且将改变我们沟通、协作和体验世界的方式。[①]

然而，随着互联网在技术上从通信网络到信息网络再到计算网络的演进，网络空间自身的特征和属性也有了很大的变化。网络空间不仅成为国家发展和繁荣的重要驱动力，也带来了网络攻击、网络犯罪、网络恐怖主义等日益复杂的安全威胁和挑战。互联网先驱伦纳德·克兰罗克（Leonard Kleinrock）回忆："我们在创造互联网时的想法是：开放、自由、创新和共享，因此没有对使用施加任何限制，也没有采取任何保护措施；然而，我们当时并没有预料到，互联网的黑暗面会如此猛烈地涌现出来。"[②]不断快速发展和迭代的新兴技术正将世界引入"一半是火焰，一半是海水"的数字化时代，网络空间成为大国竞争与博弈的重要领域和重要工具。那么，演进中的互联网会如何改变国际关系？

国际关系学界对互联网与国际关系的研究始于罗伯特·基欧汉和约瑟夫·奈。在1977年出版的《权力与相互依赖》一书中，基欧汉和奈对网络空间中的信息治理进行了研究，他们认为，信息传播成本和时间的降低加深了全球相互依赖，而网络空间中信息资源的配置和使用会影响到国际政治的权力关系，信息自由、信息隐私、

---

① 克劳斯·施瓦布、尼古拉斯·戴维斯：《第四次工业革命——行动路线图：打造创新型社会》，世界经济论坛北京代表处译，中信出版社，2018年版，第23页。

② Leonard Kleinrock, "Opinion: 50 years ago, I helped invent the internet. How did it go so wrong?" *Los Angeles Times*, Oct. 29, 2019, https://www.latimes.com/opinion/story/2019-10-29/internet-50th-anniversary-ucla-kleinrock.

知识产权保护、网络情报收集等议题都会成为新的议题。①在 2011 年《权力大未来》一书中，约瑟夫·奈特别分析了基于网络产生的权力，他认为网络空间中的权力可以分为强制性权力、议程设置权力和塑造偏好的权力，而国家不是网络空间唯一的行为体，权力正在从国家行为体向非国家行为体扩散。②2014 年，约瑟夫·奈提出了网络空间治理的机制复合体理论，通过建立一个由深度、宽度、组合体和履约度四个维度构成的规范性框架，可以分别对网络空间的域名解析服务、犯罪、战争、间谍、隐私、内容控制和人权等不同治理的子议题进行剖析，以此来确定在特定议题下的主导行为体。③

如果说 2015 年以前国际关系学界的研究聚焦于网络空间的治理问题，那么 2015 年之后，国际关系学界则更多将关注点转向网络空间所带来的安全威胁及其对现存国际秩序的挑战。亨利·基辛格在《世界秩序》中指出，新的互联网技术开辟了全新途径，网络空间挑战了所有历史经验，并且网络空间带来的威胁尚不明朗，无法定义，更难定性；互联网技术还超越了现有的战略和学说，"在这个新时代，对于能力还没有共同的解释，甚至没有共同的理解。对于使用这些能力，尚缺少或明或暗的约束"。④亚历山大·克里姆伯格认为：在不远的将来，互联网这个在很大程度上被认为是促进自由和繁荣的领域，很可能会变成一个充满征服与被征服的暗网；当前的世界正在回到某种失序的状态，战争与和平之间的界限变得模糊，国家更多地依靠除全面武装冲突之外的措施来相互制衡，互联网的架构

---

① Keohane, Robert O. and Joseph S. Nye Jr., "Power and interdependence." *Survival*, Vol. 15 No. 4 (1973), pp. 158 – 165; Robert O. Keohane and Joseph S. Nye Jr., *Power and Interdependence*: *World Politics in Transition* (Boston: Little, Brown, and Company, 1977); 罗伯特·基欧汉、约瑟夫·奈：《权力与相互依赖》，门洪华译，北京大学出版社，2012 年版，第 250 页。

② 约瑟夫·奈：《权力大未来》，王吉美译，中信出版社，2012 年版，第 160 – 176 页。

③ Joseph S. Nye Jr., "The Regime Complex for Managing Global Cyber Activities," *Global Commission on Internet Governance Paper Series*, No. 1, 2014, pp. 5 – 13.

④ 亨利·基辛格：《世界秩序》，胡利平等译，中信出版社，2015 年版，第 452 页。

和技术为国家间冲突提供了新的渠道和方式，对国际和平与秩序产生重大威胁。[①]信息革命改变了全球政治并带来又一次全球权力转移，网络和连通性成为权力和安全的重要来源；个人和私人组织都有权在世界政治中发挥直接作用；信息的传播意味着权力分配更加广泛，非正式网络可以削弱传统官僚机构的垄断地位；网络信息的快速传播意味着政府对议事日程的控制力减弱，公民面临新的脆弱性。[②]

可以说，数字化时代的国际关系迈入了一个新阶段。与以往不同，以互联网为代表的信息技术对主权国家和国际关系的塑造是由下至上的：它赋权社会，改变了国家行为体的权力边界；它被利用或应用于军事领域，为国际安全带来了更多风险和不稳定因素；它成为大国竞争的新焦点，为大国博弈注入了新的内涵。但是，互联网不会改变主权国家的政治地理学本质，也不会改变以实力为基础的国际政治博弈逻辑，它改变的是国家的组织和行动方式以及大国竞争的内容和手段。在当前力量此消彼长、国际秩序面临解构与重构的百年大变局下，这些改变正在同步发生和演进，它所带来的变与不变相互交织、共同作用，正在推动国际关系走向一个更加不确定的未来。

二、互联网改变国家行为体

国家是国际关系中的主要行为体，每一轮重大的科技创新都会对国家政治格局带来重大的变化，信息技术也不例外。与其他科学

---

① Alexander Klimburg, *The Darkening Web: The War for Cyberspace*, NY: Penguin Press, 2017, p. 11.

② Joseph S. Nye Jr., "The Other Global Power Shift," *Project Syndicate*, August 6, 2020, https://www.project-syndicate.org/commentary/new-technology-threats-to-us-national-security-by-joseph-s-nye-2020-08.

技术不同的是，互联网带来的不仅仅是一次科技革命，更是一场信息革命，信息成为数字社会发展的重要战略资源，并且从政治、经济、社会、文化和认知方式等多个层面重构着社会。曼纽尔·卡斯特指出，一种新的社会结构——网络社会正在兴起：知识和信息是网络社会生产力的原料，并且在网络逐渐占据支配性结构的过程中起到主要作用；网络化是这个社会不同以往的关键特色，它重构了社会，使得社会的结构充满了弹性，"这在以不断变化与组织流动为特征的社会里是一种决定性的特性"，以便适应剧烈变化的外部环境。①网络化的逻辑正在不断冲击着原有的社会秩序，自下而上对社会单元进行权力重构，重要的是，互联网正在逐渐改变传统的国家权力边界。

（一）互联网赋权社会

互联网赋权公民和社会或许是网络时代与以往科技革命最大的不同。按照卡斯特的定义：网络社会是由基于数字网络的个体和组织网络建构而成的，通过互联网及其他电脑网络进行通信；这种历史性的特定社会结构，产生于信息和通信技术方面的新技术范式与一些社会文化变革的相互作用。②从技术范式来看，网络之所以能够对社会赋权是源于其革命性的传播方式，即"互联网是当地的、国家的、全球的信息和传播技术以相对开放的标准和协议以及较低的进入门槛形成的一对一、一对多、多对多、多对一"③的万网之网。

---

① 曼纽尔·卡斯特：《网络社会的崛起》，夏铸九译，社会科学文献出版社，2006 年版，第 84 页。
② 曼纽尔·卡斯特：《传播力》，汤景泰、星辰译，社会科学文献出版社，2018 年版，第 VII 页。
③ 安德鲁·查德威克：《互联网政治学：国家、公民与新传播技术》，任孟山译，华夏出版社，2010 年版，第 9 页。

在这个人人都可以发声的扁平化网络上，网民不仅是信息的消费者，还是信息的生产者和提供者，它颠覆了传统的大众传播模式中公民个体仅仅作为信息接收者的被动地位，使得网民首次拥有了信息生产者和信息散播者的主导能力。

权力是一种关系能力，它使得某个社会行为体能够以符合其意志、利益和价值观的方式，非对称地影响其他社会行为体的决定。[①] 正是借助于网络，网络意见领袖比以往拥有了更多的、更大的塑造社会价值和构建社会机制的权力，而近年来出现的"网络自组织治理"模式就充分体现了个体权力向社区汇聚后而形成的政治影响力。克莱·舍基认为，以往需要协作和体系化的结构才能实现的集体性活动，如今可以通过社交网络关系、常见的临时结盟、统一的目标等松散的协作方式在线发起行动。[②]在这种模式下，借助于网络提供的公共平台，世界各地原本毫无关联的普通民众和机构都可以在网络上发起合作社区，相互影响，相互帮助，建立信任；即使没有管理中心和一个体系化的结构，基于互联网的"集体行动"仍然可以实现，2019年香港"修例风波"中暴乱分子就表现出了这样的特点。有学者将"社区成员所交换的信息和思想等同于军事和经济力量"，认为这已经成为政治权力的关键来源。[③]

对于社会而言，技术是中性的，权力也是如此。互联网赋权后的个体和社会一方面可以借助互联网提供的便捷工具和平台参与公共事务，实现民意的汇聚和公共利益的表达，强化公众和舆论的政治监督作用；另一方面，网络的匿名性和快速传播放大了社会阴暗面的负面效应，为敌对势力、恐怖分子和不法分子提供了新的宣传

---

① 曼纽尔·卡斯特：《传播力》，第8页。

② Clay Shirky, *Here Comes Everybody*: *The Power of Organizing without Organizations*, NY: Penguin Press, 2008.

③ Irene S. Wu, *Forging Trust Communities*: *How Technology Change Politics*, Baltimore, MD: Johns Hopkins University Press, 2015.

渠道，社会心理、技术平台以及政治的结合也可能会带来社会的撕裂和分化。随着上网的人数不断增多，网络也变得越来越复杂，基于互联网的"公民不服从"行动常常更具危险性和颠覆性，一旦被操纵或利用，就可能对社会稳定和国家安全带来重大的挑战。

（二）互联网赋权平台企业

如果说网民个体由信息消费者向生产者的角色转换使其获得了更大的政治话语权，那么作为数字化时代排头兵的互联网私营企业则凭借其对数字化时代关键资源的掌控能力，在国家的经济和政治生活中获得了更大的影响力和主导权。随着互联网公司和平台的不断发展和壮大，少数科技巨头所掌控的经济和社会资源几乎可以与民族国家相匹配，并且会对现有的经济、政治和社会秩序带来重要的冲击和挑战。

作为数字技术的创新和应用主体，互联网企业是网络社会中最重要的技术节点和信息流动节点。如果说网络权力来源于"促成最大数量的、有价值的连接以及导向共同的政治、经济和社会目标的能力，"①那么互联网企业正是网络权力的主要受益者。与传统的企业不同，互联网企业利用先进的信息技术，大力发展共享经济，一系列植根于代码和算法的新规范正在创建，并试图取代传统上由政府设定和主导的规范；借助于区块链、人工智能等新技术，互联网企业可能从根本上改变工作的本质与社会经济发展的模式，特别是会触及到传统上由国家主导的贸易、金融和财政系统的运作。正是在这个意义上，互联网企业被称作"破坏性的创新者"。这些基于网络

---

① Annie Marie Slaughter, "Sovereignty and Power in a Networked World Order," *Stanford Journal of International Law*, 2004, No. 40, p. 283.

和数字技术的"破坏性创新者"正在多个核心领域挑战国家以及国家间组织，其影响正在广泛扩散。在此情况下，国家正在失去其作为"集体行动的最佳机制"的地位。[①]

当前，网络安全已经成为国家面临的重大安全威胁，针对国家关键基础设施的黑客攻击行动，窃取和侵犯公民个人信息和商业机密的网络犯罪活动，发布假消息和进行信息操纵等信息安全威胁，针对供应链和产业链的安全攻击以及网络恐怖主义活动等安全威胁与日俱增。面对日益严峻的网络安全形势，技术治网已经成为国家维护网络安全的重要支柱，应对任何一种安全威胁都离不开网络安全企业的支持。在全球层面，互联网企业特别是科技巨头更是在安全规则的制定中发挥了积极的作用。2017 年，微软公司敦促各国政府缔结《数字日内瓦公约》，建立一个独立小组来调查和共享攻击信息，从而保护平民免受政府力量支持的网络黑客攻击;[②] 2018 年，微软再次联合脸书、思科等 34 家科技巨头签署《网络科技公约》，加强对网络攻击的联合防御，加强技术合作，承诺不卷入由政府发动的网络安全攻击。[③]此外，在联合国网络安全规则开放式工作组的推进过程中，微软、卡巴斯基等互联网科技巨头也纷纷提出方案和建议，就全球网络空间安全规则的制定建言献策。可以说，维护国家和全球的网络安全离不开互联网企业的参与。

由于集聚了越来越多的线上社交活动以及由此产生的数据，社

---

① Clayton Christensen, Heiner Baumann, Rudy Ruggles and Thomas M. Sadtler, "Disruptive Innovation for Social Change," *Harvard Business Review*, December 2006, http：//hbr. org/2006/12/disruptive‒innovation‒for‒social‒change/ar/I.

② Microsoft, "A Digital Geneva Convention to protect cyberspace," Dec. 19, 2017, https：//www. microsoft. com/en‒us/cybersecurity/content‒hub/a‒digital‒geneva‒convention‒to‒protect‒cyberspace.

③ Brad Smith, "34 companies stand up for cybersecurity with a tech accord," April 17, 2018, https：//blogs. microsoft. com/on‒the‒issues/2018/04/17/34‒companies‒stand‒up‒for‒cybersecurity‒with‒a‒tech‒accord/.

交媒体已经成为网络时代文化传播和信息沟通的重要平台，是日常生活不可或缺的一部分①。社交媒体打破了传统大众媒体的舆论垄断并且其影响力俨然已经超越了后者，成为网络时代的舆论场；社交媒体还可以凭借算法和人物画像等技术，具备了塑造社会行为和观念的能力，将传统上被国家政府所垄断的公权力"私有化"。有学者认为，社交媒体是在模仿生物生活的基本规则和功能，其文化基因作为网络社会基本的组成单元，它们越来越像一个"全球大脑"，正在重塑人类沟通、工作和思考的方式。②社交媒体对网络空间和社会的影响都不可忽视。拥有大量数据流量的互联网公司通过对在线内容进行过滤和算法推荐，不但会影响我们获取信息的内容和范围，还可能传播虚假和违法信息，扰乱正常的社会秩序。③此外，社交媒体在维护政治稳定、反恐等领域都发挥着关键的作用，有着重要的战略意义。

（三）互联网改变国家权力边界

由于互联网对社会和私营部门的赋权，国家行为体传统的权力边界也遇到了新的挑战。从绝对主权的角度来说，国家行使主权的疆域相较过去有了新的增量，一国基于国家主权对本国的网络设施、网络主体、网络行为、网络数据和信息等享有管辖权、独立权、平等权和防御权；从相对主权的角度来看，网络空间打破了国家对社

---

① 截至 2019 年一季度，推特日活跃用户同比增长 11%，达 1.34 亿人；到 2020 年 3 月，微博日活跃用户 2.41 亿，与上年同期相比增长 3800 万；2020 年第一季度微信月活跃用户达 12.025 亿，同比增长 8.2%。

② Oliver Luckett and Michael Casey, *The Social Organism: A Radical Understanding of Social Media to Transform Your Business and Life*, NY: Hachette Books, 2016.

③ Susan Jackson, "Turning IR Landscape in a Shifting Media Ecology: The State of IR Literature on New Media," *International Studies Review*, Vol. 21, No. 3, 2019, pp. 518 – 534.

会元素的垄断，实现了政治权力的再分配，国家不再是享有社会秩序制定权力的唯一主体。那些通过技术赋权的团体、公司和自组织网络，正在对传统的国家主权边界发起挑战，无论是在商业、媒体、社会、战争和外交领域，国家的权力均在不同程度上被削弱或者转移。①

国家权力边界之所以在不同程度上被侵蚀，是因为网络空间的技术属性。首先，传统的国家地理边界在网络空间不复存在。作为一个开放的全球系统，网络空间没有物理的国界和地域限制，用户可以以匿名的方式将信息在瞬时从一个终端发送至另一个终端，它不仅正在打破传统意义上的地理疆域，同时也可能削弱基于领土的民族国家合法性。其次，以信息和数据为表现形式的互联网内容层不仅关系到公民的个人信息和隐私保护权利，更关系到国家主权和政治安全。然而，海量的数据大大增加了确权和甄别的难度，而数据掌控在私营企业手中也限制了政府预判形势和管控危机的能力。最后，与传统上国家主权来源于政府自上而下的权威不同，网络权力取决于其能够"促成最大数量的、有价值的连接以及导向共同的政治、经济和社会目标的能力"，也即"个体和团体运用软实力"的能力。②网络化的扁平结构削弱了政府的权力，但却并不必然带来权力的去中心化，反而会根据控制流量的大小在不同的节点上形成新的权力中心。

更重要的是，互联网动摇着国家垄断军事力量的基础，并在很大程度上改变了传统的战争形态。按照马克斯·韦伯的定义，国家是"这样一个人类团体，它在一定疆域内成功地宣布了对正当使用

---

① 郎平：《主权原则在网络空间面临的挑战》，载《现代国际关系》，2019 年第 6 期，第 44 - 50 页。

② Anne - Marie Slaughter, "Sovereignty and power in a networked world order," *Stanford Journal of International Law*, No. 40, 2004, pp. 283 - 327, https：//www. law. upenn. edu/live/files/1647 - slaughter - annemarie - sovereignty - and - power - in - a.

暴力的垄断权",①其他任何团体或个人未经国家许可都不具有使用暴力的权力。然而，在网络空间，所有现实空间的人和事物都可以被信息化或者数字化，网络武器的生产者与使用者可以是相同的，并且很难对网络武器进行军用和民用的区分。网络武器的使用门槛大大降低，网络购买和快速传递也会加大其扩散的范围，无论是黑客、有组织的犯罪团体和恐怖分子都可以在网络空间发起暴力行动，甚至是对国家发起网络战。网络攻击不需要派遣地面人员，不必出现流血冲突和人员伤亡，信息控制和无人机等自主作战已经成为未来新的战争形态。

综上所述，国家与私营部门和其他行为体的权力边界正在发生变化，国家不再是唯一具有巨大权力的社会行为体。诚如约瑟夫·奈所言，"随着信息革命的发展，主权国家的地位会不断衰落，各类依托信息网络技术的非政府组织将拥有跨越领土边界的能力，从而改变现有的社会治理方式"。② 一方面，政府和其他行为体的绝对权力边界都在向网络空间延伸，催生了新的权力；另一方面，国家和私营部门之间的相对权力边界发生了移动，企业对互联网关键基础设施和资源的掌控力显著增强，政府的主权行使能力受到了很大制约。国家外部主权面临的情形也是如此，即使是在经济和安全等传统的主权管辖范围内，例如打击网络恐怖主义、网络犯罪和数字贸易规则制定等，仅仅依靠传统的政府间治理机制已难以奏效，而互联网企业和非政府间组织则在积极参与到国际规则的制定中来。

---

① 马克斯·韦伯:《学术与政治》，钱永祥等译，上海三联书店，2019 年版。

② Joseph S. Nye Jr. , "Cyber Power," Belfer Center for Science and International Affairs, Harvard Kennedy School, 2010, https: //www. belfercenter. org/sites/default/files/legacy/files/cyber - power. pdf.

三、互联网改变国际安全

当国家主权由基于领土的地理边界延伸至基于信息技术的虚拟空间，网络空间不可避免地成为国家安全新的威胁来源；网络空间改变了国家的外部安全环境，同时也为国际安全形势增加了诸多不稳定因素，威胁的复杂性和破坏性都在增加。1991 年的海湾战争被认为是现代战争的一个重要分水岭，强大的军事力量不再是战场获胜的唯一法宝，更重要的是要具备赢得信息战和确保信息主导权的能力。美国兰德公司在 1993 年的一份研究报告中首先警告称"网络战即将到来"。[1]尽管网络空间的"珍珠港事件"并没有真的发生，但是在 2007 年爱沙尼亚危机、2008 年格鲁吉亚战争和 2010 年伊朗核设施遭受"震网"蠕虫病毒攻击之后，网络空间成为继海、陆、空、天之后的"第五战场"的想法逐渐变成了真实的存在。网络安全问题开始进入国家军事战略层面，成为一项重要的国家安全议题。

21 世纪 10 年代以来，世界开始真正进入信息时代，互联网上升为国家关键信息基础设施，国家的主权、发展与安全在各个方面都与网络空间息息相关。然而，互联网能够发挥"促进自由和繁荣"的积极作用，但其消极影响也在不断上升：首先，网络攻击事件愈演愈烈，借助高危漏洞、黑客入侵、病毒木马等工具进行的恶意网络攻击事件频发。2019 年 1 月，Windows 系统爆出"零日"漏洞[2]，该漏洞允许越权读取系统上全部的文件内容；2019 年全年的大流量

---

① John Arquilla and David F. Ronfeldt, "Cyberwar is Coming!" *Comparative Strategy*, Vol. 12, No. 2, 1993, pp. 141 – 165.

② 零日漏洞，又称零时差攻击，是指被发现后立即被恶意利用的安全漏洞，具有突发性与破坏性。

DDos 攻击超过 2 万次，与 2018 年相比增长超过 30%。①其次，智能化、自动化、武器化的网络攻击手段层出不穷，网络攻击正在逐步由传统的单兵作战、单点突破向有组织的网络犯罪和国家级网络攻击模式演变，电力、能源、金融、工业等关键基础设施成为网络攻防对抗的重要战场。最后，人工智能、区块链、物联网等新一代信息技术快速发展，还可能与网络攻击技术融合催生出新型攻击手段。例如，量子计算可以极大降低破解加密算法的时间，人工智能技术催生了自主攻击能力，算法推荐可能衍生出有害信息传播的新模式。

在国家安全层面，网络空间正在变成一张充满征服与被征服的"渐暗的网"②。网络攻击肆虐致使国家关键基础设施面临着重大安全风险；利用网络环境实施的传统犯罪行为和利用网络攻防技术实施的网络窃密等犯罪行为屡有发生；利用网络对他国的政治攻击和颠覆活动愈演愈烈；恐怖组织将网络空间作为新的战场并将社交媒体作为其宣传、招募人员、行动组织的重要工具。互联网和信息技术不仅可以被用来在国家间冲突和战争中实施大规模破坏行为，而且也可以被用来支持电子战等传统军事任务，甚至是公开攻击关键基础设施和军事指挥网络的战争行为。鲍尔斯和雅布隆斯基认为国家正在陷入一场"持续的以国家为中心的控制信息资源的斗争"，其实施方式包括秘密攻击另一个国家的电子系统，并利用互联网推进一个国家的经济和军事议程，其核心目标是运用数字化网络达到地缘政治目的。③

简言之，互联网给国际安全形势带来了三个层面的新威胁：一是日益显化的网络空间军备竞赛和针对关键基础实施的网络攻击，

---

① 绿盟科技：《2019 年 DDos 攻击态势报告》，2019 年 12 月 26 日，http：//blog. nsfocus. net/ddos – attack – landscape – 2019/。

② Alexander Klimburg, *The Darkening Web：The War for Cyberspace*, NY：Penguin Press, 2017.

③ Shawn Powers and Michael Jablonski, *The Real Cyber War：The Political Economy of Internet Freedom*, Chicago：University of Illinois Press, 2015.

威胁到国家的经济和军事安全；二是网络空间的政治战，特别是社交媒体的武器化，威胁到国家的政治安全；三是人工智能等颠覆性技术不断应用于军事领域所带来的潜在安全风险。

（一）网络攻击/网络战

从计算机安全的角度看，网络攻击是指针对计算机信息系统、基础设施、计算机网络或个人计算机设备的、任何类型的进攻动作；对于计算机和计算机网络来说，破坏、揭露、修改、使软件或服务失去功能、在没有得到授权的情况下偷取或访问任何一计算机的数据，都会被视为对计算机和计算机网络的攻击。[①]网络攻击被认为是国家在网络空间面临的重大安全威胁，在很大程度上源于网络空间的技术和虚拟特性。由于互联网在设计之初仅考虑了通信功能而没有顾及安全性，它所采用的全球通用技术体系和标准化的协议虽然保证了异构设备和接入环境的互联互通，但这种开放性也使得安全漏洞更容易被利用，而联通性也为攻击带来了更大的便利。

不同于传统军事打击，网络攻击的特殊性在于：首先，攻击者可以无视国家的地理边界，在网络空间对其他国家的关键基础设施发动攻击，给国家经济运行和社会稳定带来极大的破坏和损失，却不致造成重大的人员伤亡和流血冲突。其次，网络攻击具有极强的隐蔽性，攻击者可以使用网络攻击程序动态切换网络接入位置并调用大量攻击设备，从而使得攻击的溯源和防护非常困难。最后，发动网络攻击的门槛相对于发动武装冲突而言要低得多，且军用和民用设施相互融合难以区分，在溯源、确定反击阈值和对等报复等方

[①] IBM Services, "What is a cyber attack?" December 1, 2020, https：//www.ibm.com/services/business – continuity/cyber – attack.

面的困难使得传统的军事威慑手段难以在网络空间奏效。

网络攻击能够对国家产生破坏力，是源于代码的武器化，即作为攻击工具的网络武器，其破坏力可以堪比传统的军事力量和武器。网络武器是指"用于或旨在用于威胁或对结构、系统或生物造成物理、动能或精神伤害的计算机代码"。[①]例如，根据俄罗斯卡巴斯基实验室报告，2017 年全球爆发的"WannaCry"病毒所使用的黑客工具"永恒之蓝"就来源于美国国家安全局的网络武器库。从 20 世纪 90年代开始，很多学者就开始研究网络武器所具备的"网络能力"，并将其类比为非致命武器和精确制导武器。[②]与非致命武器相似，网络行动可以攻击某个计算机系统的核心部位，控制它们或让其瘫痪。例如，窃取敏感数据以破坏计算机系统数据的机密性，输入恶意指令或破坏重要数据以破坏计算机系统的完整性，或者破坏计算机系统的可用性从而导致其在关键时刻无法接入互联网。同时，如精确制导武器一样，网络武器也可以提供一种潜在的高度精确打击能力，可以只影响特殊目标，进一步提高兵力损失交换比，让攻击发起方面临最小的伤亡风险。

目前来看，网络攻击的效果介于"外交活动和经济制裁"与"军事行动"之间，是否能够实现更大的政治与军事目标还有待观察。网络攻击固然有隐蔽性、低伤亡、灵活和精准打击等优势，但网络攻击也面临着很多局限性。首先，网络攻击行动的成功有赖于能够获得攻击目标充分且准确的情报，例如，电力系统的控制设计、系统漏洞等，这要求行动发起者具有很高水平的情报获取能力。其次，网络攻击的目标通常是 IT 系统的软硬件，而后者是可以被不断更新和升级的，漏洞发现也会被修补，这就会使得网络攻击的效果

---

① 托马斯·里德：《网络战争：不会发生》，徐龙第译，人民出版社，2017 年版，第 46 页。
② George Perkovich and Ariel E. Levite, eds., *Understanding Cyber Conflict*: 24 *Analogies*, Washington, D. C.: Gerogetown University Press, 2017, pp. 47 – 60.

有很大的不确定性。最后，由于网络空间的民用和军用设施常常难以区分，如果在打击军事目标时导致民用设施遭到破坏，会提高使用"网络武器"的政治成本，因而需要对网络攻击发起的时间、方式和地点进行审慎的评估。

按照发起者不同，网络攻击可以分为三类：第一类是作为个体的黑客，他们进行网络攻击的目的通常是为了宣泄个人情绪或者实施犯罪，一般不具有很大的政治和经济破坏性。第二类是有组织的犯罪集团或者恐怖主义组织，他们利用网络攻击窃取数据以实施有组织的犯罪或实施恐怖活动，对于社会的稳定和经济运行均可造成相当的伤害。第三类是国家或国家支持的组织，其发起网络攻击的目标常常是目标国的关键基础设施或军事设施，具有明确的政治和军事动机。第三类网络攻击活动日益影响着国际安全形势。例如，2019 年 3 月，美国对委内瑞拉的电力系统、通信网络和互联网发动了一次网络攻击，行动命令来自五角大楼，由美国南方司令部直接执行。①伊朗也曾经遭受了来自美国的网络攻击。2019 年 6 月，美国对伊朗发动了网络攻击，抹掉了伊朗准军事武装用于秘密计划袭击波斯湾油轮的数据库和计算机系统，短暂削弱了其袭击油轮的能力。②2020 年 7 月，美国总统特朗普公开证实曾于 2018 年批准了对俄罗斯互联网研究所的网络攻击，并承认该起攻击是在美俄两国政治对抗日益激烈的背景下进行的。③

尽管国际社会和学界对"网络攻击"和"网络战"的界定和认

---

① 《指责大停电是美网络攻击，马杜罗称将请求中俄等国协助调查》，环球网，2019 年 3 月 13 日，https：//baijiahao. baidu. com/s？id = 1627873072663719586&wfr = spider&for = pc。

② Julian E. Barnes, Thomas Gibbons – Neff, "US Carried out Cyberattacks on Iran," *The New York Times*, June 22, 2019, https：//www. nytimes. com/2019/06/22/us/politics/us – iran – cyber – attacks. html.

③ 《俄媒：美首次承认对俄网络机构进行攻击》，《人民日报》海外网，2020 年 7 月 12 日，https：//baijiahao. baidu. com/s？id = 1671995507523151374&wfr = spider&for = pc。

识存在分歧,①但两者之间的一个显著区别是后者仅发生在有政府主体参与的情形。按照克劳塞维茨的定义,战争是国家意志的军事表现。因此,只有国家主导或发起的、具有明确军事动机的网络攻击行动才属于网络战范畴。尽管有学者坚持认为真正的"网络战"必须有重大伤亡,其效果具有毁灭性且等同于武装攻击,或在武装冲突期间发生的"网络攻击"才能称之为"网络战争"②,但是随着现实空间战争的形式逐渐由常规战争向非常规作战和混合战转变,国家间网络冲突——在网络空间发生的具有军事性质的冲突——被认为是现实世界非常规战争的"网络再现","网络战"的概念界定也随之向现实回归,通常用来指国家行为体采用网络攻击的方式破坏目标国的关键基础设施或军事力量,被视为 21 世纪新型的战争形式。③

由于现行的国际法框架无法管控网络冲突、溯源困难以及网络威慑的作用有限,国家之间因而会陷入一种"网络安全困境":虽然两个国家都不想伤害对方,但由于彼此不信任,往往会发现发动网络入侵才是最明智的选择,而保护自身安全的手段就是威胁他国安全,最终导致冲突不断升级。④特朗普政府上台后,在"美国优先"

———————————

① "攻击"一词在国际法中受到严格限制,意味着重大的伤亡或者破坏。大多数欧洲国家认为,任何严重违反数据保密的行为都构成"网络攻击";美国认为,任何严重侵犯数据完整性以及可用性的行为都可能被视为攻击,例如通过大规模的、不可恢复的数据删除行为来彻底摧毁美国的金融系统;俄罗斯和中国则将通过网络实施"宣传战争"也被认定为"网络攻击",但这种观点遭到多数西方国家的反对。Alexander Klimburg, *The Darkening Web*: *The War for Cyberspace*, NY: Penguin Press, 2017.

② Jeffrey Caton, *Distinguishing Acts of War in Cyberspace*: *Assessment Criteria*, *Policy Considerations*, *and Response Implications*, P. A. : US Army War College Press, 2014.

③ 也有学者将其称为国家间的"网络冲突",认为国家间网络冲突应被看成实施"超限战"的一个重要武器。美国在 2011 年宣布将把"网络攻击"行为等同于战争行为,并可以用传统军事手段进行惩罚。参见 George Lucas, *Ethics and Cyber Warfare*: *The Quest for Responsible Security in the Age of Digital Warfare*, NY: Oxford University Press, 2016.

④ Ben Buchanan, *The Cybersecurity Dilemma*: *Hacking*, *Trust and Fear Between Nations*, NY: Oxford University Press, 2017.

的保守主义思想指引下，美国网络军事力量发展更加激进，试图通过"持续交手""前置防御"将行动空间拓展到他国主权范围。俄罗斯网络作战部队隶属于俄军信息对抗体系，2017 年 2 月，俄罗斯国防部长绍伊古表示已经建立了一支负责发动信息战的专业部队，据俄罗斯《生意人报》称，俄罗斯信息战部队的规模在 1000 人左右，每年约获得 3 亿美元的经费支持。① 德国、巴西和以色列的网络军事化水平也不容忽视。在当前的网络空间冲突中，保护本国的关键基础设施不受网络攻击已经成为各国政府在网络安全领域面临的首要任务。

（二）信息域的政治战

与网络攻击将代码作为武器不同，网络空间的内容也会被一国利用或操纵来实现其针对他国的地缘政治目标，信息域正在成为一个越来越重要的现代政治战领域。所谓"政治战"是指利用政治手段迫使对手按自己的意志行事，它可以与暴力、经济施压、颠覆、外交等手段相结合，但其手段主要是使用文字、图像和思想。②从目标来看，"政治战"意在影响一个国家的政治构成或战略决策，因为使用的手段是非军事的，因而也常常被称为"心理战""意识形态战""思想战"。③在信息时代，政治战有了新的媒介和工具，那就是网络空间可以瞬时向全球传递的信息。2018 年 4 月，美国兰德公司发布关于《现代政治战》报告，强调信息域将是一个争夺日趋激烈，

---

① 《俄防长：俄已组建信息战部队》，新华网，2017 年 2 月 23 日，http：//www. xinhuanet. com/world/2017 - 02/23/c_129492633. htm。

② Paul A. Smith Jr. , *On Political War*, Darby, PA：Diane Pub Co, 1989.

③ Carnes Lord, "The Psychological Dimension in National Strategy," in Carnes Lord and Frank R. Barnett, eds. , *Political Warfare and Psychological Operations*：*Rethinking the US Approach*, Washington, D. C. ：National Defense University Press, 1989, p. 16.

甚至是决定性的政治战领域，其本质就是一场通过控制信息流动来进行的有关心理和思想的斗争，其行动包括舆论战、心理战以及对政治派别或反对派的支持。①

在信息域，国家面临的首要威胁是本国的信息和数据安全问题。如果说传统的情报活动是在信息传递过程中截获流动的信息，那么数字化时代的常见途径就是通过互联网到计算机硬盘、移动存储介质和数据库中获取情报，例如，在硬件芯片上做手脚或在软件程序中预留"后门"等。② 2013年6月，"斯诺登事件"中曝光的"棱镜门"计划凸显了美国以自身的网络空间优势肆无忌惮地窃取他国数据的现实，此后各国政府开始关注本国的数据安全问题，尤以2018年5月生效的欧盟《通用数据保护条例（GDPR）》为典范。特别是随着大数据时代的到来，个人信息和数据对国家安全的重要性与日俱增，特别是当大多数公民有关政治立场、医疗数据、生物识别数据等隐私数据被敌对国家或他国政府捕获后，经过人工智能大数据分析，都将会产生巨大的安全风险——信息操纵。

信息战在军事领域的应用早已有之，但近十年来，社交媒体的武器化成为现代政治战的突出趋势。信息战的基本作用机制是信息渠道，通过操纵信息，尤其是对"敌意的社会操纵"，聚集了大量互联网用户的社交媒体成为现代政治战的前沿阵地。操纵敌意社会的行为体可以利用有针对性的社交媒体活动、复杂的伪造、网络欺凌和个人骚扰、散布谣言和阴谋论，以及其他工具和方法对目标国家造成损害，包括"宣传""积极措施""假情报"和"政治战争"等方式。③ 克林特·瓦茨认为，在政治上攻击有竞争或者敌对关系的

① Linda Robinson, et al., "Modern Political Warfare: Current Practices and Possible Responses," Rand Corporation, 2018, p. 229.

② 沈昌祥、左晓栋：《信息安全》，杭州：浙江大学出版社，2007年版，第28页。

③ Micheal J. Mazarr, et al., "Hostile Social Manipulation: Present Realities and Emerging Trends," Rand Corporation, September 4, 2019.

国家或颠覆其政权，竞争对手可以利用一国网民的社交媒体信息来描绘其个人的社交网络，识别其弱点，并控制偏好，进而策划各种阴谋，其手段包括新闻推文、网页匿名评论、恶意挑衅和僵尸型社交媒体账户、虚假主题标签和推特活动等。① 社交媒体已经成为一个虚拟的战场，攻击行为随时可能发生，政治战和心理战都在社交媒体中找到了新的展现形式。彼得·辛格指出，对于这个战场，我们所有人都身处其中，无处可逃，通过社交媒体武器化，互联网正在改变战争与政治。②

　　社交媒体武器化引起国际社会的广泛关注始于 2016 年美国大选曝出的"黑客门"事件。自特朗普赢得大选之后，时任美国总统奥巴马指责俄罗斯政府授意并帮助黑客侵入民主党网络系统，窃取希拉里及其团队的电子邮件，交给"维基解密"等公之于众，制造希拉里丑闻，通过信息操纵干扰美国总统竞选。这起事件被认为是一次超越传统间谍界限的、试图颠覆美国民主的尝试。③约瑟夫·奈认为，随着大数据和人工智能的发展，互联网技术已经成为挑战西方民主的重要工具；基于信息操纵的锐实力正在严重冲击国家的软实力，使得西方民主制度面临危机。④黑客组织通过综合利用网络攻击、虚假信息和社交媒体操纵活动、操纵美国选民，它不仅是美国网络安全领域中具有里程碑意义的事件，更给国际社会敲响了社交媒体武器化和信息操纵的警钟。

---

① Clint Watts, *Messing with the Enemy*：*Surviving in a Social Media World of Hackers*, *Terrorists*, *Russians and Fake News*, London：Harper Collins Publishers, 2019.

② P. W. Singer and Emerson T. Brooking, *LikeWar*：*The Weaponization of Social Media*, Boston：Eamon Dolan/Houghton Mifflin Harcourt, 2018.

③ Brianna Ehley, "Clapper Calls Russia Hacking a New Aggressive Spin on the Political Cycle," *Politico*, October 20, 2016, http：www. politico. com/story/2016/10/russia – hacking – james – clapper – 230085.

④ Joseph S. Nye, "Protecting Democracy in an Era of Cyber Information War," Harvard Kennedy School, Belfer Center for Science and International Affairs, February 2019, https：// www. belfercenter. org/publication/protecting – democracy – era – cyber – information – war.

随着大数据和人工智能等新技术的发展和应用，以国家为主导、多种行为体参与、智能算法驱动、利用政治机器人散播虚假信息的国家计算政治宣传，正在越来越多地应用在政治战中。所谓的国家计算政治宣传，是指政府借助算法、自动化和人工管理账户来有目的地通过社交媒体网络管理和发布误导性信息的信息操纵行为。例如，操纵者可以通过制造假新闻和垃圾信息改变公众认知；通过社交机器人进行社会动员、政治干扰，进而有效干预政治舆论；算法可以模拟人际沟通，包括内容生产和传播的时间模式以及情感的表达。[①]新冠肺炎疫情期间，在推特、脸书等社交媒体上针对中国的政治宣传就是集中体现，研究人员发现，有关"新型冠状病毒是中国制造的生物武器"的阴谋论，在社交媒体推特经由支持特朗普的机器人账号集中传播的可能性远高于其他可能性。[②]由此可见，在国家安全威胁日趋多元化的背景下，信息域的政治战已经成为不容忽视的新的战争形式。

（三）颠覆性技术在军事领域的应用

信息技术仍然处于快速的发展进程中，同时也蕴含了更多的不确定性和风险。随着互联网应用和服务逐步向大智移云[③]、万物互联和天地一体的方向演进，颠覆性技术正在成为引领科技创新、维护国家安全的关键力量。"颠覆性技术"是指能通过另辟蹊径或对现有

---

① Samuel C. Woolley and Philip N. Howard, *Computational Propaganda：Political Parties，Politicians，and Political Manipulation on Social Media*, NY：Oxford University Press, 2018. 韩娜：《国家安全视域下的计算政治宣传：运行机理、风险识别与应对路径》，北邮互联网治理与法律研究中心，2020 年 6 月 23 日，https：//mp. weixin. qq. com/s/1RA7ne5lc - hk0u8_qr9aGQ。

② 邢晓婧：《美媒：调查显示特朗普支持者在社交媒体上散布中国谣言》，环球网，2020 年 6 月 3 日，https：//www. sohu. com/a/399422300_162522？_trans_ = 000014_bdss_dkmgyq。

③ 大数据、人工智能、移动互联网和云存储。

技术进行跨学科、跨领域创新应用，对已有技术产生根本性替代作用并在其领域起到"改变游戏规则"的重要驱动作用的技术，这已经成为各国抢占战略制高点、提升国家竞争力的关键要素，但同时也带来了更多的安全风险。[①]

在当前阶段，人工智能、物联网、云计算、大数据和量子计算等都是代表性的颠覆性技术，但这些颠覆性技术在应用过程中很容易引发新的安全风险，特别是应用或恶意利用颠覆性技术超高的计算、传输和存储能力，实施更为高效、有针对性、难以防守和溯源的网络攻击。例如，利用人工智能技术，攻击者可以高准确度猜测、模仿、学习甚至是欺骗检测规则，挑战网络防御的核心规则；与既有攻击手段融合在网络攻击效率、网络攻击范围、网络攻击手段等方面加剧网络攻防长期存在的不对等局面；人工智能与区块链、虚拟现实等技术结合还可催生出新型有害信息，形成有针对性的传播目标，衍生有害信息传播新模式，并加大数据和用户隐私全面泄漏的风险。[②]此外，随着物联网以及可穿戴设备的普及，颠覆性技术的使用很有可能使其成为全新的攻击载体，开启了利用网络能力攻击个人的"大门"，网络武器转变成"致命性攻击武器"的风险大大提升。

颠覆性技术应用在军事领域必然会给人类带来新的战争威胁。首先，量子计算技术的发展潜力将使"信息控制"在战争中处于核心地位。当代全球暴力的范式已经从传统的脚本战争1.0版向基于图像的战争2.0版迈进，而量子计算将使得战争的语言摹本由具有确定性的文字、数字和图片进化到一种不确定的、概率的和可观察

---

① 参见克莱顿·克里斯坦森：《颠覆性创新》，崔传刚译，中信出版社，2019年版。
② 基于参加中国信息通信研究院安全研究所有关"网信领域颠覆性技术"研讨会内容整理。

的量子战争。①理论上，量子计算机能够大大推进人工智能的突破发展，具备处理和理解海量实时监控数据的能力，那么在信息化的作战环境中，特别是面对海量的监控图片、图像和人体生物信息，掌控量子计算权力的国家会在信息控制和信息解读方面获得巨大优势，而这在很大程度上意味着一种新的作战时代的到来。尽管量子计算的理论体系还有待完善，现阶段尚未发展出大规模、可商用的计算能力，配套的产业链和软硬件各方面都还有很多技术和产业难题没有克服，但其对战争，甚至是国际秩序的潜在影响力是巨大的。如安德鲁·马歇尔所言，如果说第一次世界大战是化学家的战争，第二次世界大战是物理学家的战争，那么第三次世界大战将是信息研究者的战争。②

如果说量子计算改变的是战争的语言摹本，那么人工智能在军事领域的应用将会在很大程度上改写战争的中枢神经系统，对战争带来重大而深远的影响。随着机器算力的提高和大数据技术的发展，人工智能在计算机视觉、语音识别、自然语言处理和机器人技术等领域的应用取得了突破性进展，并被广泛应用于军事领域，例如，情报收集和分析、后勤保障、网络空间作战、指挥和控制以及各种军用自主驾驶平台等。其中，机器人的蜂拥控制可以对多个机器人进行规则编程，使其具备应对突发事件的能力，尤其是在遭遇军事威胁时可以做出实时反应，具有比人工控制的机器人更快的反应速度。人工智能对作战方式最大的影响在于其自主武器系统可以对敌方作战系统进行学习和分析，并根据敌方系统特点弥补己方漏洞或根据敌方系统弱点实施针对性打击，这也意味着该系统不仅可以在

---

① James Der Derian, "From War 2.0 to Quantum War: The Superpositionality of Global Violence," *Australian Journal of International Affairs*, Vol. 67, No. 5, 2013, pp. 570 – 585.

② Taylor Owen, *Disruptive Power: The Crisis of the State in the Digital Age*, NY: Oxford University Press, 2015, p. 172.

无人操作的情况下自动攻击敌方目标，而且还可以大大缩短己方观察、调整、决策、行动的循环周期。[①] 此外，机器学习系统还可以通过模式识别技术，分析敌方战术或找出敌方隐藏目标，协助情报分析人员从海量信息中提取有价值的军事情报，提高决策的准确度。

然而，颠覆性技术自身的缺陷和不确定性也必然隐藏着巨大的安全风险。以人工智能为例，首先，在技术层面，人工智能的决策能力严重依赖于数据的完整和准确，一旦出现数据不完整或错误的情况，其数学计算的结果就可能出现偏差，决策的能力和准确度都会出现偏差。其次，在安全层面，一旦人工智能系统遭遇黑客或敌对势力的攻击造成数据损坏或系统被操纵，就可能导致其"精神错乱"，对军事行动发出错误的指令，造成难以估量的后果。再次，在伦理和法律层面，人工智能不具备人类的价值判断能力，例如，自主作战系统只能根据数学概率识别敌我目标，无法区分战斗人员和非战斗人员，也无法为人身伤亡负起法律责任。最后，在战略层面，自主武器系统无法在数学计算中加入对冲突升级、武力威慑、战略稳定等因素的战略考量，缺少对于战场稍纵即逝的时机把握。

由此可见，颠覆性技术发展的不确定性及其在军事领域的应用大大增加了网络战争的风险和破坏力。由于某种"未知的未知"，其蕴含的巨大风险和不确定性往往使得行为主体倾向于追求对抗的、单边的行为策略，网络空间军事化已成不争的事实。人工智能等颠覆性技术的融合正在成为网络空间攻防对抗的重要技术手段，"进攻占优"的网络攻防过程打破了传统的力量平衡，致使各国大力研发基于颠覆性技术的网络武器，网络空间军备竞赛更是愈演愈烈。[②] 在

① Forest E. Morgan and Raphael S. Cohen, "Military Trends and the Future of Warfare: The Changing Global Environment and Its Implication for the US Air Force," Rand Corporation, 2020.
② 刘杨钺：《技术变革与网络空间安全治理：拥抱"不确定的时代"》，《社会科学》，2020年第9期，第41-50页。

颠覆性技术的驱动下，国际安全格局的力量结构面临着重新调整，大国将围绕致命性自主武器等新安全风险的国际规范制定展开新一轮的博弈。

四、互联网改变大国竞争

数字化时代既是当今世界百年大变局得以发生的重要时代背景，也是大变局不断演进和深化的重要驱动力。从全球化进程来看，信息技术发展、跨境数据流动以及数字空间与现实空间的深度融合，意味着全球化进入了一个全新的数字时代。如果说传统上大国竞争的内容是争夺有限的领土和自然资源，那么数字世界最重要的资源——数据——是无限的，数字化程度越高，接入的范围越广，数据的战略价值就越大。然而，与数字世界无限延展的内在驱动力相悖，国家基于主权的权力边界是有限的，为了获得数字世界的主导权，国家主权在网络空间不断延伸和拓展，网络空间的碎片化趋势日趋显著，这又反过来抑制了数字经济扩张的内在动力。中美在网络空间的战略竞争就是在这样的背景下展开的：一方面其竞争和对抗的范围和力度在不断加大；另一方面，数字世界扩张的自身规律和市场的张力也在发挥作用，两者此消彼长的博弈进程将在很大程度上决定未来全球格局的发展方向。

中美在网络空间日趋激烈的战略竞争，既源自中国崛起后两国之间的结构性冲突，也是特朗普政府大力推进"美国优先"战略所导致的必然结果。特朗普就任以来，网络空间在美国的国家战略定位中有了明显提升，从奥巴马政府时期将"网络"作为一个安全领域转变为将网络看作促进国家安全和繁荣的时代背景，加速了网络议题与经济和安全等其他领域的融合。2017年底，特朗普政府出台的美国《国家安全战略报告》将网络安全上升为国家核心利益。
2018年9月，白宫发布《国家网络战略》，15年来首次全面阐述了
美国的国家网络战略，提出保护安全和促进繁荣的四大支柱，[①]列出
了包括保护关键基础设施、保持美国在新兴技术领域的领导地位、
推进全生命周期的网络安全等诸多优先事项，并且明确提出中国和
俄罗斯是美国的"战略竞争对手"。2020年5月，白宫发布《美国
对华战略方针》指出，中国正在经济、价值观和国家安全观三个方
面对美国构成挑战。聚焦网络空间，美国认为中国通过网络入侵大
量窃取美国公司敏感信息和商业机密，挑战美国经济；越来越多地
利用战略信息操纵来巩固其统治，强调其制度优越性，挑战美国价
值观；中国政府利用《网络安全法》，与华为、中兴等企业合作，利
用安全漏洞窃取他国数据，试图主导全球信息与通信技术产业，威
胁美国的国家安全。[②]

在上述顶层设计的指引下，美国开始逐步推进在网络空间与中
国竞争和脱钩的战略意图。从2018年对华发动贸易战指责中国网络
窃密、强化美国外国投资委员会（CFIUS）的投资审查、成立特别
工作组保护ICT供应链，到2019年扩大审查中国科技公司的范围、
将包括华为在内的数十家企业列入实体清单、全面封杀和遏制华为，

---

① 四大支柱：通过保护网络、系统、功能和数据来保卫家园；通过培育安全、繁荣的数字
经济和强大的国内创新，促进美国繁荣；通过加强美国的网络能力来维护和平与安全——与盟国
和伙伴合作，阻止并在必要时惩罚那些出于恶意目的使用网络工具的人；扩展开放、可互操作、
可靠和安全的互联网的关键原则，扩大美国在海外的影响力。The White House, "National Cyber
Strategy of the United States of America," September 2018, https：//www. whitehouse. gov/wp - content/
uploads/2018/09/National - Cyber - Strategy. pdf#：～：text = The%20National%20Cyber%20Strategy%
20demonstrates%20my%20commitment%20to, steps%20to%20enhance%20our%20national%20cyber%
20 - %20security.

② The White House, *United States Strategic Approach to the People's Republic of China*, May 20,
2020, https：//www. whitehouse. gov/articles/united - states - strategic - approach - to - the - peoples -
republic - of - china/#：～：text = On%20May%2020%2C%202020%2C%20the%20White%
20House%20published, respect%20to%20the%20People's%20Republic%20of%20China%20%
28PRC%29.

再到 2020 年进一步收紧对华为获取美国技术的限制、发布《国家5G 安全战略》、提出"清洁 5G 路径"和"净网计划"、发布针对TikTok 和微信的行政令、提议修改 APEC 数据流通规则，美国的数字"铁幕"正缓缓落下，未来出现两个平行体系的可能性正在逐步上升。在大国竞争背景下，尽管中国在网络空间的实力整体上仍然与美国有很大的差距，但考虑到中国互联网企业的快速发展以及网络空间对国家安全带来的诸多挑战和不确定性，美国大力推动对华全面脱钩既有国家安全的考量，也有遏制中国赶超的考虑。

（一）科技主导权

科技是第一生产力，在大国战略竞争中始终发挥着至关重要的作用，科技水平不仅直接关系到国家的经济实力，而且对于国家的军事实力更为重要。互联网是在美国诞生的，美国在网络空间已经占据了先天优势，那么在下一轮以 5G、人工智能、量子计算为代表的数字技术竞争中，能够占据先机的国家可以运用数字技术提升综合国力，成为国际格局变化的新动力。为此，打压和遏制竞争对手的发展势头、争夺科技领域的主导权就必然成为大国竞争的重头戏。阎学通认为，数字经济成为财富的主要来源，技术垄断和跨越式竞争、技术标准制定权的竞争日益成为国际规则制定权的重点；这些特点对国家的领导力提出了更高的要求，如果沿用传统的地缘政治观点来理解当前的国际战略竞争，很可能使国家陷入被动局面。[①]

5G 技术已经成为中美战略竞争的焦点。5G 技术的特点是超宽带、超高速度和超低延时，在军事领域，5G 技术可以提高情报、监

---

① 阎学通：《数字时代的中美战略竞争》，载《世界政治研究》，2019 年第 2 期，第 1 – 18 页。

视和侦察系统及处理能力，启用新的指挥和控制方法，精简物流系统、提高效率。①5G 技术更好的连通性可以转化为更强大的态势感知能力，有助于实现大规模无人机的驾驶以及近乎实时的信息共享，因而具有巨大的商业和军事应用前景。② 为此，美国除了在国内推出对华为的全面封杀，在国际上也加大对华为的围堵：一方面试图游说其盟友禁用华为的 5G 设备；另一方面也加紧抵制华为参与全球产业规则的制定。2019 年 5 月，美国联合全球 32 国政府和业界代表共同签署了"布拉格提案"，警告各国政府关注第三方国家对 5G 供应商施加影响的总体风险，特别是依赖那些易于受国家影响或尚未签署网络安全和数据保护协议国家的 5G 通信系统供应商；美国政府表示"计划将该提案作为指导原则，以确保我们的共同繁荣和安全"。③2019 年 9 月，美国还与波兰共同发表了"5G 安全声明"，将"布拉格提案"的内容落实到双边协议中，用双边规范将华为等中国企业排除在欧美市场之外。2020 年 7 月，英国政府决定自 2021 年起禁止该国移动运营商购买华为 5G 设备，并要在 2027 年以前将华为排除出英国的 5G 设备供应。

科技革命往往有助于推动国家实力的增长和国家间的权力转移。从现实来看，一方面，实力原本强大的国家往往会具备更强的创新能力和应用能力，会更容易在新一轮竞争中占据先发优势；另一方面，重大技术创新或颠覆性技术的影响也会具有不确定性，掌握了某个关键节点优势的国家很可能在某个方面打破原有的权力格局，

---

① John R. Hoehn and Kelly M. Sayler, "National Security Implications of Fifth Generation Mobile Technologies," *Congressional Research Service*, June 12, 2019, https://crsreports.congress.gov/product/pdf/IF/IF11251.

② Richard M. Harrison, "The Promise and Peril of 5G," May 2019, https://www.afpc.org/publications/articles/the – promise – and – peril – of – 5g.

③ The White House, "Statement from the Press Secretary," May 3, 2019, https://www.whitehouse.gov/briefings – statements/statement – press – secretary – 54/.

削弱强大国家的绝对垄断优势。因而，有报告称尽管中国在 AI 领域取得了快速的进步，但美国的优势地位会进一步扩大，也有报告认为美国传统的优势反而会让美国在数字时代处于不利的地位。[①]因此，我们可以看到技术对国家实力和权力的影响具有两面性，它既可能强化既有的垄断地位，也可能改变原有的权力获取路径。在既有实力差距的客观前提下，国家是否能够在科技竞争中获得更大权力更多取决于国家的变革能力和适应能力。

（二）数字经贸规则

随着信息通信技术与传统制造业领域的深度融合，数字经济占比在主要大国经济总量中都占据相当的比重。根据中国信通院的《全球数字经济新图景（2019）》白皮书中指出，目前，各国数字经济总量排名与 GDP 排名基本一致，美国仍然高居首位，达到 12.34 万亿美元；中国达到 4.73 万亿美元，位居世界第二；德国、日本、英国和法国数字经济规模均超过 1 万亿美元，位列第三至第六位。英国、美国、德国数字经济在 GDP 中已占据绝对主导地位，分别为 61.2%、60.2% 和 60.0%；韩国、日本、爱尔兰、法国、新加坡、中国和芬兰则位居第四至第十位。2018 年，在全球经济增长放缓的不利条件下，有 38 个国家的数字经济增速明显高于同期 GDP 增速，占所有测算国家的 80.9%。[②]

---

① Daniel Castro, Michael McLaughlin, and Eline Chivot, "Who is Winning the AI Race: China, the EU or the United States?", August 19, 2019, https://www.datainnovation.org/2019/08/who-is-winning-the-ai-race-china-the-eu-or-the-united-states/Jack Goldsmith and Stuart Russell, "Strengths Become Vulnerabilities: How a Digital World Become Disadvantages the United States in Its International Relations," June 6, 2018, https://www.lawfareblog.com/strengths-become-vulnerabilities-how-digital-world-disadvantages-united-states-its-international-0.

② 中国信通院：《全球数字经济新图景（2019）》，2019 年 10 月，http://www.caict.ac.cn/kxyj/qwfb/bps/202010/t20201014_359826.htm。

鉴于数字经济对于国家综合国力竞争的重要性，数字经济规则的制定必然会成为大国博弈的焦点。作为一种新型的生产要素，数据已经成为数字时代重要的战略性资源：一方面，数据是人工智能、量子计算等新技术发展应用的基础和动力；另一方面，基于数据的预测与决策也在很大程度上成为许多产业向前发展的动能和保障，为数字经济发展注入新动能，并且在很大程度上助推了经济社会形态及个人生活的重构。来自麦肯锡全球研究院的研究报告指出，自2008 年以来，数据流动对全球经济增长的贡献已经超过传统的跨国贸易和投资，不仅支撑了包括商品、服务、资本、人才等其他类型的全球化活动，并发挥着越来越独立的作用，数据全球化成为推动全球经济发展的重要力量。①联合国《2019 数字经济报告》认为，数字化在创纪录时间内创造了巨大财富的同时，也导致了更大的数字鸿沟，这些财富高度集中在少数国家、公司和个人手中；从国别看，数字经济发展极不均衡，中美两国实力大大领先其他国家，国际社会需要探索更全面的方式来支持在数字经济中落后的国家。②由此可见，数字经济规则事关大国在数字经济领域的地位和权力分配，对大国综合国力竞争的重要性将愈加凸显。

目前，数字经济规则的谈判在双边、区域和全球等各层面展开。与几个世纪前大国争夺资源的竞争不同，中美的竞争追求的是对全球规则制定以及贸易和技术领导地位的争夺。③ 由于国家的实力、价值观和政策偏好不同，不同国家的政策框架难免会出现差异。基于

---

① "Digital Globalization: The New Era of Global Flows," Mckinsey Global Institute, February 24, 2016, https://www.mckinsey.com/business - functions/mckinsey - digital/our - insights/digital - globalization - the - new - era - of - global - flows#.

② The UNCTAD, "Digital Economy Report 2019," September 4, 2019, https://unctad.org/en/pages/PublicationWebflyer.aspx? publicationid = 2466.

③ James Andrew Louis, "Technological Competition and China," Center for International Strategic and International Studies, November 30, 2019, https://www.csis.org/analysis/technological - competition - and - china.

其强大的综合数字优势，美国的数字经济战略更具扩张性和攻击性，其目标是确保美国在数字领域的竞争优势地位，美国主张个人数据跨境自由流动，从而利用数字产业的全球领先优势主导数据流向，但同时又强调限制重要技术数据出口和特定数据领域的外国投资，遏制竞争对手，确保美国在科技领域的主导地位。欧盟则沿袭其注重社会利益的传统，认为数据保护首先是公民的基本人权，其次在区域内实施数字化单一市场战略，在国际上则以数据保护高标准来引导建立全球数据保护规则体系。中国的立场则更为保守，偏重在确保安全的基础上实现有序的数据流动，采取了数据本地化的政策。[①]日本的立场与欧美更为接近。在 2019 年 G20 峰会上，日本提出要推动建立新的国际数据监督体系，会议联合声明强调："数据、信息、思想和知识的跨境流动提高了生产力、增加了创新并促进了可持续发展；通过应对与隐私、数据保护、知识产权及安全问题相关的挑战，我们可以进一步促进数据自由流动并增强消费者和企业的信任。"[②]

作为数字经济发展的核心要素，数据跨境流动既涉及个人隐私和信息保护，又涉及国家安全，因而它既是安全问题，也是贸易和经济问题。数据跨境流动需要在个人、经济和安全三者之间寻找平衡：过于强调安全，限制数据的跨境流动性无疑会限制企业的技术创新能力，对经济增长不利；一味坚持自由流动，则必然会引发对数据安全、国家安全和主权问题的担忧。因此，围绕数据跨境流动规则的国际谈判必将是一个艰难且长期的讨价还价过程，但它又是一项迫切的任务，因为只有通过国际合作与协调，让国家在制定本

---

① 上海社会科学院：《全球数据跨境流动政策与中国战略研究报告》，2019 年 8 月，https：//www. secrss. com/articles/13274.

② G20，"G20 Ministerial Statement on Trade and Digital Economy，"June 2019，https：//www. g20. org/pdf/documents/en/Ministerial_Statement_on_Trade_and_Digital_Economy. pdf.

国政策框架的同时尽可能照顾到政策的外部性，在安全性和成长性之间寻求平衡，在国家与国家之间实现共识，数字经济的红利才能被各国最大程度地共享。

（三）网络空间国际安全规范

在数字化时代，网络空间会影响国家的安全和发展，然而，随着网络空间的军事化和武器化加剧，如何应对复杂严峻的网络空间安全威胁以及如何规范国家间的行为，就成为各国面临的严峻挑战。尽管联合国大会从 2004 年就成立了专家组就"从国际安全角度看信息和电信领域的发展"进行研究，并且在 2015 年达成了 11 条"自愿、非约束性"的负责任国家行为规范，然而遗憾的是，由于中俄与美欧等西方国家在武装冲突法适用于网络空间这个关键节点上立场相左，各大国并未就国际规范达成一致。在缺乏国际秩序和规则约束的状况下，由于利益诉求不同，国家在网络空间的行为常常具有战略进攻性、行为不确定性、政策矛盾性等特点，使得网络空间大国关系处于缺乏互信、竞争大于合作并且冲突难以管控的状态，进而导致网络空间处于一种脆弱的战略稳定。[①]

2017 年联合国政府专家组谈判失败，其直接原因是有关国家在国际法适用于网络空间的有关问题（特别是自卫权的行使、国际人道法的适用以及反措施的采取等）上无法达成一致。[②] 美欧等西方国家支持将武装冲突法适用于网络空间，认为恶意的网络行动应该受国际法的约束和制裁。俄罗斯则认为"自卫权、反制措施等概念本

---

① 鲁传颖：《网络空间大国关系演进与战略稳定机制构建》，载《国外社会科学》，2020 年第 2 期，第 96 - 105 页。

② 黄志雄：《网络空间负责任国家行为规范：源起、影响和应对》，载《当代法学》，2019 年第 1 期，第 60 - 69 页。

质上是网络强国追求不平等安全的思想，将会推动网络空间军事化，赋予国家在网络空间行使自卫权将会对现有的国际安全架构如安理会造成冲击。"①中方认为将现有武装冲突法直接运用到网络空间可能会加剧网络空间的军备竞赛和军事化，网络空间发生低烈度袭击可以通过和平、非武力手段解决，②反对给予国家在网络空间合法使用武力的法律授权。

但从根本上看，美欧与中俄两个阵营的分野源于双方在网络空间战略利益诉求的差异。与现实空间不同的是，网络空间存在"玻璃房效应"，军事实力的绝对优势并不意味着绝对的安全，一国互联网融入程度越高，对网络空间的依赖越大，它对网络攻击等安全威胁的脆弱性就越大。即使美国在网络空间的军事力量已经处于绝对领先的优势，但也同样面临着"越来越多的网络安全漏洞，针对美国利益的毁灭性、破坏性或其他破坏稳定的恶意网络活动，不负责任的国家行为"等不断演进的安全威胁和风险。③为此，特朗普政府推出了"持续交手"④ "前置防御"⑤ 和"分层威慑"⑥ 的进攻性网

---

① Andrey Krutskikh, "Response of the Special Representative of the President of the Russian Federation for International Cooperation on Information Security Andrey Krutskikh to TASS's Question Concerning the State of International Dialogue in This Sphere," June 29, 2017, https://www.mid.ru/en/mezdunarodnaa-informacionnaa-bezopasnost/-/asset_publisher/UsCUTiw2pO53/content/id/2804288.

② Ma Xinmin, "Key Issues and Future Development of International Cyberspace Law," *China Quarterly of International Strategic Studies*, Vol. 2, No. 1, 2016, pp. 119–133.

③ The White House, "National Cyber Strategy of the United States of America," September 2018, https://www.whitehouse.gov/wp-content/uploads/2018/09/National-Cyber-Strategy.pdf#:~:text=The%20National%20Cyber%20Strategy%20demonstrates%20my%20commitment%20to, steps%20to%20enhance%20our%20national%20cyber%20-%20security.

④ "持续交手"是指在不爆发武装攻击的前提下，打击对手并获取战略收益。

⑤ "前置防御"是指在网络危害发生前，提前收集对手的信息，使对手放弃攻击行动，从源头上破坏或阻止恶意网络活动，包括低烈度武装冲突。

⑥ 2020年3月，根据"2019年国防授权法案"授权成立的美国"网络空间日光浴委员会"（CSC）发布报告，提出"分层网络威慑"的新战略，核心内容包括塑造网络空间行为、拒止对手从网络行动中获益、向对手施加成本三个层次，并提出六大政策支柱以及75条政策措施。迄今该战略是否会被美国政府采纳还未有定论，但却在很大程度上可以看出美国网络威慑战略的走势。

络安全战略，放开了美军在采取进攻性网络行动方面的限制，扩大了美军防御行动的范围，使其能够更自由地对其他的国家和恐怖分子等对手开展网络行动，而不受限于复杂的跨部门法律和政策流程。基于美国自身的网络安全战略，美国在国际规则制定中的利益诉求非常明确，即尽可能获得在网络空间采取行动的法律授权，特朗普政府并没有动力去达成一个约束自己行动能力的国际规则。例如，对伊朗授权使用网络攻击手段的实践就是美国在未来网络空间展开军事行动的体现，中俄不可能认同美国的立场和诉求。

特朗普政府进攻性的网络空间安全战略不仅加剧了自身的安全困境，而且导致大国间的战略竞争面临失控的风险。尽管 2019 年联合国网络空间安全规则的谈判进程进入了政府专家组（UNGGE）和开放工作组（OEWG）"双轨制"运行的新阶段，但从客观上看，近几年谈判前景并不乐观：首先，在大国无战争的核时代，大国战略竞争不可能通过霸权战争来决定权力的再分配，但是却可以通过网络空间的"战争"来实现这一目标，从而使得网络攻击越来越多地被用作传统战争的替代或辅助手段，信息战和政治战的重要性将明显上升。其次，由于技术发展带来的不确定性以及网络空间匿名性、溯源难的特性，网络空间所蕴含的不安全感会促使国家尽可能地探究维护安全的各种路径，特别是网络空间军事能力建设，但在网络空间军民融合、军备水平难以准确评估的情况下，即便能够达成一些原则性、自愿遵守的国际规范，网络空间的军备竞赛还将在事实上持续，直到未来触及彼此都认可的红线。换言之，在网络空间军事力量没有达到一个相对稳定和相对确定的均势之前，网络空间的大国竞争将始终处于脆弱的不稳定状态。

五、结论

当今世界仍然处于互联网引领科技革命的早期阶段，数字时代作为一个背景元素正在渗透至国家政治、经济和社会生活的方方面面，或早或晚国家体系的各个节点必须进行新的调试以适应新的现实，而最终呈现的结果将是网络力量与传统力量的融合。国家权力尽管遭遇多方的挑战，但它必然会试图掌握从网络空间中衍生出来的各种权力，以达到某种新的权力平衡；网络空间冲突正在成为大国在战争与和平之间较量的"灰色地带"，而胜负的结果在某种程度上仍然有赖于国家实力在网络空间的投射。国家必须在新的时代背景中谋求自身的发展和安全，此时大国格局的基础不仅有赖于传统的国家实力，还有赖于国家在网络空间的力量，特别是两者力量的有机融合以及是否能够彼此促进和强化。无论是从国家内部还是大国竞争的角度看，一个重大的"权力再平衡"正在进行中，国家的力量正在强势进入网络空间。

尽管如此，在不确定中锚定确定性，特别是在当今国际政治经济格局加速演进、深刻调整的背景下，未来的大国竞争将是一种"融合国力"的竞争：哪个国家能够更有效地融合各领域的国力并将其投射在网络空间，哪个国家就能够在新一轮的科技革命竞争中获胜。这种"融合性"首先，体现在网络议题本身的融合特征上。基于互联网技术和国家行为而衍生的治理问题常常会兼具技术、社会与政治的多重属性，技术、经济和政治议题彼此关联或融合，无论是数据安全还是网络窃密，这些议题往往同时涉及国家在意识形态、经济、政治、安全和战略层面的多重利益和博弈。其次，表现为竞争手段的融合。由于信息技术在各领域的应用以及地缘政治因素的强力介入，网络空间的碎片化趋势已经成为必然，这决定了大国对网络空间话语权的争夺将在多领域多节点展开，在客观上对一国政府融合、调配各领域资源的能力提出了更高的要求。

诚如尼尔·弗格森在其著作《广场与高塔》中所言，我们生活在一个网络化的世界中，等级和网络的世界相交并产生互动。[①]互联网不会从根本上改变世界，而是与世界既冲突又融合，在无政府世界的丛林中推动构建新的国际秩序。作为当今世界最大的两个经济体，中美两国的战略竞争聚焦于网络空间，未来的国际秩序走向在很大程度上取决于两国"融合国力"的竞争。因此，与后冷战时代技术、经济和安全议题的竞争进程相对独立不同，"政经分离"的现象在数字时代会越来越难以维系，数字化时代的"融合国力"竞争比拼的不是各领域实力的综合相加，而是国家在不同领域实力的融合，这需要政府各部门之间更有效地相互协调与配合，而这最终取决于政府的治理能力、变革能力以及国际领导力。

---

① Niall Ferguson, *The Square and the Tower*：*Networks and Power*，*from the Freemasons to Facebook*，NY：Penguin Press，2018.

网络空间负责任国家行为规范：源起、影响和应对*

黄志雄**

摘　要：随着国际社会对网络空间国际规则的重视和讨论日渐增多，"负责任国家行为规范"近年来迅速成为网络空间国际法领域的一个热点话题。特别是联合国信息安全政府专家组（UN GGE）在 2015 年提出 11 项相关规范以来，负责任国家行为规范已成为当前网络空间国际规则博弈进程中的关键环节之一，并对网络空间国际法的发展发挥着独特和难以替代的作用。但是，主要在西方国家推动下发展起来的负责任国家行为规范，也存在着各种不平衡性和局限性。我国应当高度重视负责任国家行为规范，并通过加强对国际软法的研究、使我国有关政策主张在这类规范中得到充分体现、警惕和防范负责任国家行为规范演变为事实上的"硬法"、引导国际社会对这类规范达成客观合理的认识来加以应对。

关键词：负责任国家行为规范　联合国信息安全政府专家组
网络空间　国际软法

---

* 本文发表于《当代法学》2019 年第 1 期。

** 黄志雄，国家高端智库武汉大学国际法研究所教授，首批网络空间国际治理研究基地武汉大学网络治理研究院研究员，博士生导师，教育部青年长江学者。

近年来，网络空间加快走向法治化，国际法在网络空间治理中的作用日益受到重视。2013 年以来，国际社会已经就国际法适用于网络空间达成重要的原则性共识。但是，由于网络空间的独特属性以及主要大国意识形态、价值观和现实国家利益等方面的差异乃至对立，各方对于哪些国际法可以适用以及如何适用于网络空间还存在种种分歧。围绕国际法规则的适用问题开展博弈，在此基础上塑造和构建国际秩序，正在成为网络空间的"新常态"。①

在此背景下，近年来国际上围绕网络空间"负责任国家行为规范"（norms of responsible state behavior）的讨论，受到了有关国家的广泛关注，也引发了不小的争议。特别是 2015 年联合国信息安全政府专家组提出 11 项相关规范以来，负责任国家行为规范已成为当前网络空间国际规则博弈进程中的关键环节之一。负责任国家行为规范为什么在近年来广受关注？它具有何种特征，对网络空间国际法将会产生怎样的影响？中国应当如何加以应对？这些问题，在国内外现有研究中尚少有涉及，因而亟需加以重视。

一、负责任国家行为规范的提出与发展

20 世纪 90 年代中后期以来，出于应对网络空间各种安全威胁和不法行为的需要，国家越来越多地通过制定各种国内立法和政策，参与网络空间治理。与此同时，随着国际关系向网络空间的延伸，国家也日益频繁地作为网络空间的行为体，直接开展或参与包括网络攻击、网络间谍等在内的各种网络活动。例如，2007 年爱沙尼亚

① 黄志雄：《国际法在网络空间的适用：秩序构建中的规则博弈》，载《环球法律评论》，2016 年第 3 期，第 5 页。

受到的大规模网络攻击、2010 年伊朗受到的"震网"攻击等网络安全事件背后，都被认为有国家的身影，但最终都不了了之。①究其原因，与现实世界相比，网络空间这一新领域的国家行为规范还远远没有得到确立。然而，在全球互联互通的网络空间，各国在维护网络安全的脆弱性和相互依存程度远远高于现实世界，因而更加迫切地需要确立有关行为规范，并在此基础上维护网络空间的安全和秩序。负责任国家行为规范的提出，正是与近年来国际社会对网络空间规则和秩序的日益重视密切相关。

迄今为止，负责任国家行为规范的提出和发展可以划分为四个阶段。

（一）第一阶段：最早被相关国家提出

2007 年以来多起影响深远的网络安全事件接连爆发，使国际社会对网络空间国家行为规范的缺失日益关注。2011 年 2 月发布的《德国网络安全战略》，率先倡导拟订广泛、无争议、具有政治约束力的网络空间国家行为规范；认为这些规范应得到国际社会大部分成员的接受，并应包括能建立信任和增强安全的措施。②

美国奥巴马政府 2011 年 5 月出台的《网络空间国际战略》，在一个更大的政策框架内倡导网络空间的国家行为规范。该文件率先在国际层面推动"网络空间法治"，强调和平时期和冲突中的现有国

---

① Eneken Tikk et. al, "International Cyber Incidents: Legal Implications," pp. 18 - 25, http://www. ccdcoe. org/publications/books/legalconsiderations. pdf.

② United Nations General Assembly, "Developments in the field of information and telecommunications in the context of international security: Report of the Secretary - General," sixty - sixth session, A/66/152, 15 July, 2011, pp. 8 - 9, http://undocs. org/A/66/152.

际法规则也适用于网络空间。① 这一文件还提出，为了实现促成一个开放、互通、安全和可靠的信息通信基础设施，以支撑国际贸易、加强国际安全、促进自由表达与革新的目标，"美国将会打造和维持一个通过负责任行为规范来指导国家行为、维持伙伴关系并支持网络空间国际法治的环境"。② 具体而言，美国认为信息通信系统对现代生活越加重要，越来越多的证据也表明政府将其传统的国家权力延伸至网络空间，但在网络空间并没有相应地针对可被接受的国家行为规范达成共识，这一缺口需要加以弥补。③ 由此可见，美国对网络空间负责任国家行为规范的倡导，是同"网络空间国际法治"的整体目标和国际法在网络空间的适用密切关联起来的，这也对随后国际上关于这一问题的讨论产生了不可忽视的影响。

值得注意的是，中国、俄罗斯等上海合作组织成员国在 2011 年 9 月向联合国大会提交了一份《信息安全国际行为准则》草案，提出了 11 条对所有国家开放、供各国自愿遵守的行为准则，④ 并指出：

① The White House, "International Strategy for Cyberspace: Prosperity, Security, and Openness in a Networked World," May 2011, p. 9, http://www.whitehouse.gov/sites/default/files/rss_viewer/international_strategy_for_cyberspace.pdf.

② Ibid., p. 8.

③ 该《战略》还阐述了应当用于支持网络空间行为规范的基本原则，包括支持基本自由、尊重财产权、尊重隐私、预防犯罪和自卫权。The White House, "International Strategy for Cyberspace: Prosperity, Security, and Openness in a Networked World," May 2011, p. 9, http://www.whitehouse.gov/sites/default/files/rss_viewer/international_strategy_for_cyberspace.pdf.

④ 该准则的具体内容可归纳如下：在国内层面，各国应确保信息产品和服务供应链的安全，保护信息空间和关键基础设施免受侵害，尊重信息空间的权利和自由，并引导社会各方面理解他们在信息安全方面的作用和责任，与此同时，亦不得滥用信息技术；在国际层面，各国应遵守《联合国宪章》及公认的国际法基本原则，加强双边、区域和国际合作，合作打击非法滥用信息技术的行为者，推动建立多边、透明、民主的互联网国际管理机制，帮助发展中国家提升信息安全能力建设水平，并以和平方式解决国际争端。2015 年"信息安全国际行为准则"草案在前者的基础上主要补充或增加了如下内容：不得利用信息通信技术干涉他国内政；公民在线时享有离线时的权利，且行使信息自由时须受到的限制，即尊重他人的权利或名誉和保障国家安全或公共秩序，或公共卫生或道德；各国应与利益攸关方充分合作；各国应制订务实的建立信任措施等。See United Nations General Assembly, Letter dated 9 January 2015 from the Permanent Representatives of China, Kazakhstan, Kyrgyzstan, the Russian Federation, Tajikistan and Uzbekistan to the United Nations addressed to the Secretary-General (13 January, 2015), sixty-ninth session, A/69/723, pp. 4-6, http://www.un.org/en/ga/search/view_doc.asp?symbol=A/69/723.

"本行为准则旨在明确各国在信息空间的权利与责任，推动各国在信息空间采取建设性和负责任的行为，促进各国合作应对信息空间的共同威胁与挑战，确保信息通信技术包括网络仅用于促进社会和经济全面发展及人民福祉的目的，并与维护国际和平与安全的目标相一致。"① 这里不难看出的是，尽管中俄等国和西方国家对于网络空间负责任行为规范（或行为准则）的具体内涵有着不同的认知，但它们都明确主张网络空间需要确立负责任的国家行为规范（或行为准则）。

（二）第二阶段：开始出现在共识性国际文件中

进入 21 世纪 10 年代以来，联合国信息安全政府专家组在推动网络空间国际规则的发展方面发挥着日益突出的作用，同时也对于网络空间负责任国家行为规范的发展产生了较大的影响。②

早在 2010 年，联合国信息安全政府专家组的一份报告就建议：各国之间需展开进一步的对话，以讨论与国家使用信通技术有关的准则，降低集体风险并保护关键的国家和国际基础设施。③ 2011 年 3 月和 2013 年 2 月，联合国分别向所有会员国发出照会，邀请它们继续向其通报它们对信息安全相关问题的看法和评估意见，包括国际

① See United Nations General Assembly, Letter dated 9 January 2015 from the Permanent Representatives of China, Kazakhstan, Kyrgyzstan, the Russian Federation, Tajikistan and Uzbekistan to the United Nations addressed to the Secretary – General (13 January, 2015), sixty – ninth session, A/69/723, pp. 4 – 5, http：//www. un. org/en/ga/search/view_doc. asp？symbol = A/69/723.

② 联合国信息安全政府专家组全称为"国际安全背景下信息通信领域的发展政府专家组"，最早设立于 2004 年，由中国、俄罗斯、美国、英国等 15 个国家（目前扩大到 25 个国家）的代表组成，具有广泛的国际代表性，并且在网络空间国际法规则的制定中发挥着越来越重要的作用。

③ United Nations General Assembly, "Report of the Group of Governmental Experts on Developments in the Field of Information and Telecommunications in the Context of International Security," sixty – fifth session, A/65/201, 30 July 2010, p. 8, para. 18, sub – para. (i), http：//www. un. org/en/ga/search/view_doc. asp？symbol = A/65/201.

社会为加强全球一级的信息安全可能采取的措施。在综合考虑成员国有关回复的情况下，第三届联合国信息安全政府专家组（届期为2012-2013年）于2013年6月24日达成了一份具有里程碑意义的共识性文件，提出面对恶意使用信息通信技术造成的威胁，必须在国际层面采取合作行动，包括就如何适用相关国际法及由此衍生的负责任国家行为规范、规则或原则达成共同理解；国际法特别是《联合国宪章》的适用，对国际维持和平与稳定及促进创造开放、安全、和平和无障碍的信息通信技术环境至关重要。该报告的正文中5次出现了"负责任国家行为规范、规则和原则"的表述，并在其第三部分以"有关负责任国家行为规范、规则和原则的建议"为题，提出了10项相关建议。① 不过，从具体内容来看，这些建议大多是针对国际法规则和原则如何适用于网络空间，负责任国家行为规范并没有真正成为单独的一类网络空间行为规范。也就是说，在这一阶段，各方已经接受了"负责任国家行为规范"这一概念，但对其具体内涵基本没有形成共识。

尽管如此，负责任国家行为规范在2013年联合国信息安全政府专家组报告中得到采纳，促使这一概念在国际上的使用开始增多。例如，在2014年10月在北京举行的中日韩网络安全事务磋商机制首次会议上，"三方交流了各自网络政策和相关机制架构，探讨了网

---

① 主要内容可归纳如下：（1）国际法、特别是《联合国宪章》适用于各国使用信通技术；（2）国家主权和源自主权的国际规范和原则适用于国家进行的信通技术活动，以及国家在其领土内对信通技术基础设施的管辖权；（3）尊重人权和基本自由；（4）各国应在打击犯罪或恐怖分子使用信通技术方面加强合作；（5）各国必须履行对应归咎它们的国际不法行为的国际义务，而且不得使用代理人实施此类行为；（6）各国应鼓励私营部门和民间社会在加强信通技术使用安全方面发挥适当作用；（7）会员国应考虑如何以最佳方式进行合作，执行上述负责任行为准则和原则，同时考虑到私营部门和民间社会组织可能发挥的作用。See United Nations General Assembly, "Report of the Group of Governmental Experts on Developments in the Field of Information and Telecommunications in the Context of International Security," sixty – eighth session, A/68/98, 24 June, 2013, pp. 8 – 9, http：//www. un. org/en/ga/search/view-doc. asp? symbol = A/68/98.

络空间负责任国家行为规范及建立信任措施"。①

（三）第三阶段：开始在共识性国际文件中较为系统和独立地得到阐述

届期为 2014 - 2015 年的第四届联合国信息安全政府专家组，对国家在网络空间的负责任行为规范进行了进一步探讨，并取得了新的突破。在 2015 年 7 月该专家组达成的共识性报告中，除了在国际法如何适用于网络空间问题上取得了一定进展外，对于负责任国家行为规范的阐述也迈出了一大步。该报告第三部分标题为"负责任国家行为规范、规则和原则"，其中第 13 段专门提出了 11 项"自愿、非约束性的负责任国家行为规范"：

（1）各国应遵循联合国宗旨，合作制定和采用各项措施，加强信通技术使用的稳定性与安全性，并防止发生被公认有害于或可能威胁到国际和平与安全的信通技术行为；

（2）一旦发生信通技术事件，各国应考虑所有相关信息，包括所发生事件的更大背景，信通技术环境中归因方面的困难，以及后果的性质和范围；

（3）各国不应蓄意允许他人利用其领土使用信通技术实施国际不法行为；

（4）各国应考虑如何以最佳方式开展合作，来交流信息、互相帮助、起诉利用信通技术的恐怖分子和犯罪者，并采取其他合作措施对付有关威胁；

（5）各国在确保安全使用信通技术方面，应遵守联合国大会关于数字时代的隐私权的有关决议和人权理事会关于促进、保护和享

---

① 中国新闻网：《中日韩网络安全事务磋商机制探讨打击网络恐怖主义（2014 年 10 月 20 日）》，http：//www.chinanews.com/gn/2014/10 - 22/6706934.shtml.

有互联网人权的有关决议，保证充分尊重人权，包括表达自由；

（6）各国不应违反国际法规定的义务，从事或故意支持蓄意破坏关键基础设施或以其他方式损害为公众提供服务的关键基础设施的利用和运行的信通技术活动；

（7）各国应考虑到关于创建全球网络安全文化及保护重要的信息基础设施的联合国大会相关决议，采取措施保护本国关键基础设施免受信通技术的威胁；

（8）一国应适当回应另一国因其关键基础设施受到恶意信通技术行为的攻击而提出的援助请求，并回应另一国的适当请求，减少从其领土发动的针对该国关键基础设施的恶意信通技术活动，同时考虑到适当尊重主权；

（9）各国应采取合理步骤，确保供应链的完整性，使终端用户可以对信通技术产品的安全性有信心。各国应设法防止恶意信通技术工具和技术的扩散以及使用有害的隐蔽功能；

（10）各国应鼓励负责任的报道信通技术的漏洞，分享有关这种漏洞的现有补救办法的相关资料，以限制并尽可能消除信通技术和依赖信通技术的基础设施所面临的潜在威胁；

（11）一个国家不应进行或故意支持开展活动，危害另一国授权的应急小组的信息系统。各国不应利用经授权的应急小组从事恶意的国际活动。[①]

在上述共识性报告中，国际法适用于网络空间的有关内容出现在第六部分（特别是第 28 段），负责任国家行为规范的有关内容则出现在第三部分（特别是第 13 段）。至此，负责任国家行为规范的

---

① United Nations General Assembly, "Report of the Group of Governmental Experts on Developments in the Field of Information and Telecommunications in the Context of International Security," Seventieth session, A/70/174, 22 July, 2015, pp. 7 – 8, http：//www. un. org/en/ga/search/view _ doc. asp? symbol = A/70/174.

发展开始进入一个新阶段，即这类规范不再"依附"于国际法在网络空间的适用等内容，而是已经被确立为网络空间相对独立、自成一类的规范。

联合国框架内的上述发展，也推动了负责任国家行为规范的概念更为频繁地出现在各种国际场合。例如，2015 年 11 月《二十国集团领导人安塔利亚峰会公报》指出："我们……欢迎 2015 年联合国信息安全问题政府专家组达成的报告，确认国际法，特别是《联合国宪章》，适用于国家行为和信息通信技术运用，并承诺所有国家应当遵守进一步确认自愿和非约束性的在使用信息通信技术方面的负责任国家行为规范。"① 2016 年 5 月七国集团领导人伊势志摩峰会通过的《七国集团关于网络空间原则和行动的声明》② 和 2016 年 10 月《金砖国家领导人第八次会晤果阿宣言》③ 也对这一概念做出了重要阐述。可见，网络空间的负责任国家行为规范不仅在七国集团峰会等发达国家主导的场合受到重视，也在金砖国家领导人会晤等新兴国家主导的场合以及二十国集团峰会等发达国家和新兴国家共同参与的场合得到接受，其重要性不断上升。

---

① 中国外交部：《二十国集团领导人安塔利亚峰会公报》，2015 年 11 月 17 日，http：// www. fmprc. gov. cn/web/ziliao_674904/1179_674909/t1315499. shtml.

② 该《声明》指出："我们致力于达成一个国际网络空间稳定的战略性框架，该框架包括现有国际法对国家在网络空间行为的适用，形成自愿性的和平时期负责任国家行为规范以及发展和实施务实性的国家间网络领域建立信任措施。……我们对新一届联合国信息安全政府专家组的工作寄予期望，包括进一步讨论现有国际法如何适用于网络空间和继续确认、推动自愿性的网络空间负责任国家行为规范。"The White House，"G7 Ise - Shima Leaders' Declaration，"May 2016，http：//www. whitehouse. gov/the - press - office/2016/05/27/g7 - ise - shima - leaders - declaration，last visited on 25 October 2017.

③ 该《宣言》指出："我们重申，联合国在处理信息通信技术的安全使用相关问题中发挥的关键作用，将继续合作，通过联合国信息安全政府专家组进程等，制定负责任国家行为规则、规范和原则。"中国外交部：《金砖国家领导人第八次会晤果阿宣言》，2016 年 10 月 17 日，http：// www. fmprc. gov. cn/web/ziliao_674904/1179_674909/t1406098. shtml.

（四）第四阶段：在联合国信息安全政府专家组之外的发展

在第五届联合国信息安全政府工作组（届期为 2016 – 2017 年）的工作议程中，负责任国家行为规范仍然占据着较为重要的地位。本届专家组的谈判最终在 2017 年 6 月无果而终，尽管直接原因是有关国家在国际法适用于网络空间的有关问题（特别是自卫权的行使、国际人道法的适用以及反措施的采取等）上无法达成一致，[①] 但负责任国家行为规范（特别是美国试图将"各国不应通过网络手段窃取知识产权、商业机密和其他敏感商业信息用于获取商业利益"确立为一项新的负责任国家行为规范）也是在各国之间引发了较大分歧的问题。[②]

2017 年联合国信息安全政府专家组谈判的失败，使联合国框架内有关国际法适用于网络空间和负责任国家行为规范的讨论受到严重挫折。但是，这一挫折并未妨碍负责任国家行为规范在联合国之外继续得到重视和讨论。例如，2015 年联合国信息安全政府专家组达成共识后，非政府组织"为了和平的信息通信技术"（ICT4Peace）在联合国裁军事务办公室的支持下，公开邀请和组织有关学者对专家组达成的 11 条负责任国家行为规范的背景、内容、实施建议等逐一加以阐释，并在此基础上于 2017 年 12 月正式推出了一本《使用

---

① Michael Schmitt & Liis Vihul, "International Cyber Law Politicized：The UN GGE's Failure to Advance Cyber Norms," https：//www. justsecurity. org/42768/international – cyber – law – politicized – gges – failure – advance – cyber – norms/, last visited on 25 July 2018; Arun Mohan Sukumar, "The UN GGE Failed. Is International Law in Cyberspace Doomed as Well?" https：//lawfareblog. com/un – gge – failed – international – law – cyberspace – doomed – well.

② Christopher Painter, "Testimony Before Policy Hearing Titled 'Cybersecurity：Setting the Rules for Responsible Global Behavior '", http：//www. state. gov/s/cyberissues/releasesandremarks/243801. htm.

信息通信技术的自愿性、非约束性负责任国家行为规范：相关评注》。① 该《评注》的推出，对于深化有关网络空间负责任国家行为规范的讨论具有一定的积极意义。

另外，由 40 多名知名网络空间领袖人物在 2017 年 2 月成立的"全球网络空间稳定委员会"（Global Commission on the Stability of Cyberspace），也积极推动和影响网络空间的负责任国家行为规范。2017 年 11 月，该委员会推出了一条名为"捍卫互联网公共核心"的国际规则，即：在不影响自身权利和义务的情况下，国家和非国家主体不能从事或纵容故意并实质损害互联网核心的通用性或整体性并因此破坏网络空间稳定性的活动。② 这一规则被提出后，在多个高级别网络空间治理会议上得到宣讲，得到了委员会内部成员以及若干外部团体的支持，产生了不小的影响力。

由此可见，2017 年 6 月第五届联合国信息安全政府专家组谈判的失败，使有关负责任国家行为规范的讨论趋于"去中心化"和分散化。可以预计的是，在今后若干年内，负责任国家行为规范仍将是网络空间各方争夺、博弈的焦点领域和难以回避的"主战场"之一。

---

① Eneken Tikk（ed.），*Voluntary, Non-Binding Norms for Responsible State Behaviour in the Use of Information and Communications Technology：A Commentary*，Geneva：United Nations for Disarmament Affairs，2017.

② "全球网络空间稳定委员会"是在荷兰政府资助下成立的一个非政府国际机制。关于该委员会和"捍卫互联网公共核心"规则的相关讨论，参见徐培喜：《全球网络空间稳定委员会：一个国际平台的成立和一条国际规则的萌芽》，载《信息安全与通信保密》，2018 年第 2 期，第 20 - 23 页。

二、负责任国家行为规范的性质、作用和局限性

（一）性质

从上文的梳理不难看出，负责任国家行为规范是指导国家在网络空间实施网络活动的不具有约束力的行为规范的集合。这类行为规范的性质，可以从以下两个方面加以阐述。

一方面，负责任国家行为规范本质上属于一种"国际软法"（international soft law）。国际软法是近几十年来国际法上备受关注的一个概念。[①] 一般认为，国际软法包括由国家缔结但仅规定"软义务"的国际条约、政府间国际组织通过的决议和守则以及由非政府力量制定的示范法、商业惯例和行业标准等。[②] 网络空间负责任国家行为规范的软法性质，在以下几个方面都得到了体现：首先，在推动负责任国家行为规范方面影响最大的机构——联合国信息安全政府专家组只是联合国大会第一委员会设立的一个专家机构，它没有也不可能具有真正的"造法"功能；其次，目前为止有关负责任国家行为规范最具权威性的两个文件——联合国信息安全政府专家组2013 年和2015 年的两份报告中，这类规范都被明确界定为"自愿、非约束性"的规范，也就是说，即使对接受有关规范的国家来说，它们也不具有直接、明确的法律约束力；最后，2013 年和2015 年的两份报告中，大量使用了"应该"而非"必须"来阐述国家的有关

① 关于国际软法问题的讨论，可参见何志鹏：《逆全球化潮流与国际软法的趋势》，载《武汉大学学报（哲学社会科学版）》2017 年第4 期，第54 – 69 页。

② C. M. Chinkin, "The Challenge of Soft Law: Development and Changes in International Law," 38 *International and Comparative Law Quarterly*, pp. 851 – 852 (1989).

义务。

负责任国家行为规范之所以采用不具法律约束力的软法形式，这与现阶段网络空间国际规则的发展现状有关。在网络空间这个新领域，尽管国际社会对于国际法适用于网络空间已经达成原则性的共识，但对于网络空间国际规则应当如何发展仍存在诸多分歧；至少就短期而言，有约束力的全球性协议尚难以达成。正如英国政府所指出的：在整个网络空间飞速发展的情况下，任何具有约束力的协定的复杂性和综合性，意味着这类协定将在很长时间内难以取得成效或获得广泛支持；国际社会的努力应侧重于建立对国际法律和规范的共识，而非就具有约束力的文书展开谈判。① 负责任国家行为规范作为一种相对灵活、没有"牙齿"（对违反行为的制裁）的规范，较易得到各国接受，从而有可能在较短时间内弥补现有网络空间国际规则的某些空白。

另一方面，负责任国家行为规范有别于现有国际法在网络空间的适用，并且是作为现有国际法适用于网络空间的重要补充而被提出来的。

当前，各主要大国日益重视网络空间国际规则，但客观而言国家之间还缺乏得到共同认可的国际规则，各国对于网络空间国际规则的形式渊源、实质内容、制定场所等根本性问题都仍然存在较大分歧。美国等西方国家最早提出国际法在网络空间的适用，并主要强调现有国际法在网络空间的适用，反对"另起炉灶"为网络空间制定新的规则。应当看到的是，现有国际法在网络空间的适用的确具有某种必然性和合理性。这是因为，网络空间的形成主要基于互联网这一现代通信技术，人类通过这一新技术从事的一些活动，就

---

① United Nations General Assembly, "Developments in the field of information and telecommunications in the context of international security: Report of the Secretary – General," sixty – eighth session, A/68/156, 16 July, 2013, http: //undocs. org/A/68/156, pp. 18 – 19.

法律角度而言与通过传统手段从事的类似活动并没有本质上的区别。例如，互联网已经成为继报纸、广播、电视之后，当代信息传播与交流的主要载体，因此，很难主张国际人权法上有关保护信息传播与交流自由（包括言论自由）的规定，不能适用于通过互联网从事的信息传播活动。但同样不应忽视的是，在网络空间治理的很多重要问题上，现有国际法的相关规定要么过于原则、模糊，要么没有可以适用或参照的相关规定。例如，网络空间军备竞赛正在呈愈演愈烈之势，这一问题显然难以套用国际法上其他关于限制军备竞赛的条约。又如，武装冲突中的网络攻击对于国际人道法上的区分原则和比例原则等规则如何适用乃至能否适用都提出了挑战，因为网络空间互联互通的特点使大多数网络攻击都难以区分军事目标和民用目标，也难以控制攻击的范围和程度。在网络犯罪问题上，欧洲国家早在 2001 年就制定了专门的《网络犯罪公约》，并一直不遗余力地向其他国家和地区推广。所有这些，都使得西方国家反对为网络空间制定新规则的立场难以令人信服。

按照西方国家的观点，负责任国家行为规范是一类自愿的、没有法律约束力的行为规范，它与西方国家关于"发展国家在网络空间的行为规范不需要重新创设习惯国际法，也不会使现有国际法规范过时"的立场并不存在不可调和的矛盾。另一方面，负责任国家行为规范又有别于现有国际法在网络空间的适用，它是一系列专门针对网络空间相关问题而提出的新规范，能够在一定程度上弥补西方国家突出强调现有国际法适用于网络空间的片面和偏颇之处。正因为如此，西方国家将负责任行为规范视为维护网络空间和平与稳定的"三大支柱"之一（另两大支柱分别是国际法在网络空间的适用和建立信任措施）。① 时任美国国务院法律顾问布莱恩·依根在2016 年 11 月的一个演讲中，重申了这类"和平时期负责任国家行为的自愿性、非约束性的规范"同现有国际法在网络空间的适用和建立信任措施共同构成维护网络空间稳定的"三大支柱"，并指出负责任国家行为规范不属于现有的国际法，而是作为现有国际法的补充提出来的。② 负责任国家行为规范其实是旨在起到填补现有规则空白的作用，因为网络空间的很多行为都难以通过现有国际法加以有效规制，如果各国愿意接受这些"没有牙齿"的规范并按照这些标准行事，这种规范很有可能会随着时间的推移和各国实践的增加而上升为有约束力的习惯国际法。

（二）作用和局限性

尽管负责任国家行为规范不属于现有国际法的范畴，也不具有严格意义上的法律约束力，但这并不意味着此类规范在网络空间国际法上的作用无足轻重。事实上，负责任国家行为规范在目前以及今后的较长时间内有着不可替代的合理性和必要性，可以对网络空间国际规则的发展起到一定的积极作用。

首先，它能够作为美欧等西方国家和中俄等新兴国家相关主张的折中，填补网络空间国际规则的某些空白——如前所述，它作为一系列专门针对网络空间相关问题而提出的新规范，能够在一定程度上弥补西方国家突出强调现有国际法适用于网络空间的片面和偏颇之处，同时又比中俄等国关于为网络空间制定有约束力的新规则

---

① Michele Markoff, "Advancing Norms of Responsible State Behavior in Cyberspace," https：//blogs. state. gov/stories/2015/07/09/advancing－norms－responsible－state－behavior－cyberspace.

② Brian J. Egan, "International Law and Stability in Cyberspace," *Berkeley Journal of International Law* 179 (2017), p. 35.

的主张更容易得到广泛接受（至少在短期内如此）。近年来，各种国际场合频繁出现负责任国家行为规范的概念，也从一个方面表明了国际社会对其积极作用的认可。

以中国和俄罗斯为代表的一些国家认为，互联网的发展带来了新的复杂问题，这使得现有的国际法和国际机制在处理网络空间发展的实际需要方面有的已经过时，国际社会有必要就网络犯罪、网络恐怖主义等问题讨论和达成新的规则。① 应当看到，尽管中俄关于为网络空间制定新规则的主张在很大程度上代表了网络空间国际法发展的必然趋势，但近期而言，由于各方在意识形态、价值观和现实国家利益等方面的歧义，这一主张的实现还存在很大障碍。相比之下，负责任国家行为规范作为一类自愿性、没有法律约束力的"软法"规范，因其内容较为宽泛、没有违法的制裁性后果等特点而更易得到各国接受。这就说明，除了西方国家的大力推动之外，负责任国家行为规范也的确有自身的某些合理性和可取之处，并且在可预见的将来，这类规范在网络空间国际法的发展中仍然可以找到自己生存、繁殖的土壤。

应该看到，负责任国家行为规范作为一个西方国家主导的概念，迄今为止的发展呈现出显著的不平衡性，同时也有着难以克服的内在缺陷。

首先，负责任国家行为规范在内容上呈现出不平衡性。推动确立负责任国家行为规范作为西方国家在网络空间国际法博弈中的主要策略之一，从一开始就是服务于维护西方国家在网络空间的战略优势和主导地位。例如，在 2014－2015 年第四届联合国信息安全政府专家组的磋商过程中，美国一直主张保护关键基础设施、保护计

---

① Ma Xinmin, "What Kind of Cyberspace We Need?" *Chinese Journal of International Law* 104 (2015), p. 25.

算机应急小组、各国间合作以减轻来自其本国领土的恶意的网络活动。[①] 爱沙尼亚也提出以下三个方面的建议：保护关键基础设施、在事故应对中展开合作和在解决网络危机中相互协助。[②] 西方国家的上述主张，在该专家组 2015 年报告达成的 11 条负责任国家行为规范中得到了充分体现，如强调各国不应违反国际法规定的义务，从事或故意支持蓄意破坏关键基础设施的信通技术活动；各国应适当回应他国因其关键基础设施受到恶意信通技术行为的攻击而提出的援助请求；各国应采取合理步骤确保供应链的完整性，使终端用户可以对信通技术产品的安全性有信心；各国不应进行或故意支持开展活动，危害另一国授权的应急小组的信息系统，等等。该报告中有关各国在确保安全使用信息通信技术方面应保证充分尊重，包括表达自由的人权的主张，也是西方国家的"老生常谈"。相反，很多国家关注的网络恐怖主义、网络监控等方面内容却在现有负责任国家行为规范中几乎没有得到任何体现。

美国国务院网络事务副协调员米歇尔·马尔科夫曾公开声称：2015 年联合国信息安全政府专家组报告"最显著的成就"就是该报告所推荐的自愿性负责任国家行为规范。[③] 但这恰恰从一个侧面表明，该报告中达成的负责任国家行为规范，内容上有着显著的不平衡性。联合国信息安全政府专家组之外有关负责任国家行为规范的讨论，也不同程度地具有这一特点。例如，前述全球网络空间稳定

---

① Michele Markoff, "Advancing Norms of Responsible State Behavior in Cyberspace," https://blogs.state.gov/stories/2015/07/09/advancing - norms - responsible - state - behavior - cyberspace.

② Marina kaljurand, "United Nations Group of Governmental Experts：The Estonia Perspective," in Anna - Maria Osula and Henry Roigas (eds.), *International Cyber Norms：Legal，Policy & Industry Perspectives*, Tallinn：NATO CCD COE, 2016, p. 116.

③ Michele Markoff, "Developments of Cyberspace and Emerging Challenges [Remarks by Michele G. Markoff, Deputy Coordinator for Cyber Issues, at ASEAN Regional Forum (ARF) Cyber Capacity Building Workshop held in Beijing, China, July 29, 2015]," http://beijing.usembassy - china.org.cn/2015/arf - workshop - on - cyber - capacity - building.html.

委员会在 2017 年 11 月推出的"捍卫互联网公共核心"规范，貌似全面禁止所有渗透"公共核心"的行为，但事实上并非如此——它主要关注网络攻击的后果（如是否造成大规模的、重大的断网等事故），而并未禁止干涉互联网公共核心的行为，这明显有利于技术占据优势地位的那些国家，从而具有鲜明的"弱肉强食"色彩。[①]

其次，负责任国家行为规范也有着难以克服的内在缺陷，这主要表现在：此类规范的宽泛性和约束力较弱，没有违反后的制裁后果固然使其易于得到更多国家接受，这同时也意味着它们不可能得到强制执行，难以产生国际条约和习惯国际法规则那样的"硬法"规则的规范作用。美国斯坦福大学胡佛研究所研究员 Elaine Korzak 认为，负责任国家行为规范的自愿性和非约束性削弱了该规范的影响力，而且就制定规则的权力而言，联合国信息安全政府专家组报告的地位是不清楚的。[②]

此外，迄今为止推动负责任国家行为规范的核心机制——联合国信息安全政府专家组仅包含来自 20 个（2016－2017 年增加到 25 个）国家的政府专家，其代表性和普遍性一直存在争议，甚至存在关于应将相关讨论转移到其他场所（如联合国大会第六委员会即法律委员会）的声音。[③] 2017 年 6 月该政府专家组的谈判无果而终后，新的政府专家组（或新的替代性机制）尚难以在短期内建立起来，有关负责任国家行为规范的讨论面临着"去中心化"后新的不确定性。

总之，在当前网络空间国际规则博弈中，负责任国家行为规范是网络空间国际法发展的关键环节之一，短期而言，它发挥着独特

---

① 参见徐培喜：《全球网络空间稳定委员会：一个国际平台的成立和一条国际规则的萌芽》，载《信息安全与通信保密》，2018 年第 2 期，第 22－23 页。

② Elaine Korzak, "The 2015 GGE Report：What Next for Norms in Cyberspace?" https：//www.lawfareblog.com/2015－gge－report－what－next－norms－cyberspace.

③ Ibid.

和难以替代的作用。但是，主要是在西方国家推动下发展起来的负责任国家行为规范，也逐渐暴露出各种不平衡性和局限性。对于这些不平衡性和局限性，国际社会不应予以低估。

三、对中国的启示和应对建议

负责任国家行为规范的提出和发展，很大程度上是美国等西方国家积极推动的结果。美国作为网络空间国际法领域居于主导地位的大国，对于网络空间国际法的相关主张，根植于美国在网络空间的价值观和基本国家利益，具有较强的稳定性。例如，从 2011 年《网络空间国际战略》的出台，到 2012 年的"高洪柱演讲"，再到 2016 年的"依根演讲"，以及美国政府在其他场合的表态，都始终强调现有国际法在网络空间领域的适用，并按照这一理念来推动网络空间国际规则的发展。同时，美国也不断提出新理念和新词汇来完善其有关网络空间国际法的主张，并根据形势的变化和新的需要对既有主张和理论做出新的解释，"负责任国家行为规范"的概念就是美国不断地丰富和完善自己的理论体系的一个突出例子。从这一术语在 2011 年《网络空间国际战略》中的出现，到它上升为同现有国际法在网络空间的适用和建立信任措施并列为维护网络空间稳定的"三大支柱"，稳定性和演进性的结合，使美国关于网络空间国际法的一整套理论得以在稳定中不断得到澄清和新的发展，并借此产生了不可忽视的影响力。[①]

鉴于负责任国家行为规范将是今后一段时间内网络空间国际规

---

① 黄志雄、应瑶慧：《美国对网络空间国际法的影响及其对中国的启示》，载秦倩主编：《国际法治与全球治理》（《复旦国际关系评论》第 21 辑），上海人民出版社，2018 年版，第 64 - 65 页。

则博弈中的焦点问题之一，我国应当高度重视和正面回应。

第一，我国需加强对国际法上的"软法"现象的研究，为科学应对负责任国家行为规范提供坚实的理论和实践依据。目前，由于各国对现有国际法的适用以及通过条约或习惯制定新规则还存在较大的分歧，由相关国际组织、互联网行业、非政府组织等倡导的非约束性"软法"规则正在发挥不可忽视的作用，负责任国家行为规范就是一个突出的例证。事实上，"软法"在国际法和国际关系的其他领域（如外空法、国际环境法、国际人权法）也大量存在，并引发了各国政府和学界的关注。我国政府和学界应当通过深入研究，探讨软法在国际法和国际关系中的形成背景和作用机理，对网络空间软法与外层空间、国际环境保护等领域国际软法的形成、发展和演变加以比较研究，形成我国对国际软法的总体认识和应对策略。

第二，我国应立足于"趋利避害"，尽力使我国的有关政策主张在负责任国家行为规范中得到充分体现，并防止西方国家推动下有关规范继续走向不平衡。例如，在 2016 – 2017 年第五届联合国信息安全政府专家组内，美国政府已经在积极推动将"各国不应通过网络手段窃取知识产权、商业机密和其他敏感商业信息用于获取商业利益"确立为一项新的负责任国家行为规范，[1] 它有着明显的针对中国的意味。尽管本届专家组已经无果而终，但美国政府仍然谋求在各种多边和双边场合继续提出这一问题。我国可以考虑的策略之一是，要求将"各国不得通过大规模网络监控和窃密来侵犯他国主权、威胁他国安全利益"也确立为一项新的负责任国家行为规范。尽管美国政府不会轻易接受这一点，但这至少将使美国在该问题上难以占据道义制高点。

---

[1] Christopher Painter, "Testimony Before Policy Hearing Titled 'Cybersecurity: Setting the Rules for Responsible Global Behavior'," http://www.state.gov/s/cyberissues/releasesandremarks/243801.htm.

第三，我国应警惕和防范西方国家在负责任国家行为规范问题上"挂羊头卖狗肉"，试图将以"软法"形式确立的相关行为规范发展为事实上的"硬法"。一些西方国家已经在 2016－2017 年的新一届联合国信息安全政府专家组内提出了建立"国家行为规范监督执行机制"的建议，意图使现有主要是在西方国家推动下确立的负责任行为规范成为有"牙齿"、有法律后果的"硬法"。这就表明，西方国家的如意算盘是在自愿性和非约束性规范的幌子下，首先按照自身利益和关切确立有关负责任国家行为规范，进而使之演变为事实上的"硬法"。这一目标一旦实现，它不仅完全绕过了中俄等国关于以条约形式在网络安全领域达成新的国际规则的主张，从而极大地削弱了这些国家在网络空间国际规则制定中的话语权，也完全背离了负责任国家行为规范的初衷。因此，我国应对西方国家的上述意图加以警惕和反对。

第四，我国应引导国际社会对负责任国家行为规范的作用、局限性及其弥补渠道达成客观、合理的认识，使这类规范在网络空间国际法的适用和发展中不至于"喧宾夺主"。面对西方国家对负责任国家行为规范的极力推动和炒作，我国应当在联合国等多边和双边场合强调：负责任国家行为规范虽然对于国家间讨论和解决网络安全领域的关切有一定积极作用，但它作为一种自愿性的非约束性承诺，在监督、执行、法律后果等方面有着难以克服的缺陷，因而它在网络空间国际法发展中的作用不应被过度夸大；未来的网络空间国际规则制定，仍然需要正视适用现有国际法存在的问题和不足，在联合国框架下及早制定有关惩治网络犯罪的国际合作和打击网络恐怖主义等领域的国际规则。

四、结论

作为网络空间国际治理中的一个"新生事物"，负责任国家行为规范在过去几年中日益受到关注，显示了较为强大的生命力。与国际条约、国际习惯等国际法上有确定约束力的"硬法"规则不同，负责任国家行为规范这种"软法"规则在形成和接受方式、影响力以及作用机制等方面都有着自身的特色。[①] 但不可否定的是，负责任国家行为规范在很大程度上能够起到填补现有规则空白的作用，有利于提高国家行为的可预测性，也有利于促进网络空间国际法治的发展。当然，负责任国家行为规范迄今为止的发展，也呈现出较为显著的不平衡性和难以克服的内在缺陷，必须加以重视。

对中国来说，密切关注和积极影响负责任国家行为规范的发展，必将是中国参与网络空间国际规则制定、提升网络空间规则制定权和国际话语权的重要环节。毕竟，在未来可预见的相当一段时间内，以国际条约的方式发展网络空间规则仍存在不小的障碍，相关国际习惯的形成也非常缓慢，负责任国家行为规范等"软法"很可能将是网络空间国际规则博弈的主要形式。因此，中国应当在坚持为网络空间制定新规则等现有主张的同时，更加重视负责任国家行为规范在网络空间国际法治中的地位和作用，更加善于在网络空间国际博弈中灵活运用和有效引导这类规范，使之最大限度地服务于我国的利益和诉求。

---

① See Alan Boyle, "Soft Law in International Law – Making", in Malcolm D Evans (ed.), *International Law*, 4th ed., Oxford: Oxford University Press, 2014, p. 126.

数字时代均衡治理的新需求与新框架[*]

沈 逸[**]

摘 要：信息技术革命进入数字化阶段，催生出均衡治理的新需求。从治理角度出发，伴随着信息基础设施的应用以及战略性数据资源日趋显著地与主权国家的政治、经济、社会等诸方面深度嵌套，重要治理主体主权国家对信息技术革命战略意涵的认识不断深化，开始着手加快完善治理体系；在宏观层面上，大国博弈为焦点的国际体系变迁，也对数字治理提出了全新的要求。新形势催生出了数字化全新实践，凸显了平衡治理与隐私保护需求。当下全球范围内数字化治理机制大致形成三种代表性实践，但都遭受了比较显著的冲击，为此，在当下大国博弈背景下，构建出全球范围内均衡发展、安全与隐私有效均衡的数字化治理新框架，是值得尝试和努力的实践方向。

关键词：数字化时代 均衡发展 安全隐私 治理模式 实践框架

21 世纪以来，信息技术的应用使传统意义上现实世界与虚拟世

---

* 本文最初发表于 2021 年 1 月《人民论坛》。
** 沈逸，复旦大学国际关系与公共事务学院院长助理，国际政治系教授、博士生导师，复旦大学网络空间国际治理研究基地主任。

界的边界日趋模糊，两者相互渗透、相互影响，推动构建了一个日趋具有数字化特征的全新世界。数字世界的核心特征，是万物的数字化，而在此过程中，伴随信息采集能力的高速拓展，信息搜集、存储和处理成本的持续下降，以及数字化信息深度处理后创造价值能力的显著提升，如何在数字化的世界中构建一个均衡的框架，从而在数字化时代的发展、安全及隐私之间，达成有效的均衡？值得探讨。

一、信息技术革命进入数字化阶段，催生均衡治理新需求

从信息技术革命发展的一般进程来看，大致可以发现其遵循信息化、网络化、数字化三个阶段，而当前我们正处于数字化阶段。数字化阶段的核心特征，是数据的资源化，以及在全球范围内聚焦数据资源的有效管辖与规制，探索并建立相应的运营方式与模式。从全球范围来看，进入数字化阶段之后，各类行为体在面临技术和应用迭代发展的同时，也持续形成了探索均衡治理新模式的深层需求。

数字化阶段的核心特征，是海量数据在网络空间的集聚。当网络基础设施全面铺开，网络终端日趋普及之后，在网络空间集聚的数据，逐渐成为数字化世界的核心资源，对其重要性的认识，已经日趋成为各方的共识，作为数字化世界中的"石油"，对数据的有效使用，成为推进数字化发展的核心焦点。与工业时代围绕石油资源展开的竞争不同，不同类型的行为体，如国家、公司、政府间国际组织、具备跨国行动能力的非政府组织以及个体，均能够以不同形式，通过自上而下、自下而上两种途径，对网络空间的数据产生不同方式的影响。从信息技术的角度出发，掌握技术创新和商业应用

相对比较优势的大型企业，以亚马逊、谷歌、脸书、微软、阿里和腾讯等为代表，在全球宽带网络的数据传输以及深度挖掘和使用中，占据着显著的优势。

与此同时，从治理的角度出发，伴随着信息基础设施的应用以及战略性数据资源日趋显著地与主权国家的政治、经济、社会等诸方面深度嵌套，作为最重要治理主体的主权国家，对信息技术革命战略意涵的认识不断深化，开始以"追赶"的方式，加快完善治理体系。在进入数字化阶段之后，基于对数据资源战略意义和价值的深刻认知，主权国家凭借在制度和政策领域的行动优势，在全球范围内用单一国家自主行动、国家间跨国协调以及全球多边协商等多种方式，着力完善相应的治理体系，并在此过程中展开了激烈的竞争和较量，以确保自身的绝对收益，或者是相对收益。在价值和认知层面，主要以网络终端用户形式出现的个体，尝试将注意力更多地投射到获取便利，以及谋求更加完善的以隐私保护为核心特征的个体性价值诉求等方面，并着力通过各种自下而上的方式，对国家行为体和企业行为体的行为构建有效的均衡和规制机制。从治理涉及的议题框架来看，经过 20 年的实践，可持续发展、主权国家安全以及个人隐私，逐渐成为数字化背景下，指向战略性数据资源的国家治理实践所聚焦的三个核心议题。探索具有可实现性的均衡的新治理框架，成为各方关注的焦点。

此外，在宏观层面上，以大国博弈为焦点的国际体系的变迁，也对数字治理提出了全新的要求：相比新自由主义占据压倒性优势的 20 世纪 90 年代至 21 世纪初，当下全球数字治理变化面临的宏观态势更为微妙和复杂。美国总体实力的相对衰退，以及在国内深层问题持续浮现下导致的"内向化"转型，使得传统意义上的西方主导的数字治理失去了核心的驱动力；中国的持续崛起导致的冲击，迫使美国及其核心盟友无法再继续维系"优雅领导"的形象，更加直接和频繁地诉诸实力压制的结果，就是全球数字治理"新自由主义外包装"的系统性破裂；走下神坛的数字治理实践成为全球各国关注的焦点，各国开始结合自身实践，就如何实现数字化时代的可持续发展，如何在数字化时代有效保障主权国家安全，以及如何在数字化背景下更高质量地保障个人隐私权益，展开了积极的探索。这种探索事实上突破了欧美发达国家垄断唯一正确实践标准的旧常态，稳定迈向了各方竞争性展现数字化治理多元模式的新常态。

二、新形势催生了数字化的全新实践，
平衡治理与隐私保护的需求日益凸显

全球范围内围绕数据资源的治理机制，大致形成了三种具有代表性的实践。

一是以美国为主要代表的单边主义的霸权模式。聚焦于数据运用所带来的绩效，以及通过在网络空间构建对战略性数据资源的单边控制来保障自身在国际体系中的支配性地位。在遭遇到显著的全球性挑战之前，美国主导下的霸权秩序，以"互联网自由"为核心理念，少数占据压倒性优势地位的企业，用最低的合规成本，实现经济效益最大化，霸权国则尝试在全球网络空间构建以非对称的"长臂管辖"，与主权单向度扩张为主要标志的秩序结构。个人隐私的保障置于效率与霸权秩序之下，主要通过国内司法管辖及其跨国运用有效保障和实现。

二是以欧盟为主要标志的，聚焦个人价值保护为核心的治理模式。欧盟出台的《通用数据保护条例》开创了在网络空间实施个人隐私数据保障为核心的强势治理体系的先例。通过挖掘数据获取经济发展绩效的发展需求、国家保障网络空间安全的主权需求以及服

从和服务于个人隐私数据保障的价值需求。从已有的实践看，通过构建规范，甚至是严苛的制度性保障架构，借助强势的司法管辖条款，这种模式可以在其有效的实践范围内，显著对冲信息技术的野蛮生长模式，部分缓解对个人隐私遭遇深度挖掘和不当运用的焦虑和恐慌。但其个人隐私数据保护，本质上是以西方普世价值观为基准，在实践中构建和形成的规制体系，客观上继续强化了对数字经济发展的实质性牵制作用，显著提升的合规成本，压制了数字技术在商业和治理两个领域的有效运用。

三是以中国为典型代表的，尊重网络空间主权平等原则为核心的网络空间命运共同体模式。这种模式的核心特征，是尝试将传统国际法以及在联合国框架下被证明行之有效的多边主义，引入全球网络空间的治理实践，从而确保在包括数据资源管辖和规制等核心问题上，技术与治理能力存在显著差异的国家行为体，能够在尊重主权平等原则下，实质性地参与到治理体系建设与完善的过程中，而无需担心在自身核心价值与享受数字技术带来的福利之间，做出艰难的选择。从实践上来说，对主权平等原则的尊重，事实上可以有效对冲主权国家对自身核心利益暴露在风险下的担心，继而为推动全球网络空间治理的务实发展、良性转型做出更大的贡献。

2016—2022 年，上述已经成型的模式遭遇了三个比较显著的冲击：

第一个冲击来自 2016 年美国总统选举，以及同期欧盟主要国家选举中出现的某些特殊现象。这些现象以所谓"剑桥分析"公司不当运用数据的行径被披露为典型，传统意义上自觉或者不自觉弱化国家主权在网络空间治理中地位和作用的西方国家，在其核心的政治安全遭遇某些可以被界定为威胁的风险或者是不确定性威胁的时候，做出了超乎人们预期的激烈反应。强势地推进主权对网络空间数据以及信息跨境流动的管辖，强化对用户个性化数据的隐私保障等，成为某种新的共有知识和共同认知。

第二个冲击来自原先事实上作为全球网络空间有效公共物品核心供应枢纽的美国，美国从多边主义立场上决定性的后退，在"重振国威"旗号下的单边主义实践，事实上让全球网络空间的治理秩序面临更加严峻的挑战。在遭遇到事实上的威胁之后，西方国家更多倾向于构建某种新的架构。这种架构更加清晰可见、更加公开。在指导原则上，美方对单边"长臂管辖"的偏好，以及通过与可信任的核心盟友实施更加紧密的互动需求，最终冲击和挑战了美国自冷战以后标榜的，西方国家以及行为体在全球网络空间治理秩序的议题领域，呈现出了有效供给能力不足的特征。

第三个来自 2022 年乌克兰危机期间的非国家行为体实践以及持续变动的大国地缘政治博弈。乌克兰危机发生后，以跨国企业为最主要代表的非国家行为体，根据自身对价值以及标准的理解，同时基于对市场收益和遭遇道义性抵制所需要支付后果的理性计算，"自发"实施了大规模的抵制和撤离行动，其范围涵盖应用（苹果公司暂停在俄罗斯进行的支付，下架相关应用程序）、平台（改名为 Meta 的脸书公司全面封禁俄罗斯官方媒体账号）和基础设施（在俄罗斯提供网络接入服务之一的 Cogent 宣布停止提供服务）。与此形成对比的，是分管全球网络空间关键基础设施的 ICANN，以公开信的方式，委婉但清晰地拒绝了要求停止解析俄罗斯顶级地理域名，以及封堵俄罗斯 IP 抵制的诉求，以坚持捍卫"一个世界，一张互联网"的理念和主张。

在此过程中，最值得关注的是，从地缘政治博弈的角度来说，2021 年开始新一任的美国政府重新尝试回到用价值观和理念重新调整和划分全球互联网阵营的轨道上去，试图通过复兴希拉里·克林顿任国务卿时倡导的"互联网自由"理念，来实现在全球网络空间制衡以中国为代表的，被美西方建构为"挑战者"的所谓威胁的目标。这种努力以美国尝试在 2021 年底构建"未来互联网联盟"的过程中达到了一个峰值。但从实际的效果看,具有较强讽刺意味的是,这种努力反过来测试出了当前全球互联网治理社群中日趋明显的分化:美国的尝试得到了西方人权团体的高度响应,对这一类行为体来说,互联网本质上就是他们组织人权活动时的工具,而这类群体,属于全球网络社群中的"浅层群体",即距离互联网赖以运行的深层结构距离较远,对全球网络空间的核心属性与技术特征缺乏真实体验,更多的将网络看作是某种可以随意赋予内涵和建构的抽象符号与政治性象征。在全球网络社群中的"深层群体",即那些对互联网技术特征与运行情况有具体了解和接触的群体中,以一种不约而同的默契,对这种用价值观分化和割裂全球互联网的尝试,表示出了极为明显的排斥。

除了地缘政治之外,个人隐私保护的问题,因为全球范围应对新冠肺炎疫情冲击和挑战的需求,也呈现出了显著的新变化。2020年新冠肺炎疫情在冲击原有的全球化进程,以及挑战原有的治理体系和机制的同时,也提出了对建设性的可选方案的强烈需求。如何发挥数字技术作用,应对和处置疫情危机,成为全球数字治理遭遇的全新挑战。

从已有的技术发展和应用场景来看,通过对移动互联网终端中存储的用户数字轨迹的追踪,结合人工智能与大数据技术发展出来的深度挖掘与处理能力,可以在传染病防治的"三板斧",即识别感染源、切断传播路径以及保护易感人群等方面做出极为独特的贡献。这对阻断社区传播、预防输入等,提供了极为有效的助力。但这种助力从实践看,并非由技术本身自动产生,而是必须与特定的结构化的治理体系相结合。毫无疑问,在此过程中,广泛搜集且事实上处于某种分散化存储状态的个人敏感信息,迅速堆积在很可能事实上缺乏必要或者有效防护能力的散布的数据节点内,如何及时构建和完善对这些可做多种不同用途的数据资源的防护体系，成为必须要解决的新问题。公开资料显示，以欧盟为主要代表的国家和地区，形成了以尊重用户个人隐私数据为核心关切的应用方案设计偏好，进而在此基础上，探索了一系列以去中心化的强隐私保护为核心特征的数据采集和挖掘方案，并形成了相应的治理体系。在欧盟的实践中，移动互联网终端自身具有的蓝牙能力，以及通过软件发送的无个人隐私信息的随机数字编码，构建了某种半闭合的追踪体系。对于已经通过医疗方案确诊的病例，可以间接对其潜在密接者进行关注，但是否能够成功将其纳入治疗体系，则取决于密接者自己的配合度，因为必须由密接者根据移动终端接获的信息，来自主决定是否进入医疗体系进行治疗。这套方案对个人隐私提供了近乎完美的强力保护，除非个人主动确认，否则系统本身并不具备操作意义上的传染源监控与密接者识别的可能。

三、世界迫切需要均衡治理的新框架

海量数据为人类社会的治理体系和治理能力提供了空前的拓展机遇，也带来了远超想象的风险和挑战。最终的实践毫无疑问充满了不确定性，但是可以肯定的一点是，唯有确立兼顾发展、安全与隐私三方要求的创新治理体系，人类社会才能迎来一个更加美好的明天。特别需要指出的是，今天的数字化发展，产生于一个更加宏大的历史进程的背景下。这个背景就是通常所定义的全球化，或者说是经济全球化的进程。在新冠肺炎疫情暴发之前，科学技术催生的生产力发展，与生产关系以及特定生产方式所支撑的上层建筑，其具体表现形式，即既存的国际体系之间，已经表现出了非常明显的紧张关系，所谓"反全球化"浪潮的出现和扩散，则可以看作是这种紧张关系的某种具体表现。无论是信息技术革命，抑或是新冠肺炎疫情，都从不同角度、以不同方式，扮演着推动全球化进程持续走向下一个全新阶段的重要角色。探索均衡治理新框架的实践，也正是在这个更加宏大的背景下全面展开的。

由这个背景所决定的结果之一，就是面对数字化进程中的典型挑战，即持续提升的数据采集和深度处理能力，对个人隐私及国家安全所构成的威胁，乃至挑战和冲击，都无法通过后退或者消极拒绝乃至彻底隔离的方式来加以解决。可实现的解决方案，一定是在动态发展的过程中，以可持续的自我超越，在发展、安全和隐私三者之间达成符合特定时空环境下特定主体政治—经济—社会结构特征的新治理模式。在这种模式中，数字化将成为可持续发展的深层动力，以主权为核心的国家安全核心利益需求将得到数字化的有力支撑，而个体对隐私的合理关切与有效保障，也将成为规范治理实践的共识性边界。

基于人类社会在面对具有跃迁特性的技术变革时的一般经验，人们可以确认，对这种新框架的探索注定会通过不同的道路，以不同的方式展开。就已经展开的实践，以及能够客观评价的实践而言，向中国倡导的人类命运共同体方向而努力，建立基于尊重主权平等原则为基础，着眼于推进落实联合国倡导的可持续发展进程，以客观务实的态度寻求在可接受成本内有效保障个体隐私合理关切的治理模式，在全球范围内有理由成为最值得尝试和努力的方向之一。

全球网络空间的脆弱稳定状态及成因*

江天骄**

摘　要：随着人类社会与网络空间高度相连以及大国竞争的加剧，网络空间战略稳定对于维护世界和平与安全的意义凸显出来。然而，当前网络空间处在介于稳定与不稳定之间的脆弱稳定状态，即网络空间总体和平，但各种网络攻击不断，缺乏相应的国际治理机制，安全问题泛化。造成这种局面的原因是网络空间泛化的安全问题以及公共产品的短缺为大国采取机会主义操弄网络空间公共产品提供了便利。这种机会主义的做法，包括利用公共产品私物化，采取零和博弈思维和进攻性网络战略作为推行其自由民主战略的工具，强制或胁迫他国的工具，歧视和排他性的工具，最终导致网络空间面临失序的威胁。以"棱镜门"为代表的全球监听计划、"清洁网络计划"和"震网"病毒三个案例，分别从制度安排、合作规范和攻防平衡三个角度揭示了网络空间的脆弱稳定特征。随着大国博弈日趋激化，网络空间战略稳定的脆弱性将持续上升。负责任国家行为规范、以主权原则为核心的国际法在网络空间的适用以及建立信任措施是维护网络空间战略稳定的重要保障。

＊　本文发表于《世界经济与政治》2022年第2期。
＊＊　江天骄，复旦发展研究院金砖国家研究中心主任助理。

关键词： 网络空间战略稳定　制度安排　合作规范　攻防平衡
公共产品

一、问题的提出

人类社会的进步和发展与网络空间紧密相连，数字资源成为新一轮工业革命的重要生产要素，大国围绕前沿网络技术和标准制定展开博弈，网络军事技术竞争日益激烈，网络政治战、心理战层出不穷，传统的核战略稳定面临网络攻击所带来的冲突升级的风险。可以说，网络空间战略稳定已经成为全球战略稳定不可或缺的重要组成部分。① 维护网络空间战略稳定对于避免激烈对抗和冲突升级、促进网络空间的和平利用来说至关重要。然而，目前学术界对于网络空间战略稳定的基本概念仍莫衷一是，在维护网络空间战略稳定的机制作用上也缺乏系统性的论述。②

现实空间的战略稳定至少应包括狭义的核战略稳定和广义的政治、经济及军事等多重因素的战略稳定。③ 作为现实空间的映射，网络空间同样存在至少由政治、经济和军事三个层面构成的网络空间战略稳定（如图1）。由于网络空间争端和冲突易于外溢和升级影响现实空间，讨论网络空间战略稳定也应从两个方面入手：一是网络

---

① "2020 Cyber Stability Conference: Exploring the Future of Institutional Dialogue," https://unidir. org/publication/2020 – cyber – stability – conference – future – dialogue.

② 国内对于网络空间战略稳定的开创性研究可参见周宏仁：《网络空间的崛起与战略稳定》，载《国际展望》，2019 年第 3 期，第 21 – 34 页；鲁传颖：《网络空间大国关系演进与战略稳定机制构建》，载《国外社会科学》，2020 年第 2 期，第 96 – 105 页；see also Erik Gartzke, "The Myth of Cyberwar: Bringing War in Cyberspace Back Down to Earth," *International Security*, Vol. 38 No. 2, 2013, pp. 41 – 73；James Johnson, "The AI – Cyber Nexus: Implications for Military Escalation, Deterrence and Strategic stability," *Journal of Cyber Policy*, Vol. 4, No. 3, 2019, pp. 442 – 460。

③ 关于现实空间中狭义和广义的战略稳定概念，参见托马斯·芬加、樊吉社：《中美关系中的战略稳定问题》，载《外交评论》，2014 年第 1 期，第 43 – 55 页。

空间内部政治、经济和军事层面的稳定与不稳定的互动关系；二是网络空间对现实空间的反作用，如"棱镜门"引发的信任危机、数字技术保护主义引发的全面经济"脱钩"风险以及网络攻击可能引发传统军事领域乃至核领域的不稳定等。

从现实来看，当前的网络空间战略稳定态势主要表现是稳定性因素与动荡挑战相交织。尽管网络黑客攻击、大规模监听和间谍行为层出不穷，但真正严重到可能挑起战争、危及战略稳定的网络安全事件鲜有发生。[①] 哪怕是"震网"病毒、断网攻击等威胁更大的网络恶意行为也没有引发大规模网络战或造成冲突升级。网络空间实际上处于介于稳定和不稳定之间的亚稳定或者说脆弱稳定状态，在一股作用力给网络空间带来持续性威胁和挑战的同时，另一股相反的作用力维系着网络空间总体上的稳定。本文的研究问题是，为何网络空间会长期处于这种脆弱稳定状态而不是更加清晰的稳定或不稳定状态？影响网络空间趋于稳定或不稳定的因素和作用机制又分别是什么？本文将提出关于网络空间脆弱稳定机制的生成理论，并通过实证案例进行检验。深入探究网络空间的脆弱稳定性对于防范当前网络秩序滑向不稳定状态，并长期维护全球网络空间战略稳定来说至关重要。

---

① Erik Gartzke and Jon R. Lindsay, "Weaving Tangled Webs: Offense, Defense, and Deception in Cyberspace," *Security Studies*, Vol. 24, No. 2, 2015, pp. 316 – 348; Thomas Rid, "Cyber War Will Not Take Place," *The Journal of Strategic Studies*, Vol. 35, No. 5, 2012, pp. 5 – 32; Brandon Valeriano and Ryan C. Maness, "The Dynamics of Cyber Conflict Between Rival Antagonists, 2001 – 2011," *Journal of Peace Research*, Vol. 51, No. 3, 2014, pp. 347 – 360; Brandon Valeriano and Ryan C Maness, *Cyber War Versus Cyber Realities: Cyber Conflict in the International System*, New York: Oxford University Press, 2015.

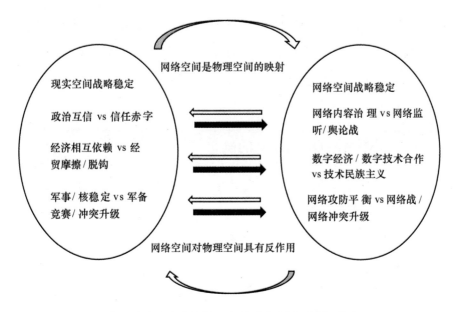

图1 现实空间与网络空间战略稳定的区别与联系

资料来源：笔者自制。

二、文献回顾

战略稳定这一概念源自冷战中美国和苏联维护核战略稳定的理论框架及其实践。一般认为，战略稳定主要包括危机稳定和军备竞赛稳定两个层面。[1] 其核心含义是无论在政治安全层面还是技术军备层面，都不存在促使某一方采取先发制人行动或挑起军备竞赛的诱因，从而使得双方能够确保整体较为稳定的互动模式。冷战中，美苏两国注重提升各自核武器的生存能力，确保能对对方实施可靠的

---

① 李彬：《军备控制理论与分析》，国防工业出版社，2006 年版，第83 页。

核反击，从而在"核恐怖平衡"的基础上建立了战略稳定。[①] 在此基础上，双方还围绕冲突降级、危机管控、限制和削减进攻性战略武器等签署了一系列军控条约，维护了两国及两大阵营间的战略稳定，避免了核战争的发生。

（一）网络空间战略稳定的概念

冷战结束后，两极格局不复存在，核战争的风险大幅下降，但一个更加充满不确定性的时代随之而来：一方面，国际格局朝着多极化方向发展，新兴国家群体性崛起，权力从西方发达国家逐渐向发展中国家和非国家行为体转移和流散，各类摩擦和冲突频发；另一方面，新技术革命深入发展使得人类改造世界的能力大幅提升，这使得人类活动的时空范围不断拓展。网络空间是基于信息通信技术发展而来的人造空间，是物理世界的映射。[②] 所有物理世界中围绕权力转移和扩散的争夺以及塑造新型秩序的努力都会在网络空间中有所体现。由于现代人类社会的发展高度依赖网络空间，网络空间的权力分布又会反作用于物理世界。因此，国家间围绕数据资源和新兴产业展开激烈竞争，纷纷谋求网络规则制定和政治话语权，甚至积极扩充网络军备、为网络战做准备。为了维护网络空间的和平利用、在新兴领域建章立制，部分学者将战略稳定的理论框架和实践经验引入网络空间，创造性地提出了网络空间战略稳定的概念，其中比较有代表性的视角主要有两类：

① Albert Wohlstetter, "The Delicate Balance of Terror," *Foreign Affairs*, Vol. 37, No. 2, 1959, pp. 211 – 234.

② 周宏仁：《网络空间的崛起与战略稳定》，载《国际展望》，2019 年第 3 期，第 21 – 34 页。

1. 大国关系视角

尽管网络空间包罗万象，但大国显然是其中最重要、最具影响力的行为体。石斌、鲁传颖等明确指出大国关系是影响网络空间战略稳定的重要因素，网络空间能否保持稳定从根本上从属于大国关系的发展。[①] 通过分析网络空间的力量格局以及大国在网络空间的行为模式，鲁传颖阐释了网络空间对全球战略稳定造成的冲击，包括网络攻击对核稳定造成的负面影响，网络科技对传统军事形态和作战方式的改变，以及现行国际制度安排难以有效应对网络空间挑战等。[②] 刘越等人提出，网络空间行为主体之间是否建立平衡态、是否有能力或意愿做出改变以及能否有维持稳定的长效机制是网络空间战略稳定的关键要素。[③] 换言之，大国间的力量平衡和国际协调机制将有助于维护网络空间的战略稳定。反之，如果大国间的矛盾分歧不可调和，网络空间战略稳定也就无从谈起。沈逸、杨帆等进一步指出，各大国对网络空间治理所采取的不同主张及相应的治理模式会导致网络空间面临更大的不确定性甚至冲突，从而危及战略稳定。[④] 此外，网络空间本身的一些特点影响着大国在这一领域的竞争。如任琳指出网络空间的技术特点增加了传递真实信号的难度，

---

① 石斌：《大国构建战略稳定关系的基本历史经验》，载《中国信息安全》，2019 年第 8 期，第 31 页；鲁传颖：《网络空间大国关系面临的安全困境、错误知觉和路径选择——以中欧网络合作为例》，载《欧洲研究》，2019 年第 2 期，第 113 – 128 页；黎雷：《网络空间大国互动关系对战略稳定的影响》，载《信息安全与通信保密》，2020 年第 9 期，第 26 – 31 页。

② 鲁传颖：《网络空间大国关系演进与战略稳定机制构建》，载《国外社会科学》，2020 年第 2 期，第 96 – 105 页。

③ 刘越、王亦澎：《从互联网治理看网络空间战略稳定》，载《信息安全与通信保密》，2019 年第 7 期，第 12 – 14 页。

④ 沈逸：《全球网络空间治理原则之争与中国的战略选择》，载《外交评论》，2015 年第 2 期，第 65 – 79 页；杨帆：《国际法与战略稳定：核领域经验及其对网络空间战略稳定的启示》，载《中国信息安全》，2019 年第 8 期，第 33 – 35 页。

进而导致战略不稳定。① 大卫·桑格则认为，网络武器将成为继原子弹之后可能改变地缘政治版图的"完美武器"，其多用途、低成本、易于扩散等特点都将持续撬动大国竞争。② 对此，由荷兰政府支持的"全球网络空间稳定委员会"（GCSC）于 2019 年发布《推进网络稳定》终版报告，要求各国遵循联合国宗旨，并防止发生可能危害国际和平与安全的信息通信技术行为。③ 其中，在大国间达成关于维护网络空间战略稳定的共识规范是和平解决网络冲突的前提。

2. 军事稳定视角

另一些学者从网络战和网络军事化的角度出发进行研究。如刘杨钺指出，网络武器主要通过升级效应、非对称效应和挑衅效应威胁战略稳定。④ 而美国前政府官员约瑟夫·奈、理查德·克拉克以及网络安全专家马丁·利比基等认为，网络空间面临巨大的不稳定威胁，且网络进攻比防御的优势大得多，⑤ 主要原因包括四个方面：其一，网络攻击可以做到"一击即溃"，而网络防御必须确保万无一失，面临巨大压力；⑥ 其二，网络攻击的匿名性特征意味着可能逃脱

---

① 任琳：《网络空间战略互动与决策逻辑》，载《世界经济与政治》，2014 年第 11 期，第 73 - 90 页。

② David E Sanger, *The Perfect Weapon: War, Sabotage, and Fear in the Cyber Age*, New York: Crown, 2018.

③ "Advancing Cyberstability," The Global Commission on the Stability of Cyberspace, November, 2019, https://cyberstability.org/report/.

④ 刘杨钺：《网络空间国际冲突与战略稳定性》，载《外交评论》，2016 年第 4 期，第 106 - 129 页。

⑤ See Joseph S. Nye, "The World Needs New Norms on Cyberwarfare," https://www.washingtonpost.com/opinions/the - world - needs - an - arms - control - treaty - for - cybersecurity/2015/10/01/20c3e970 - 66dd - 11e5 - 9223 - 70cb36460919 _ story.html; Martin C. Libicki, *Cyberdeterrence and Cyberwar*, Santa Monica: RAND, 2009, pp. 32 - 33; Richard A. Clarke and Robert Knake, *Cyber War: The Next Threat to National Security and What to Do About It*, New York: Harper Collins。

⑥ John B. Sheldon, "Deciphering Cyberpower: Strategic Purpose in Peace and War," *Strategic Studies Quarterly*, Vol. 5, No. 2, 2011, p. 98.

惩罚，从而降低了进攻的成本；① 其三，网络攻击者可以从任何角落发起攻击，具有极大的自由度和主动权；② 其四，网络武器面临不使用就失去的困境，一旦对手提前修复了漏洞就会错失良机。③ 根据罗伯特·杰维斯等人提出的攻防平衡理论，当进攻比防御具有更大的优势时，国家会倾向于迅速采取行动。④ 与此同时，进攻优势还会鼓励军备竞赛，对手之间会竞相扩大武器库规模。⑤ 因此，网络空间面临的不稳定风险加剧。许蔓舒则进一步指出，网络军备竞赛、网络冲突的复杂性以及核领域的网络安全风险是网络空间战略稳定面临的三大挑战。⑥ 徐纬地、崔建树等专门研究了网络与核领域的"交缠"及其对战略稳定造成的不利影响。⑦ 詹姆斯·约翰逊和帕维尔·卡拉肖夫等则注意到当前人工智能技术正在与网络武器高速融合发展，进一步增加了核指挥控制系统以及核武器掩体面临的威胁，使网络攻击打破现实空间战略稳定的风险上升。⑧

① Jon R. Lindsay, "Tipping the Scales: The Attribution Problem and the Feasibility of Deterrence Against Cyberattack," *Journal of Cybersecurity*, Vol. 1, No. 1, 2015, pp. 53 – 67.

② Joseph S. Nye, " Cyber Power," https: //www. belfercenter. org/sites/default/files/ publication/cyber – power. pdf.

③ David. Vanca, "Richard A. Clarke and Robert K. Knake's 'Cyber War: The Next Threat to National Security and What to Do About It'," *Georgetown Security Studies Review*, Vol. 1, No. 1, 2013, p. 26.

④ Robert Jervis, "Cooperation Under the Security Dilemma," *World Politics*, Vol. 30, No. 2, 1978, pp. 167 – 214; Stephen Van Evera, "The Cult of the Offensive and the Origins of the First World War," *International Security*, Vol. 9, No. 1, 1984, pp. 58 – 107.

⑤ Charles L. Glaser and Chaim Kaufmann, "What Is the Offense – Defense Balance and Can We Measure It?" *International Security*, Vol. 22, No. 4, 1998, p. 48.

⑥ 许蔓舒：《促进网络空间战略稳定的思考》，载《信息安全与通信保密》，2019 年第 7 期，第 5 – 8 页。

⑦ 徐纬地：《战略稳定及其与核、外空和网络的关系》，载《信息安全与通信保密》，2018 年第 9 期，第 20 – 24 页；崔建树：《美国核力量现代化与网络空间战略稳定》，载《中国信息安全》，2019 年第 8 期，第 40 – 43 页。

⑧ James Johnson, "The AI – Cyber Nexus: Implications for Military Escalation, Deterrence and Strategic Stability," *Journal of Cyber Policy*, Vol. 4, No. 3, 2019, pp. 442 – 460; Pavel A. Karasev, "Cyber Factors of Strategic Stability: How the Advance of AI Can Change the Global Balance of Power," *Russia In Global Affairs*, Vol. 18, No. 3, 2020, pp. 24 – 52.

　　尽管网络空间不乏国家间的摩擦，但大规模网络攻击和冲突却并未因此而频繁发生。对此，埃里克·加兹克和亚当·里夫等认为，类似"震网"病毒这样的高级网络武器耗费人力、物力和财力巨大，且需要对相关行动进行周密部署，组织化要求很高。[①] 这样的高门槛限制了许多行为体发动大规模网络攻击的可能。福里斯特·哈瑞指出，网络武器正朝着精确制导武器的方向发展，这有效降低了冲突的烈度和可能造成的物理损伤。[②] 杰瑞·布里托和泰特·沃特金斯则认为，许多政府、军工企业和利益集团通过兜售网络战的概念，夸大"网络末日"威胁，从中获取政治经济收益。[③] 网络冲突的威胁被刻意放大。布兰登·巴莱里亚诺和里安·马内斯指出，网络空间的稳定得益于国家行为体的自我克制，这种克制主要源于对网络攻击可能产生不确定性后果的担忧。[④] 斯特凡娜·塔亚研究了数字技术发展本身的特点以及国家行为体对网络技术的使用原则、战略战术和组织结构，认为既存在鼓励网络攻击的因素（如匿名的技术特点使得溯源十分困难），又存在制约网络行动的因素（如网络攻击可能引发连锁反应甚至反噬自身）。[⑤]

———————————

　　① Erik Gartzke, "The Myth of Cyberwar: Bringing War in Cyberspace Back Down to Earth," *International Security*, Vol. 38, No. 2, 2013, pp. 41 – 73; Adam P. Liff, "Cyberwar: A New 'Absolute Weapon'? The Proliferation of Cyberwarfare Capabilities and Interstate War," *The Journal of Strategic Studies*, Vol. 35, No. 3, 2012, pp. 401 – 428.

　　② Forrest B. Hare, "Precision Cyber Weapon Systems: An Important Component of a Responsible National Security Strategy?" *Contemporary Security Policy*, Vol. 49, No. 2, 2018, pp. 193 – 213.

　　③ Jerry Brito and Tate Watkins, "Loving the Cyber Bomb: The Dangers of Threat Inflation in Cybersecurity Policy," *Harvard National Security Journal*, Vol. 3, No. 1, 2011, pp. 39 – 84.

　　④ Brandon Valeriano and Ryan C. Maness, "The Dynamics of Cyber Conflict Between Rival Antagonists, 2001 – 2011," *Journal of Peace Research*, Vol. 51, No. 3, 2014, pp. 347 – 360.

　　⑤ Stéphane Taillat, "Disrupt and Restraint: The Evolution of Cyber Conflict and the Implications for Collective Security," *Contemporary Security Policy*, Vol. 40, No. 3, 2019, pp. 368 – 381.

（二）既有研究的不足

既有研究肯定了维护网络空间战略稳定对于世界和平与安全的重要意义，分析了国家间力量对比对网络空间战略稳定的塑造，并提出网络空间可能通过对核稳定的影响以及对军事战略态势和思维的改变，从而对现实世界的战略稳定带来极其复杂的影响。然而，从理论建构的角度来看，既有研究主要存在三个方面的不足。

第一，既有研究大多只从大国关系和军事领域入手讨论网络空间战略稳定，视角不够广阔。网络空间作为物理世界的映射，与人类社会中的政治、经济、文化、科技和军事等各个领域密切关联。与传统的核战略稳定议题相比，网络空间战略稳定理应覆盖更加广阔的范围，具备更加丰富的战略内涵。大国关系和军事稳定固然是网络空间战略稳定的重要组成部分，但并非其全部内涵。例如，网络空间的一系列制度安排确保了信息交互的高效运转，对数据资源的开发利用也不同于物理世界中对一般资源的竞争和占有。网络空间的这些技术特点和规则安排都会对其整体战略稳定产生影响，单纯聚焦大国关系和军事稳定的既有研究容易忽视这些内容。

第二，既有研究中有相当一部分是为了支持或反对某一项政策而开展的应景式研究，与现实政策结合过于紧密，缺乏更加系统性的研究以及理论层面的突破。例如，2015 年前后的国外文献围绕网络威慑问题进行了反复的讨论，其背景是当时美国国防部即将出台网络威慑战略。但相关战略出台以后，持反对意见的学者也没有更进一步指出网络威慑机制可能面临的问题，反而认为若要持续维护网络空间战略稳定，除构建网络威慑战略外没有更好办法。[1] 在美国网络司令部近年提出"持续交手"战略之后，支持者认为该战略通过不断同竞争对手展开博弈，使得双方逐步摸清对手的底线，有利于维护网络空间战略稳定。[2] 反对者则批评这种进攻性的网络战原则会激化安全困境，威胁网络和平与稳定。[3] 但两类观点的辩论局限于对政策本身的解读，并未总结出促进或威胁网络空间战略稳定的理论机制。还有一些研究倡导运用国际规范约束国家在网络空间的行为，但同样止步于发出呼吁，没有阐明网络规范如何建立以及能够通过何种机制有效约束国家行为。[4]

第三，既有研究大多基于稳定/不稳定的两分法思维，未能全面把握网络空间战略稳定问题及其复杂性。周宏仁认为，网络空间战略稳定应当至少包括稳态、脆弱稳态和不稳态三种状态，并指出当前网络空间处于脆弱稳定状态，即总体均衡与和平得到维持，但各种网络攻击不断，且缺乏有效治理机制，容易走向不稳定状态。[5] 对于网络空间的这种脆弱稳定状态，既有理论或是过分强调网络战的威胁，或是对网络空间的总体稳定保持乐观，未能对网络空间脆弱稳定的特点及其生成机制做出系统性解释。从理论角度来说，深入挖掘网络空间脆弱稳定性机制，有助于破除稳定/不稳定二元对立的分析思维范式，揭示促进和破坏网络空间战略稳定的两组因素，进而总结出维护网络空间战略稳定的一般模式。从现实意义来说，脆

① Ewan Lawson, "Deterrence in Cyberspace: A Silver Bullet or a Sacred Cow?" *Philosophy & Technology*, Vol. 31, No. 3, pp. 431–436.
② Jason Healey, "The Implications of Persistent (and Permanent) Engagement in Cyberspace," *Journal of Cybersecurity*, 2019, pp. 1–15, doi: 10.1093/cybsec/tyz008.
③ Alexander Klimburg, "Mixed Signals: A Flawed Approach to Cyber Deterrence," *Survival*, Vol. 62, No. 1, 2020, pp. 107–130.
④ Erica D. Borghard and Shawn W. Lonergan, "Confidence Building Measures for the Cyber Domain," *Strategic Studies Quarterly*, Vol. 12, No. 3, 2018, pp. 10–49.
⑤ 周宏仁：《网络空间的崛起与战略稳定》，载《国际展望》，2019年第3期，第21–34页。

弱稳定状态及相关联的网络监听和窃密、网络武器扩散、技术民族主义以及网络政治战等议题是当前频繁出现且长期困扰全球网络空间治理和大国网络博弈的核心问题。加强对脆弱稳定状态的研判有助于引导网络空间互动模式向稳定状态转移，避免其进一步滑向冲突与战争。

表1　网络空间稳定状态比较

所处状态	主要特征	互动模式	主要议题
稳定状态	大国网络实力平衡，国际治理机制高效运转，网络空间安全与发展得到兼顾	和平时期以合作为主的互动状态	网络空间战略稳定及军备控制机制集体溯源机制，网络空间可持续发展议程及行为规范等
脆弱稳定状态	网络空间总体和平，但各种网络攻击不断，缺乏相应的国际治理机制，安全问题泛化	介于和平与战争之间的灰色地带，兼具合作与冲突的互动状态	网络监听、窃密，网络武器扩散，技术民族主义，网络政治战、信息战等
不稳定状态	出现重大网络攻击或网络争端引发冲突升级，威胁到物理空间的战略稳定	由网络攻击引发严重冲突或战争的状态	关键基础设施尤其是核指挥控制系统遭受网络攻击

资料来源：笔者自制。

三、网络空间战略稳定性与脆弱性分析框架

本部分旨在呈现网络空间总体上所处的脆弱稳定状态，并对这种脆弱稳定的特质进行解释。当前网络空间的战略稳定具有明显的脆弱性。网络空间面临严重的公共产品供给不足，给部分大国以机会主义的做法操弄网络空间公共产品供应提供了机会。考虑到网络

技术具有匿名性的特点，部分大国在提供公共产品的同时，经由"灰色地带"行动以多样而模糊的手段在网络空间中攫取信息、资源甚至权力。网络空间的公共利益由此遭到破坏，国家间的信任丧失，安全威胁随时可能发生。

（一）网络空间的战略稳定性

理想状态下的网络空间战略稳定至少包含三点支撑要素：第一，全球网络空间的稳定运行高度依赖各行为体之间的合作，互联网本质上是通过新技术革命来提升治理效率，优化治理结构的一系列制度安排。一般认为网络空间是无序、混乱且处于无政府状态，但网络空间的无政府状态同现实主义理论所界定的无政府状态存在差异。肯尼思·华尔兹等明确提出，由于无政府状态中不存在更高的权威，行为体只能通过自助方式来应对可能遭受的胁迫。[①] 换言之，行为体的自助是无政府状态的主要特征。然而，网络空间中固然有自助的情形，但更常见的情况是他助与合作。网络用户依赖软件供应商，通过各类软件服务实现包括消费、金融、出行、医疗、娱乐和办公等日常生活需要。监管部门同样依赖大数据和互联网，需要借助相关数据反馈制定新的政策。人类在网络空间中的交互并不局限于一国国境或是特定的物理空间内，各种数据在全球范围内流动，相关服务和体验有赖于各个行为体之间的共识和协作。为提升治理效率，必须有相应的制度设计来确保对信息的高效处理，从而降低交易成

① Kenneth N. Waltz, *Theory of International Politics*, Reading: Addison – Wesley Publication, 1979, p. 96; James D. Fearon, "Rationalist Explanations for War," *International Organization*, Vol. 49, No. 3, 1995, pp. 379 – 414; Charles L. Glaser, *Rational Theory of International Politics: The Logic of Competition and Cooperation*, Princeton: Princeton University Press, 2010; Robert Jervis, "Cooperation Under the Security Dilemma," pp. 167 –214.

本，解决信息不对称、讨价还价和欺骗所带来的问题。^① 于是，计算机就通过固定的代码和程序构成特定的软件处理相关信息，并确保其运算的效率和可靠性。网络空间则建立在由调制解调器、光纤和同轴电缆等构成的信息关键基础设施之上，并在数据传输层通过一系列统一的路由寻址和协议标准确保相关信息能够在多个用户之间实现传输和"交易"。这种专业化的相互依赖合作使得网络空间逐渐发展出一套完整的制度体系，通过严格的代码、程序、软件和协议约束用户的行为，产生可预期的结果。事实上，正是由于这种合作机制已约定俗成且人们过于依赖其带来的高效便捷，以至于经常忽略审查其安全性。

第二，全球网络空间的运行建立在各国通过制定国际规范合作应对安全威胁的基础之上。在全球治理中，国际规范规定了适当的国家行为准则，约束了国家行动。^② 通过国际规范约束网络行为、促成国家间合作，也是维护网络空间战略稳定的重要基础。早在 20 世纪末，联合国大会通过的决议就对信息通信技术可能被用于破坏国际稳定与安全表示担忧，认为有必要通过设立国际规范来阻止这一情况的发生。^③ 基于这种认知，联合国信息安全政府专家组于 2004 年正式启动，旨在讨论应对网络安全威胁的合作措施，构建网络空间行为规范。尽管由于网络空间活动的复杂性，各方对于特定网络行为的界定以及法律规范的适用存在一定分歧，但普遍认可通过制

---

① Douglass C. North, *Institutions, Institutional Change, and Economic Performance*, Cambridge University Press, 1990, p. 107; Elinor Ostrom, *Governing the Commons: The Evolution of Institutions for Collective Action*, Cambridge University Press, 1990; Joseph E. Stiglitz, "Information and the Change in the Paradigm in Economics," *The American Economic Review*, Vol. 92, No. 3, 2002, pp. 460 – 501.

② 鲁传颖：《试析当前网络空间全球治理困境》，载《现代国际关系》，2013 年第 11 期，第 48 – 54 页。

③ "Resolution Adopted by the General Assembly, 53/70, Developments in the Field of Information and Telecommunications in the Context of International Security," https://documents – dds – ny. un. org/doc/UNDOC/GEN/N99/760/03/PDF/N9976003. pdf? OpenElemen.

定国际规范来约束网络空间行为是各方利益的最大公约数。[①] 这一共同利益驱动了各国在联合国的框架下就网络安全国际规范的具体形态展开对话。2015 年 7 月，联合国信息安全政府专家组向联合国大会提交共识性报告，确认了现有的国际法特别是《联合国宪章》等对于网络空间的适用性，并制定了 11 条负责任国家行为规范。[②] 相关网络规范还被二十国集团、金砖国家等合作机制广泛援引和使用。尽管专家组的后续工作一度陷入僵局，但各方都承认这份报告对于规范的讨论结果，并将其视作进一步推进规范讨论的基础。随着相关规范的广泛传播和影响力不断提升，一些规范被各国的网络安全战略或国内立法所采纳，并促进双边层面的合作。[③] 例如，2015 年中美两国达成有关应对恶意网络活动、保护知识产权、制定网络空间国家行为准则等六点共识以及《中美打击网络犯罪及相关事项指导原则》。[④] 2016 年 6 月，《中华人民共和国主席和俄罗斯联邦总统关于协作推进信息网络空间发展的联合声明》也强调加强两国的信息网络产业合作，弥合全球数字鸿沟。[⑤] 规范的传播与内化还推动了中英、中德等在网络安全层面达成双边合作协议，共同维护网络空间战略稳定。

第三，网络攻防处于相对平衡的状态，网络空间中的行为体尤

[①] Martha Finnemore and Duncan B. Hollis, " Constructing Norms for Global Cybersecurity," *The American Journal of International Law*, Vol. 110, No. 3, 2016, pp. 425 – 479.

[②] "Group of Governmental Experts on Developments in the Field of Information and Telecommunications in the Context of International Security," https://www.un.org/ga/search/view_doc.asp? symbol = A/70/174.

[③] 鲁传颖、杨乐：《论联合国信息安全政府专家组在网络空间规范制定进程中的运作机制》，载《全球传媒学刊》，2020 年第 1 期，第 105 – 106 页。

[④] 《习近平访美期间中美关于网络空间的共识与成果清单》，http://www.cac.gov.cn/2015 – 09/28/c_1116702255.htm.

[⑤] 《中华人民共和国主席和俄罗斯联邦总统关于协作推进信息网络空间发展的联合声明》，http://www.xinhuanet.com//politics/2016 – 06/26/c_1119111901.htm.（访问时间：2021 年 5 月 31 日）

其是主要大国之间的实力对比也处于均衡状态。根据攻防平衡的一般理论，如果进攻比防守更容易，[①] 那么战争爆发的可能性更大。[②]理想状态下的网络空间战略稳定应当建立在攻防平衡的基础之上。但网络空间的匿名性、跨国界、去中心化的特点几乎完全符合进攻主导的态势。网络攻击面临的溯源难题、网络防御的碎片化以及高昂的成本、全球供应链存在的安全风险以及网络武器易于扩散等因素加剧了网络冲突的可能。同时，安全困境在网络空间中体现得尤为明显。许多国家为确保自身安全纷纷建立网络部队，加大对网络能力建设的投入。但由于一种网络技术或行为究竟属于进攻还是防御（比如扫描端口既可以是出于防御目的，也可以被视作为发动网络攻击的前奏）难以清楚地判定，一国加强网络防御的行为也可能引发另一国的过度反应，导致网络军备竞赛和意外冲突升级。国家间力量对比悬殊也容易引发强国采取机会主义扩张，加剧全球网络安全面临的"木桶效应"。防御能力较弱的国家会成为木桶中的短板，降低了全球网络安全的整体水平。[③] 随着国家间网络力量对比差距不断扩大，全球网络安全的态势可能不断恶化，网络空间战略稳定呈现出更大的脆弱性。因此，理想状态下的网络空间战略稳定至少在全球层面意味着持续缩小的数字鸿沟，在大国关系层面意味着通过外交热线、信任建立措施、危机管控机制等一系列手段减少误判，并通过联合溯源、国际漏洞公平裁决机制、关键基础设施保护等措施逐步扭转进攻主导的态势，直至网络攻防平衡的建立。

---

① 包括进攻性军事技术装备比防御更为有利、先发制人更为有利以及军备控制难以建立等情形。

② Robert Jervis, "Cooperation Under the Security Dilemma," *World Politics*, Vol. 30, No. 2, 1978, pp. 167 – 214; Stephen Van Evera, "Offense, Defense, and the Cause of War," *International Security*, Vol. 22, No. 4, 1998, pp. 5 – 44; Charles Glaser and Chaim Kaufmann, "What Is the Offense – Defense Balance and Can We Measure It?" pp. 44 – 83.

③ 鲁传颖：《网络空间安全困境及治理机制构建》，载《现代国际关系》2018 年第 11 期，第 54 – 55 页。

（二）网络空间战略稳定的脆弱性

理想状态下的网络空间战略稳定由制度安排、合作规范和攻防平衡三点要素构成，但现实中这三点要素均面临严峻的挑战，使得网络空间战略稳定呈现出脆弱性。技术的不断发展、国家间实力对比总体趋于平衡、核战略稳定的存续以及大国对于当前国际政治经济秩序的投入，降低了大规模战争爆发的可能性，同时助长了通过"灰色地带"实现情报搜集、窃密、颠覆和破坏等适度侵略行为。网络空间本身作为一个合作机制与全球化相伴而生，其蓬勃发展存在着减少战争的动机。但网络空间又为适度的侵略手段提供了天然的土壤。大国利用提供网络空间公共产品谋取私利，甚至将自身利益凌驾于公共利益之上的机会主义做法加剧了信任赤字。尽管受到合作制度的约束，网络空间在整体上维持着稳定，但国家行为体之间尤其在大国间的监听与反监听、制裁与反制裁比比皆是。这种激烈博弈使得真正的公共利益和秩序难以得到有效保障，给全球网络空间战略稳定蒙上了阴影。

具体而言，网络空间虽有一系列技术和制度安排，但如同任何市场都面临失灵的风险一样，网络空间的公共产品供给不足尤为明显。网络技术在提供便利和高效的同时伴随着许多的不安全问题。代码作为一种由人编写的逻辑存在各种缺陷和漏洞。"零日漏洞"（被发现后立即被恶意利用的安全漏洞）几乎无可避免，再加上各种黑客攻击、网络窃密等行为，网络安全问题始终存在。普通网络用户对于软件的安全性缺乏专业判断：相比那些更加昂贵的安全产品和服务，免费的各类产品和应用往往更吸引人，而后者很有可能携带病毒。运营商和企业可能面临同样问题。网络安全防护需要投入大量的资金、技术和人员支持，定期的安全补丁升级可能导致流水线的暂时停工，中小企业往往宁可承担网络安全风险也不愿或无力增加用于安全防护成本。一旦遭受网络攻击，许多企业会选择知情不报。因为被攻击的消息可能造成企业声誉受损。而这些安全风险在网络空间密切关联，需要有总体性的应对方案。此外，随着软件系统本身越来越复杂，软件开发的产业链也越来越长。尤其对于一些开源的操作系统软件而言，开发成本一般集中在上游，在此基础上形成的应用及其产生的收益分散在下游。要对一整条产业链上的所有代码进行系统审查投入巨大，所需要的安全工程非常昂贵。企业间缺乏有效的协调造成了明显的负外部性。

由于现阶段网络技术的落后以及相关制度设计效率的低下，网络空间中存在大量的欺骗、窃密和各类网络安全问题。在市场失灵的情况下，一国政府部门采取监管措施提供安全公共产品十分必要，其中既包括制定相关的法律法规和行业技术标准等制度性公共产品，也包括组织第三方安全检测和培训、设立计算机安全应急响应组（CERT）以及对用户进行知识教育等非制度性公共产品。从国际层面来看，维护网络空间战略稳定迫切需要由国家出面提供网络安全公共产品。但现实中霸权国家并未以积极的姿态应对网络空间公共产品稀缺的问题，反而频频采取机会主义操弄网络空间公共产品。美国在过去很长一段时期内拥有显著的网络技术霸权和相关规则制定的话语权，但其在提供公共产品的同时频繁采取机会主义的策略，加剧了网络安全的风险以及国家间竞争乃至地缘政治风险。美国长期的网络霸权并没有像霸权稳定论所认为的那样带来网络空间的和平与稳定。① 考虑到网络空间高度的复杂性和众多的参与者，单一霸权能否维持其战略稳定是一个具有不确定性的问题。

① Joshua S. Goldstein, International Relations, New York: Pearson – Longman, 2005; Joshua Rovener and Tyler Moore, "Does the Internet Need a Hegemon?" *Journal of Global Security Studies*, Vol. 2, No. 3, 2017, pp. 184 – 203.

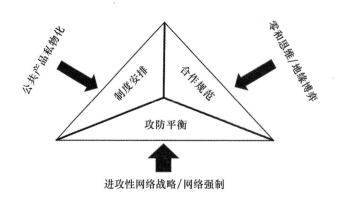

图 2　大国机会主义对网络空间战略稳定的侵蚀

资料来源：笔者自制。

　　由此而言，网络空间公共产品的稀缺性以及大国采取的机会主义，使网络空间的战略稳定性面临着三方面外部冲击（参见图 2）。

　　其一，是公共产品私物化对于现有制度安排的冲击。以美国为首的部分网络强国借提供网络公共产品的机会滥用权力，将网络公共产品作为推行其自由民主战略的工具、强制或胁迫他国的工具以及歧视和排他性的工具，甚至拒绝提供公共产品。这些机会主义做法侵害全球网络空间的公共利益，导致了网络空间的混乱和失序。在大国地缘博弈的过程中，现实世界的冲突往往受到核战略稳定以及国际秩序和规范的约束。网络行动具有匿名性和适度的侵略性，是"灰色地带"行动的典型代表。只要危机事件没有爆发或者没有人告密，监听、窃密与植入木马等行为会不断进行，为看似总体稳定的网络空间埋下了冲突的伏笔。

　　其二，是零和博弈思维对于通过国际规范应对安全威胁的合作规范的冲击。美国及其盟友为维护自身在网络空间的力量优势，一方面极力反对以具有法律约束力的方式限制网络武器的发展，另一方面又主张将国际法中的自卫权应用于网络空间，允许以网络甚至常规军事行动回应网络攻击。由此带来的政治博弈直接导致了2017年联合国信息安全政府专家组未能按计划达成共识的局面。此后美国及其盟友对于成立联合国信息安全开放式工作组（OEWG）的反对也体现了这种零和博弈思维。尽管两个工作组在2021年上半年先后向联大提交了报告，但与2015年达成的共识相较，主要还是对已有共识和规范做进一步的完善，在国际法适用等方面仍存在分歧。

其三是进攻性网络战略对于网络空间攻防平衡态势的冲击。美国自奥巴马政府以来推行极具进攻性的网络威慑战略，在针对伊朗、朝鲜、叙利亚和俄罗斯等国的网络行动中不断炫耀其网络实力。特朗普政府上台后，美国还倡导"持续交手"和"前置防御"的网络战原则，将网络战的阵地推向对手的网络空间，进一步模糊了网络攻击和防御的界限。与此同时，美国还积极拉拢盟友和伙伴国家，依托"五眼联盟"、北约、美日同盟等联盟体系打造针对中国、俄罗斯等国家的网络情报和攻防联盟，从而开始改变全球网络空间的攻防平衡态势，加剧了网络空间的军备竞赛。

（三）网络空间战略稳定脆弱性的上升

如前所述，网络空间公共产品的稀缺以及大国机会主义带来的冲击使得网络空间战略稳定面临的脆弱性凸显。尽管截至目前，相关挑战尚未直接导致网络空间战略稳定全面瓦解，但随着大国竞争和地缘政治博弈的回归，网络空间公共产品的稀缺性将进一步凸显，面临严峻形势的守成国家更容易采取机会主义措施，网络空间所具有的脆弱稳定性中的脆弱性将显著上升。

21世纪以来，随着新兴国家迅猛崛起，国际力量对比发生深刻变化，守成国实力的相对下降进一步削弱了其在网络空间提供公共产品的意愿。尽管迄今美国仍拥有超强的网络技术和产业积累，但同样面临巨大的网络风险和隐患，表现出相当程度的脆弱性。如俄罗斯被指利用网络干预了 2016 年美国总统大选，美国国内的关键基础设施近年来也屡屡遭受网络攻击威胁。2020 年 12 月"太阳风"黑客事件爆发后，美国国内就有专家指出美国已经失去了在网络空间的绝对主导地位。[①] 2021 年 5 月，美国最大输油管道因遭受网络攻击而被迫关闭。随着信息通信技术高速迭代，美国在第五代移动通信（5G）技术等领域的实力地位上已不再所向披靡。而在提供网络空间公共产品的意愿方面，排除那些机会主义的做法，美国在联合开展网络攻击溯源上态度消极，在网络空间规则制定上也并不配合。尤其在特朗普政府时期，美国优先和大国竞争的战略思维而非国际合作支配了其网络空间政策的制定。尽管拜登政府可能对相关政策做出适当的修正，但特朗普主义的影响仍将持续存在。尤其在新冠肺炎疫情的冲击可能持续的情况下，美国国内政治极化、经济低迷和社会撕裂等多方面的困境加剧，势必难以投入大量资源来提供真正的公共产品。

在网络空间的公共产品更加稀缺的背景下，面对新兴国家的追赶，守成国会利用网络空间的"灰色地带"特征，维护自身在政治、经济、技术和军事等各方面的优势地位，抵制任何可能约束其战略优势的网络空间制度安排。其结果只会放纵部分国家采取机会主义策略，加剧国家间信任赤字，鼓励网络军备竞赛，且容易引发冲突升级，最终危及网络空间战略稳定。

四、案例研究

本部分选择三个案例来验证对于网络空间脆弱稳定性的解释，

---

① Ariel Levite, "America Must Bolster Cybersecurity," https：//thehill. com/opinion/cybersecurity/533763 – america – must – bolster – cybersecurity.

分别是以"棱镜门"为代表的美国全球网络监听行动、以"清洁网络计划"为代表的切割供应链行为及以"震网"病毒为代表的对于关键基础设施的网络攻击。在这三个案例中,美国政府的行为都对网络空间的战略稳定性造成了一定程度的冲击,但冲击的强度存在差异(参见图3)。[①] 就目前的情况来看,这三类事件尚未造成网络空间战略稳定的彻底瓦解。外部挑战与稳定性三要素之间的对冲使得网络空间总体上仍处于脆弱稳定状态。

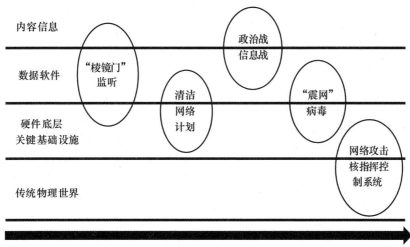

不同层次的网络机会主义行动对网络空间战略稳定的破坏程度

图3 美国发起的网络机会主义行动对网络空间战略稳定的影响

资料来源:笔者自制。

(一) 全球监听计划中的公共产品私物化

公共产品具有非竞争性与非排他性的标准。前者是指额外产品

[①] 政治战和信息战的内容涉及较多意识形态领域的敏感信息,也具有较强的欺骗性,进行公开研究的难度较大。网络攻击核指挥控制系统的问题近年来引起了中外智库的广泛关注,但由于尚未出现得到学界公认的案例,不适合开展实证研究。

被消费时不增加额外成本，后者是指可被其他消费者反复消费。纯公共产品具有完全的非竞争性与非排他性，而准公共产品则仅具有部分竞争性或部分排他性。① 在互联网中，数据依照传输控制协议（TCP）和路由协议（IP），经由海底光缆等数字基础设施进行传输。TCP/IP 协议具有非竞争性与非排他性，属于网络空间的纯公共产品。相较之下，数字基础设施由于经过各国领土，虽拥有一定的公共性，却也具有潜在的排他性，可被视作准公共产品。与现实世界的情况类似，网络空间中的公共产品不仅面临其他国家"搭便车"致使公共产品供应短缺的问题，而且还面临公共产品被霸权国私物化的风险。② 这种私物化具体表现为：美国利用在网络技术和网络资源方面的垄断地位——从芯片制造到信息通信设备生产，从计算机与网络服务的提供到具体的操作系统开发、搜索引擎和社交媒体软件等方面长期占有绝对的优势，一方面为全球互联网服务提供必要的公共产品，另一方面也利用相关技术标准、基础设施乃至产品和服务谋取私利，侵害了全球网络空间的公共福祉。美国庞大的全球监听项目便是一个典型案例。

2013 年美国中央情报局前雇员爱德华·斯诺登揭露了美国情报部门的秘密文件，使得美国监听全球网络空间的"棱镜"计划、"上行"计划等公之于众。谷歌、脸书、苹果、微软等美国互联网巨头和科技企业都被牵涉到"棱镜"计划之中，③"上行"计划则是通过搜集光缆与基础设施的数据来实施对特定国家用户的信息监控。

---

① Todd Sandler, "Regional Public Goods and International Organizations," *The Review of International Organizations*, Vol. 1, No. 1, 2006, p. 7；张建新：《国际公共产品理论：地区一体化的新视角》，张骥主编：《国际领导：权力的竞争与共享》，上海人民出版社，2020 年版，第 34 - 35 页。

② 樊勇明：《区域性国际公共产品——解析区域合作的另一个理论视点》，《世界经济与政治》，2008 年第 1 期，第 8 页。

③ 储昭根：《浅议"棱镜门"背后的网络信息安全》，载《国际观察》，2014 年第 2 期，第 56 -67 页。

这些原本属于网络空间的公共产品被美国私物化，在国际层面引发更严重的安全威胁，甚至危及网络空间战略稳定。例如，美国政府出于监管和执法的需要授权在相关软件中留有后门，这种后门一方面增加了被犯罪分子和其他国家利用的风险，另一方面其本身也可能随着相关产品和服务走向全球，成为国家推行网络强制政策与网络监听的工具。美国政府声称相关监听计划是为了打击恐怖主义，但实际上大规模的网络监控是为了服务于美国的地缘政治利益，打击战略竞争对手，约束联盟体系，并在世界范围内推进美式自由民主秩序。此外，根据斯诺登披露的文件，欧洲议会调查委员会在前往美国调查的过程中通过美国国家安全局的文件确认了"梯队"监听项目的存在。该项目能够通过监听公众交换电话网络、海底光缆、卫星和微波等多种通信手段，截获包括传真、电话、电子邮件在内的全球绝大部分通信和网络信息。[①] 2021 年 5 月，丹麦广播公司又报道称，美国曾在 2012—2014 年通过丹麦情报机构利用海底光缆监听欧洲盟国领导人，再度引发国际舆论哗然。

美国政府在假借提供公共产品之名，行谋取私利、侵害公共利益之实的过程中普遍采取了机会主义策略。如果没有斯诺登曝光相关监听计划，美国一定会在向全球推广其网络和通信技术产品、服务和标准的同时，继续搜集情报，监听全球。根据"棱镜"计划披露，谷歌、脸书、苹果、微软等 9 家企业已经与美国情报机构开展了数年的合作，计划曝光对于相关企业的国际声誉和市场份额造成了严重影响。因此，苹果、谷歌等企业随后与美国政府开始切割，在一些司法调查取证过程中表现出宁可得罪美国政府也要保护用户个人数据安全的立场。但考虑到历史上的种种劣迹，可以预料到美国政府仍可能暗中要求相关企业协助开放后门。

---

① 张朋辉：《美国"监听鼻祖"浮出水面》，《人民日报》，2015 年 8 月 7 日。

维护网络空间的战略稳定亟须建立国家间的信任与合作关系，在此基础上形成有关行为规则的共识。而大国在网络空间公共产品稀缺的情况下出于机会主义的心态将公共产品私物化，很可能导致原本处于不稳定状态的国家间的信任与合作关系进一步崩塌。"斯诺登事件"引发了来自欧盟、巴西、墨西哥等的激烈反应，相关官员认为该事件导致了对美国信任的巨大损失。[①] 这种冲击之所以没有对网络空间的战略稳定性造成根本性破坏，源自网络技术本身和当前互联网背后的一整套庞大的制度安排（包括海底光缆、通信传输协议和技术标准等网络空间公共产品）已经将各国紧密地联系在一起。这些关键基础设施及建立在其之上的一系列制度安排极大提高了沟通效率，降低了交易成本。在这种情况下，脱离现有制度安排另起炉灶的成本较高。许多国家采取"搭便车"的方式，宁可在享受现有网络空间公共产品时牺牲一定程度的安全，也不愿彻底打破现行体系。此外，"斯诺登事件"重新塑造了许多国家对于网络安全的认知，各国加强了对于网络监听问题的关注，纷纷推动各种关于数据安全和隐私保护的法规及制度建设。部分能力较强的国家则开始主动提供网络和通信领域的关键基础设施，参与技术标准制定。这些努力都有助于进一步完善网络空间的相关制度安排，朝着有利于维护网络空间战略稳定的方向迈进。

（二）"清洁网络计划"中的零和博弈思维

供应链安全是维护全球网络空间战略稳定的技术基础。由于全球治理机制缺位，大国竞争博弈加剧，技术民族主义对全球供应链

---

① David Wright and Reinhard Kreissl, " European Responses to the Snowden Revelations: A Discussion Paper," http: //irissproject. eu/wp – content/uploads/2013/12/IRISS_European – responses – to – the – Snowden – revelations_18 – Dec – 2013_Final. pdf.

的扭曲越发严重，泛安全化思维导致部分国家只信任本国产品，以"国家安全"为由排除他国产品及投资活动，损害了公平贸易体系，破坏网络空间整体发展和消弭数字鸿沟的机会。其中最具代表性的案例是特朗普政府时期美国提出的所谓"清洁网络计划"。该计划试图从电信服务、程序商店、应用软件、云服务和电缆等多个方面建立所谓的"清洁网络"，通过游说甚至胁迫的办法拉拢全球盟友和伙伴国家加入这一计划，从而构筑一个"清洁堡垒"。[①] 美国看似在为全球网络安全订立新规，但其真实目的是维护自身垄断地位。该计划对"清洁"的界定充满意识形态偏见。尤其当中国在 5G 技术和数字经济发展方面取得领先时，美国以一种二元对立的视角来渲染所谓"红色技术威胁"或是"数字东方主义"，认为凡是中国的网络技术一定服务于国家监控目的、凡是中国的数字经济应用一定会泄露个人隐私数据、凡是中国在网络技术和经济发展中取得的成就一定是靠网络窃密和违反市场经济规则等不正当手段获得的。[②] 通过实施"清洁网络计划"，即便美国在 5G 等领域落后，仍然可以利用歧视性和排他性的国际规则以及金融、法律等配套政策工具打压竞争对手企业，防止被其他国家赶超。美国因而不断升级对华为的出口管制，将其列入商务部"实体清单"，要求所有使用美国技术或设备制造芯片的厂商对华为实施断供，并阻止盟友及伙伴国家使用华为设备等。

美国拜登政府上台后打着回归多边主义的旗号，实际上推行的还是拉拢盟友、搞俱乐部和团伙式霸凌策略，以"小院高墙"方式限制中国新兴技术的发展。2021 年 3 月，美国公布的《临时国家安

---

① U. S. Department of State, "The Clean Network," https：//2017–2021. state. gov/the–clean–network/index. html.

② 沈逸、江天骄主编：《"清洁网络计划"与美国数字霸权（复旦智库报告 2020 年第 6 期）》，https：//fddi. fudan. cn/c3/74/c19047a246644/page. htm.

全战略方针》将中国定位为"头号战略竞争对手"。① 拜登政府鼓吹
"民主国家应当团结起来，共同与专制国家在网络空间展开全面竞
争"。② 同年 6 月，由美国拜登政府提出的"重建美好世界
（B3W）"倡议写入七国集团联合声明。该倡议是美国版本的全球
基础设施建设计划，主要依靠私营部门与国际金融机构融资，渲
染"价值观驱动"的"善治"与"高标准"，以人权、气候变化
和反腐败等作为项目资金的附加条件，具有一定的入侵性与进攻
性。③ 拜登政府还继续拉拢欧洲盟友，在 2021 年 6 月举行的美欧峰
会上成立了美欧贸易和技术委员会。④ 美国旨在构建美欧技术联
盟，通过跨大西洋供应链与关键技术合作，维护美国与欧洲盟友
在技术与工业层面的领导力与创新力，遏制中国数字技术的发展
势头。在美国国内，拜登政府则以行政命令的方式要求美国联邦
政府部门和机构全面评估关键产品和行业的供应链风险，这可以
看作对"清洁网络计划"的进一步细化。在此之前，美国国内还
曾出现过建立所谓"民主国家技术联盟（T12）"的主张。⑤ 该计
划强调"民主国家联盟"的意识形态色彩，并将其与技术发展和
标准制定挂钩，试图在全球范围内推广美式技术价值规范。未来，
美国及其盟友可能在技术出口管制与外商投资审查等方面形成政

① The White House, "Interim National Security Strategic Guidance," https：//www. whitehouse. gov/wp－content/uploads/2021/03/NSC－1v2. pdf.
② David P. Fidler, "America's Place in Cyberspace：The Biden Administration's Cyber Strategy Takes Shape", https：//www. cfr. org/blog/americas－place－cyberspace－biden－administrations－cyber－strategy－takes－shape.
③ 杨楠：《如何看美国发起的"重建美好世界"倡议》，载《世界知识》，2021 年第 14 期，第 34－36 页。
④ The European Commission, "EU－US Launch Trade and Technology Council to Lead Value－Based Global Digital Transformation," https：//ec. europa. eu/commission/presscorner/detail/en/IP_21_2990.
⑤ China Strategy Group, "Asymmetric Competition：A Strategy for China & Technology," https：//assets. documentcloud. org/documents/20463382/final－memo－china－strategy－group－axios－1. pdf.

策联动，通过政治化操弄与行政手段，在全球市场上持续打压中国企业，对华展开技术遏制。

美国将零和博弈思维凌驾于国际合作规范之上，以机会主义措施打压竞争对手，扰乱了全球供应链稳定，增加了网络空间的脆弱性。无论是所谓"清洁网络"还是"更加安全的供应链体系"，美国并没有给出一套客观的技术标准，而是选择以意识形态画线。对于相关竞争型企业，美国也是能利用则利用、不能利用则打压，以泛安全化、政治化的手段干预了公平贸易的正常进行。美国打造封闭、排他和以自我为中心的全球供应链，实际上也为其在关键设备中植入后门，并利用相关漏洞发起网络攻击大开方便之门。这无助于消弭全球数字鸿沟，反而增加了网络安全风险和不稳定性。

值得注意的是，美国的零和博弈思维固然对全球网络空间战略稳定的技术基础造成了冲击，但其负面作用也招致了一系列批评和反思，甚至为重新凝聚各方关于维护全球供应链安全的合作共识提供契机。在全球供应链已充分建立的情况下，将地缘政治博弈的重要性放置在经济技术合作之上，也会对本国的产业链和经济发展构成较大的负面影响。美国对华为加强出口管制禁令之后，美国国内半导体协会和大量上下游企业纷纷开展游说，要求美国政府考虑相关企业的利益受损情况。出口管制禁令还在一定程度上导致了全球"芯片荒"，甚至反噬美国自身。许多被美国要求拒绝华为5G设备的国家也因此在技术更新换代方面落后于其他国家。2021年5月，联合国信息安全政府专家组和信息安全开放式工作组达成的共识性报告都确认，有必要采取合作措施维护供应链的完整性，特别是要通过制定和落实全球供应链安全标准等方式管控其中存在的风险。① 美国微软公司早在 2017 年就提出"数字日内瓦公约"倡议，提出网络冲突不应针对科技公司、私营企业或关键基础设施。相关内容有利于推动各国就不在民用网络设备中植入后门达成合作规范，维护全球供应链安全，缓解网络空间战略稳定面临的脆弱性风险。

（三）"震网"病毒中的进攻性网络战略

网络空间军事化是导致后霸权时代网络空间脆弱稳定性上升的关键因素之一，网络霸权国的进攻性网络战略偏好已成为威胁网络空间安全稳定的重要挑战。其中，"震网"病毒是目前已知的国家利用计算机病毒成功破坏他国关键基础设施并造成物理损伤的经典案例。2010 年 7 月，被普遍认为是美国和以色列联合研制的"震网"病毒对伊朗核设施发动了攻击，导致纳坦兹铀浓缩工厂约 1/5 的离心机报废。② 尽管尚不清楚美国究竟如何掌握到伊朗核设施使用的西门子公司控制系统的漏洞，但不能排除美国及其盟友利用了广泛的情报搜集手段甚至要求盟国企业提供后门钥匙配合其行动的可能性。而美国本土的高科技企业在数字通信、工业控制系统等领域领先全球，并占据大量的市场份额。根据"棱镜门"已经披露出来的情况分析，相关企业也很有可能配合美国政府在全球关键基础设施中留

① "Report of the Group of Governmental Experts on Advancing Responsible State Behaviour in Cyberspace in the Context of International Security, Advance Copy," https://front. un – arm. org/wp – content/uploads/2021/06/final – report – 2019 – 2021 – gge – 1 – advance – copy. pdf; "Open – ended Working Group on Developments in the Field of Information and Telecommunications in the Context of International Security, Final Substantive Report," United Nations General Assembly, March 10, 2021, https://front. un – arm. org/wp – content/uploads/2021/03/Final – report – A – AC. 290 – 2021 – CRP. 2. pdf.

② William J. Broad, John Markoff and David E. Sanger, "Stuxnet Worm Used Against Iran Was Tested in Israel," *The New York Times*, January 16, 2011.

有后门，只是相关攻击行为尚未发生或正在悄无声息地发生。

"震网"病毒事件至少对网络安全带来了三个层面的影响：其一，"震网"病毒成功破坏了通常被认为非常安全且在物理上与互联网隔离的内部局域网，改变了人们对于传统安全防护措施有效性的认识。尽管目前对于"震网"病毒究竟如何感染相关系统的途径仍有不同说法，但无论如何"震网"病毒的成功意味着网络攻击具备摧毁关键基础设施，甚至是一些采取物理隔离的军用高价值目标的战略打击能力。其二，"震网"病毒反映出网络攻击可以具备精确打击的特征，但同时也带来网络武器的扩散和附带伤害。路透社的一项调查显示，除了伊朗核电站以外，伊朗境内的个人电脑以及印度、印度尼西亚和巴基斯坦等国家的大量个人电脑和工业控制系统也被"震网"病毒感染。① 俄罗斯的核电站以及德国、芬兰和美国的计算机系统也相继受到影响。但目前除了伊朗的核设施之外，"震网"病毒尚未对其他受感染的设备造成物理损害。这一方面说明"震网"病毒具备精确打击能力，是美国及其盟友为伊朗核设施"量身打造"的新型战略武器；另一方面也表明全球大量个人电脑、工业控制系统以及关键基础设施同样会被波及，面临潜在的风险。"震网"病毒的变种在全球快速传播，也增加了网络犯罪和恐怖主义的威胁。其三，"震网"病毒将引发网络军备竞赛，加剧网络冲突风险。2010年9月，知名杀毒软件供应商卡巴斯基实验室就对"震网"病毒展现出巨大的效用和军事价值表示了担忧，认为这很可能引发一场网络军备竞赛。② 2012年5月，美国向伊朗大规模植入代码数量是"震网"病毒20倍的"火焰"病毒。2017年，"勒索"病毒通过改

---

① "Factbox：What is Stuxnet？" https：//www. reuters. com/article/idUKTRE68N3PT20100924？edition‐redirect＝uk.

② Kaspersky Lab, "Stuxnet Manifests the Beginning of the New Age of Cyberwarfare," http：//www. kaspersky. com/news？ id＝207576183.

造美国国家级黑客武器"永恒之蓝"肆虐全球，造成大量能源和物流关键基础设施瘫痪，再次证明了美国正积极开发极具进攻性的网络武器。与此同时，英国、法国、俄罗斯、日本等国家也纷纷建立网络部队，加大对网络军事能力的建设。

对全球网络空间战略稳定性来说，"震网"病毒事件所带来的影响是深刻而复杂的。一方面，这类针对关键基础设施的重大网络攻击显然加剧了网络空间的脆弱性。美国通过"震网"病毒向全世界展示了其利用网络攻击破坏对手关键基础设施的强大实力，并在此基础上构建了进攻性的网络威慑战略，开启了"潘多拉魔盒"。网络武器作为精确制导武器打击关键基础设施和高价值目标的战略意义由此凸显。在地缘政治博弈的促动下，各国都试图抢占先机，网络空间军事化以及网络武器军备竞赛的不断升级增加了网络空间的不稳定性。尤其是针对核指挥控制系统的网络攻击一旦发生，极有可能导致核战争爆发，彻底打破网络空间乃至传统物理世界的战略稳定。[①] 在应对"震网"病毒事件的过程中，以联合国集体安全机制为代表的现有国际安全架构基本失灵，加之网络武器的技术特点，传统军控机制在网络空间也很难奏效。网络武器的隐蔽性使其在攻击前难以被发现，无法评估其效果，更难对他国是否研制和计划使用网络武器做出判断。网络武器所依赖的恶意代码或攻击代码难以被一概禁止，因为正常的网络活动需要这些代码，而稍加改头换面就可能被用作网络武器。这些因素进一步增加了网络武器扩散和军备竞赛的威胁，加剧了网络空间进攻主导和攻防失衡。

另一方面，"震网"病毒事件也引发了关于保障关键基础设施和

---

① 阿里·莱维特等：《关于中美建立网络—核指挥、控制与通信系统稳定性的报告》，http：//en. siis. org. cn/UploadFiles/file/20210413/% E5% 85% B3% E4% BA% 8E% E4% B8% AD E7% BE% 8E% E5% BB% BA% E7% AB% 8B% E7% BD% 91% E7% BB% 9C – % E6% A0% B8% E6% 8C% 87% E6% 8C% A5Fin. pdf。

规范网络交战行为的讨论与实践。其中，保护关键基础设施免受网络攻击可以被视作国际社会普遍达成的共识。联合国信息安全政府专家组早在 2015 年的共识报告中就号召各国不对其他国家的关键基础设施发动攻击。中国在《2016 年世界互联网发展乌镇报告》中强调，围绕关键基础设施保护与各国开展积极合作，推动更多国际共识的达成。包括中美在内的世界各主要网络大国纷纷出台了针对网络关键基础设施保护的国内法律法规，或是在网络安全立法中加入关键基础设施保护相关章节，进一步加强了保障关键基础设施的能力建设和制度建设。迄今为止，为了避免误判和冲突升级，大国间在针对关键基础设施的网络攻击方面保持着审慎和克制的态度。"震网"病毒事件也是国际法学界重点关注的案例。为有效规范网络空间活动、约束网络交战行为，国际法专家长期致力于界定什么样的网络攻击构成国际法中的武装攻击和战争行为。部分国际法专家认为，"震网"病毒造成了离心机受损这一物理损伤，已经突破了武装冲突的门槛。[①] 如果武装冲突法能够适用，那么其核心的区分原则和比例原则应得到严格遵守。"震网"病毒不仅破坏了离心机，而且感染了全球大量的个人电脑和工业控制系统，存在无差别杀伤的风险，有可能违反区分原则和比例原则。但需要指出的是，简单地将战争法和武装冲突法移植到网络空间，可能会给部分国家发动网络攻击提供正当性，进一步加剧网络空间的军事化和军备竞赛。因此，在联合国信息安全政府专家组层面，各国对于战争法、武装冲突法、反措施等在网络空间的适用问题存在分歧，对于规范网络空间行为的努力仍在进行之中，网络空间总体上仍处于脆弱稳定状态。

---

① 北约卓越网络合作防卫中心国际专家小组编，朱莉欣等译：《塔林网络战国际法手册》，国防工业出版社，2016 年版，第 36 - 37 页。

五、维护网络空间战略稳定的路径

上述案例表明，美国通过公共产品私物化推行大规模网络监听，以零和博弈思维扰乱全球供应链，凭借进攻性网络战略对他国关键基础设施发动网络攻击，从而对全球网络空间战略稳定带来威胁。随着大国博弈日益激烈，网络权力不断扩散，新兴国家在关键技术领域奋起直追，很可能导致网络霸权国的绝对统治地位日渐衰微。网络空间公共产品稀缺性的加剧以及守成国对于机会主义策略的放纵可能导致网络空间战略稳定的脆弱性显著上升，甚至导致现行网络秩序瓦解。在这样的情况下，如何避免公共产品短缺和大国机会主义带来的风险是维护网络空间战略稳定的关键。2021 年 8 月联合国信息安全开放式工作组和政府专家组相继达成共识报告，反映出国际社会对于维护网络空间和平稳定、推动网络空间规则制定的共同愿望。该报告重申各国应遵守《联合国宪章》，致力于维护网络空间和平，尊重各国网络主权，并就网络空间国家行为规范提出了更加具体的建议，为未来的机制建设明确了方向。① 其中，负责任国家行为规范、国际法在网络空间的适用以及建立信任措施作为三大核心议题，对于提升网络空间战略稳定至关重要。

在负责任国家行为规范方面，如前所述，2015 年第四届联合国信息安全政府专家组达成了 11 条网络空间负责任国家行为规范，主要包括：各国应遵循《联合国宪章》宗旨，包括维持国际和平与安

① "Group of Governmental Experts on Advancing Responsible State Behavior in Cyberspace in the Context of International Security," https：//front. un – arm. org/wp – content/uploads/2021/08/A_76_135 – 2104030E – 1. pdf.

全的宗旨、合作制定和采用各项措施以及加强通信技术使用的稳定性与安全性；各国不应蓄意允许他人利用其领土使用通信技术实施国际不法行为；各国在确保安全使用通信技术方面应保证充分尊重人权和隐私权等。① 这些规范已经被各国普遍接受，并纳入各大国际和区域合作机制的文件或声明之中，影响力不断扩大。在 2021 年政府专家组的报告中，除重申和进一步细化此前达成的规范外，还吸收了中国提出的《全球数据安全倡议》的核心内容，包括促进全球信息技术产品供应链的开放、完整、安全与稳定，倡导各国制定全面、透明、客观、公正的供应链安全风险评估机制并建立全球统一规则和标准等。相关共识规范对于化解当前技术民族主义和供应链安全的风险具有积极意义。尽管这类规范都是自愿和非约束性的，但考虑到短期内要达成各国都认可并遵守的网络空间条约十分困难，因此通过非强制性的规范寻求最大限度的共识是更加务实的策略。从历史经验来看，国际法的形成本身也是漫长而曲折的。随着时间的推移，这些柔性规范将被越来越多的国家视作具有约束力的法律规则，从而对维护网络空间战略稳定起到积极作用。

在国际法适用方面，2021 年的政府专家组报告重申了包括《联合国宪章》在内的国际法规则适用于网络空间，并强调了主权平等、和平解决争端和不干涉内政等原则。其中，承认国际人道法适用于武装冲突期间的网络行动是此次报告的主要突破之一。在武装冲突发生的情况下，遵循国际人道法的规定，对于限制相关网络行动，避免造成人道主义灾难具有积极意义。但对于更为重要的主权原则是否是具有约束力的规则这一问题，此次报告仍未能达成共识。事实上，历届政府专家组报告都多次引用主权原则，并要求尊重其他国家的主权。越

① "Group of Governmental Experts on Developments in the Field of Information and Telecommunications in the Context of International Security," https：//www. un. org/ga/search/view_doc. asp？symbol＝A/70/174.

来越多的国家也确认了主权原则在网络空间中的地位。主权平等是当今国际秩序的核心原则，也是维护国际和平、开展国际交往与合作的重要前提。几乎所有国家都以主权为依托推进网络安全战略，并对数据的处理、传输、存储以及互联网的运行和标准等各方面行使管辖权。在历届世界互联网大会上，中外学者也不断围绕网络主权的涵义和体现进行讨论，并确认以平等、公正、合作、和平与法治作为行使网络主权的基本原则。[①] 随着全球数字经济蓬勃发展，网络安全的共性挑战日益突出。尽早推动各国围绕网络主权原则达成共识，不仅有利于防范和抵制网络霸权，还有助于建立更具包容性的国际协调与合作框架，鼓励各国以相互尊重、平等相待、开放包容的姿态共享数字时代的发展红利，共同维护网络空间战略稳定。

在建立信任措施方面，2021 年的联合国信息安全政府专家组报告明确指出："通过促进信任、合作、透明度和可预测性，建立信任措施可以促进稳定，有助于减少误解、升级和冲突的风险。"[②] 这些信任措施可分为合作措施和透明度措施两大类。在合作措施方面，报告建议设立联络人，这有助于各国开展直接沟通，帮助预防和处理网络安全危机，缓解紧张局势；同时主张在双边、次区域、区域和多边各个层面开展对话和协商，鼓励私营部门、学术界、民间社会和技术界等各利益攸关方共同参与，减少误判和冲突升级的风险，加强与各国计算机应急小组的协调与合作，分享有害信息预警和最佳实践案例。在透明度措施方面，报告鼓励各国利用各种正式或非正式机制分享自身关于新出现的网络安全威胁和事件的看法，阐明本国在维护网络安全、数据安全、关键基础设施保护等方面的战略

---

① 《网络主权：理论与实践（3.0 版）》，http：//www. wicwuzhen. cn/web21/information/Release/202109/t20210928_23157328. shtml.

② "Group of Governmental Experts on Advancing Responsible State Behavior in Cyberspace in the Context of International Security," https：//front. un – arm. org/wp – content/uploads/2021/08/A_76_135 –2104030E – 1. pdf.

意图或政策法律体系。事实上，相关信任措施在往届政府专家组报告中也有提及，但难点在于其建立和运行容易受到大国博弈因素的影响。例如，美俄之间的网络安全工作组联络曾由于"斯诺登事件"中断。在2016年"黑客干预大选"事件发生后，双方原有信任措施在很长一段时期内没有恢复。同样，中美之间也通过建立执法及网络安全对话机制作为信任措施的一种，在打击网络犯罪领域取得了积极成果。但随着近年来中美关系遭遇严重困难，这一对话机制也陷入停摆状态。在此期间，大国围绕数据安全、供应链安全以及网络黑客攻击等问题的博弈进一步加剧。由此可见，建立信任措施，尤其在大国间建立长期稳定的信任措施是维护网络空间战略稳定的关键保障。大国有必要遵循政府专家组报告关于建立信任措施的建议，就网络安全政策和重大网络安全事件进行主动通报和交流，在危机发生时通过联络人或网络热线进行及时沟通，最大限度防止误判和冲突升级。

六、结论

一般认为网络空间是无序、混乱且无政府状态的，网络技术的特性使得进攻占据优势，网络冲突将更趋激烈、频繁，进而颠覆现实中的国际秩序，导致战略不稳定。然而，迄今为止这种极端场景尚未出现，大国在网络空间中的行为总体上比较克制。对于这种现象，有研究指出国家保持网络行为的克制是基于对网络攻防平衡的再认识，得出网络进攻后果存在不确定性的结论，从而采取了自我约束。本文则进一步指出，网络空间的一系列制度安排、合作规范以及攻防平衡共同构成了理想状态下的网络空间战略稳定三要素。随着人类社会的发展愈加依赖网络空间，那么对这种稳定性的需求就越发强烈，以至于任何一个国家不敢贸然打破网络空间战略稳定。

当前网络技术的发展和相关合作制度安排还存在许多缺陷，加之公共产品稀缺，从而给了部分网络大国采取机会主义策略的空间。美国凭借其在技术、资源和规则方面的垄断优势，以提供国际公共产品之名，实际上推进其"互联网自由"战略，大规模实施全球网络监听，推行排他性和歧视性的"清洁网络计划"，侵害了网络空间的公共利益。网络技术的匿名性特点与相关法律和规则的适用问题处于模糊状态，鼓励美国频繁使用网络监听、窃密以及技术民族主义和霸凌手段，甚至对他国关键基础设施发动网络攻击。其结果加剧了国家间的信任赤字，促使各国强化网络安全和军备建设，增加了冲突升级的可能。在新冠肺炎疫情的冲击下，守成国提供真正的网络空间公共产品的意愿和能力进一步降低。在一些特定先进技术领域，新兴国家已经实现反超。这使得守成国更倾向于通过对网络技术和制度缺陷的机会主义利用继续打压新兴国家，维护自身的权力优势，加剧了网络空间的脆弱稳定局面。

随着技术不断进步以及全球互联互通日益紧密，单边安全和霸权安全的时代已经一去不复返。为维护网络空间战略稳定，各国应当遵守《联合国宪章》宗旨与原则，尊重联合国信息安全政府专家组的权威性，围绕负责任国家行为规范、国际法在网络空间的适用以及建立信任措施这三大议题扩大国际共识，确保相关共识规范能够得到落实。在这一过程中，需注重以柔性规范框定和培养各国关于负责任网络行为的意识，在国际法适用问题上尽早确立以具有约束力的主权原则为核心，在建立信任措施方面注重其长期稳定性。在此基础上，网络公共产品的稀缺性将得到改善，国家间的合作预期能够得到保障，并逐渐形成对机会主义的做法排斥甚至禁忌的文化，从而实现网络空间的长期战略稳定。

联合国网络安全规则进程的新进展及其变革与前景*

戴丽娜　郑乐锋**

摘　要：联合国网络安全规则进程于 2019 年进入了封闭式政府专家组和开放式工作组并行的"双轨制"运行阶段。各界对进程的变革既充满了期待，也不乏忧虑。目前，其前景尚不明朗。本文从联合国信息安全政府专家组的演进历程出发，结合联合国信息安全开放式工作组的进展，对比分析两种机制的异同、局限和前景，认为如能加强二者的协作，或能实现双轨制变革的预期目标。此外，加快联合国政府专家组进程之外的规则制度化跟进工作，是突破全球网络安全规则进程瓶颈的关键所在。

关键词：信息安全政府专家组　开放式工作组　网络空间国际规则

随着信息通信技术对国际安全潜在威胁的攀升，近年来，各国呼吁加快在联合国框架下推动网络安全规则进程的声音渐强。迄今为止，联合国网络安全规则进程主要有两大主线：一是聚焦网络战

---

　* 本文发表于《国外社会科学前沿》2020 年第 4 期。
　** 戴丽娜，上海社会科学院新闻研究所副研究员；郑乐锋，上海社会科学院新闻研究所研究生。

争的"政治—军事"派别；二是针对网络犯罪的经济派别。① 2019 年，联合国网络安全规则进程出现了重大变革。根据联合国大会授权，本轮进程除继续召集第六届联合国信息安全政府专家组②外，还增设了一个开放式工作组（UN OEWG）③和一个开放式政府间专家特别委员会（OECE）④。其中，开放式政府间专家特别委员会只有起草《联合国网络犯罪公约》一个任务，⑤在本文撰写时尚未展开活动，而且属于经济派别，故本文将不对其做更多分析。下文将主要分析两个关系密切、同属于"政治—军事"派别的第六届联合国信息安全政府专家组和第一届联合国信息安全开放式工作组。二者的职责相似，但运作模式不同，故也被业界称为"双轨制"。各国政府、非政府组织以及专家学者等各方自始便对"双轨制"进程褒贬不一。目前第一届联合国信息安全开放式工作组已接近尾声，为更全面和深入地探究和推动联合国框架下"政治—军事"派别网络安全规则进程，本文将在梳理联合国信息安全政府专家组演进历程的基础上，比较分析第六届联合国信息安全政府专家组和第一届联合国信息安全开放式工作组的异同、局限和前景，并提出若干关于推进全球网络安全规则进程的思考。

---

① ［美］蒂姆·毛瑞尔：《联合国网络规范的出现：联合国网络安全》，曲甜、王艳编译，《互联网全球治理》，王艳主编，中央编译出版社，2017年版。

② 前五届政府专家组全称为"从国际安全的角度来看信息和电信领域发展的联合国政府专家组"（The United Nations Group of Governmental Experts on Developments in the Field of Information and Telecommunications in the Context of International Security），2019年第六届全称为"从国际安全的角度来看推进网络空间负责任国家行为的联合国政府专家组"（The United Nations Group of Governmental Experts on Advancing Responsible State Behavior in Cyberspace in the Context of International Security），简称为联合国信息安全政府专家组（UN GGE）。

③ 全称为"从国际安全的角度来看信息通信技术发展的联合国开放式工作组"（The United Nations Open-Ended Working Group on Developments in the Field of ICTs in the Context of International Security），简称为联合国信息安全开放式工作组（UN OEWG）。

④ 全称为"The Open-Ended ad hoc Intergovernmental Committee of Experts"，隶属于联合国大会第三委员会，其第一次会议于2020年8月召开。

⑤ United Nations General Assembly, *Countering the Use of Information and Communications Technologies for Criminal Purposes*, A/RES /74/401, 2019.

一、联合国信息安全政府专家组的演进历程

联合国信息安全政府专家组是全球网络安全规则最重要的多边进程，主要职责是根据联合国授权，对信息通信技术领域现存和潜在可能对国际安全产生威胁的问题展开深入研究，并提出相关建议，旨在促进全球网络空间负责任行为规范、全球网络安全政策或网络空间国际规则的形成。截至 2020 年 6 月，联合国已授权组建了六届联合国信息安全政府专家组，本文根据其发展特征将演进历程划分为三个阶段：

（一）第一阶段（1998—2008 年）：艰难萌芽，缓慢起步

虽然直到 2004 年，联合国信息安全政府专家组才首次正式获得联合国的组建授权，但相关的决议草案早在 1998 年就已由俄罗斯提出。自那时起，信息通信技术领域的安全问题就已被提上了联合国的议程，且随后每年都有一份相关决议在第一委员会通过，[①] 故本文将进程起源追溯至 1998 年。由于美国的强力抵制，联合国信息安全政府专家组的诞生极为艰难，初期发展较为缓慢。尽管在 2004 年组建了第一届，但专家组最终未能形成共识性成果报告。

联合国信息安全政府专家组诞生的一个重要时代背景是，全球互联网用户数量自 20 世纪 90 年代中期开始呈指数级增长，并且信息通信技术开始出现被用于不符合维护国际稳定与安全宗旨的迹象。

---

① 参见联合国大会第 53/70、54/49、55/28、56/19、57/53 号决议。

自 1996 年起，美国参谋长联席会议①就开始着手制定代号为
"JointPub3 – 13"的《联合信息作战指令》②，并于 1998 年正式颁
布，该指令的主要目标是将信息技术应用到军事行动中。在与美国
就国际信息安全问题的双边总统声明谈判失败后，俄罗斯于 1998 年
向负责裁军和国际安全事务的联合国大会第一委员会提交了一项关
于"从国际安全的角度看信息和电信领域的发展"的决议草案，试
图限制信息通信技术用于军事行动，并呼吁推动审议信息安全领域
的现存威胁和潜在威胁，防止信息资源或技术滥用达到犯罪或恐怖
主义目的。虽然遭到了美国政府的反对，但该决议未经表决即获联
合国大会通过。③ 此后，关于信息安全的问题一直被列为联合国大会
的议程之一，并开始探讨信息通信技术的不当使用及其可能带来的
国际安全风险等相关问题。但是，由于美国、澳大利亚以及欧盟国
家对于"在信息通信技术背景下"进行信息安全的讨论并不热衷，
因此在 1999—2004 年间，关于此项决议只是停留在各国政府的书面
意见中，并没有在联合国大会第一委员会上进行更深入的讨论，也
未有任何实质性的进展。④

2003 年 12 月 8 日，联合国大会通过第 58/32 号决议，⑤ 要求按
照公平地域分配原则于 2004 年设立一个信息安全政府专家组，由俄

① 美国参谋长联席会议（United States Joint Chiefs of Staff），是由美国海陆空各军种指挥官组
成的机构，主要职能是协调各军种之间的合作。

② Joint Doctrine for Information Operations，http：//www. c4i. org/jp3_13. pdf.

③ United Nations General Assembly, *Developments in the Field of Information and
Telecommunications in the Context of International Security*，A/RES/53/70，1998. Department for
Disarmament Affairs, *The United Nations Disarmament Yearbook*：*Volume* 23：1998，pp. 140 –
141. https：//unoda – web. s3 – accelerate. amazonaws. com/wp – content/uploads/assets/publications/
yearbook/en/EN – YB – VOL – 23 –1998. pdf.

④ ICT for Peace, *Developments in the Field of Information and Telecommunication in the Context of
International Security*：*Work of the UN first Committee 1998 –2012*，2012.

⑤ United Nations General Assembly, *Developments in the Field of Information and
Telecommunications in the Context of International Security*，A/RES /58/32，2003.

罗斯、中国、美国、英国等 15 个成员国组成，研究信息安全领域现存的和潜在的威胁，以及可能的合作措施，并将研究结果向联合国大会第 60 届会议提出报告。但是，在如何界定国家出于军事目的利用信息通信技术所造成的威胁，以及在信息内容（而非信息通信基础设施）上是否应该进行安全性审查的问题上，第一届联合国信息安全政府专家组存在分歧并未能达成最终报告。①

2005 年 12 月 8 日，联合国大会通过第 60/45 号决议，② 决定于 2009 年成立第二届联合国信息安全政府专家组。但是，在 2005—2008 年间，美国一直对"从国际安全角度看信息和电信领域的发展"的决议草案投反对票，③ 认为俄罗斯欲以加强信息安全为由达到限制信息自由的目的。因此，尽管得到少数国家支持，但俄罗斯早期的决议草案并未获得广泛认同。

综上，从 1998 年到 2008 年的 10 年间，虽然关于信息安全问题的讨论一直在联合国第一委员会持续着，但只组建了一届联合国信息安全政府专家组，且未达成协商一致的报告，进程十分缓慢。与此同时，全球互联网迅速发展，美国巨大的互联网优势得以形成和巩固。在此过程中，美俄博弈加剧，而规范和规则的缺失则导致网络空间的安全态势开始加速恶化。

（二）第二阶段（2009—2018 年）：共识初成，争议未决

相比第一阶段，在第二个 10 年里，联合国信息安全政府专家组

---

① United Nations Institute for Disarmament Research, *Report of the International Security Cyber Issues Workshop Series*, 2016.

② United Nations General Assembly, *Developments in the Field of Information and Telecommunications in the Context of International Security*, A/RES /60/45, 1998.

③ ICT for Peace, *Developments in the Field of Information and Telecommunication in the Context of International Security: Work of the UN First Committee 1998 – 2012*, 2012.

关于网络空间规则的谈判进程有所加快，共组建了四届专家组，并且从第二届到第四届，连续形成了三份共识性成果，对于和平利用网络空间、国际法适用、网络空间主权等核心问题达成了原则性共识。

继 2007 年爱沙尼亚遭遇大规模网络袭击事件之后，2008 年格鲁吉亚也发生了类似的网络攻击事件，引发了国际社会对于信息安全问题的强烈担忧，各国逐渐意识到因网络空间国际规则缺失而造成的严重威胁。2009 年，美国政府在国际安全问题上采取合作态度，并分别与俄罗斯和中国就网络安全问题进行了双边讨论，形势自此发生明显变化。[①]

从 2009 年 11 月到 2010 年 7 月，第二届联合国信息安全政府专家组共举行了四次会议，并达成了第一次共识报告。[②] 该报告认为，信息安全领域现有和潜在的威胁是 21 世纪最严峻的挑战之一，越来越多的国家将使用信息通信技术作为战略情报工具，给经济发展以及国家和国际安全造成了很大损害；这也表明，信息通信技术具有独特属性，既不专属于民用，也不专属于军用。第二届联合国信息安全政府专家组的一个显著成果是呼吁各国之间加强对话合作，讨论并建立信息通信技术的相关规则，为网络空间安全规则的不断发展奠定基础。同时，该报告还建议各国继续对话，建立信任措施，帮助发展中国家加强能力建设，减少网络安全风险。此后，俄罗斯、美国和中国等国彼此也开始了一系列关于信息通信技术安全的双边对话。

2013 年 6 月 24 日，尽管各个国家的立场有所不同，进展也很艰

---

① ICT for Peace, *Developments in the Field of Information and Telecommunication in the Context of International Security: Work of the UN first Committee 1998 – 2012*, 2012.

② United Nations General Assembly, *Report of the Group of Governmental Experts on Developments in the Field of Information and Tele – communications in the Context of International Security*, A/RES /65/ 201, 2010.

难，第三届联合国信息安全政府专家组在 2010 年报告的基础上，还是达成了一份具有里程碑意义的报告。[1] 该报告确认了国际法，特别是《联合国宪章》适用于信息通信技术的使用；并承认"国家主权和源自主权的国际规范和原则适用于国家进行的信通技术活动"，以及国家在其领土内对信息通信技术基础设施的管辖权；强调"必须尊重《世界人权宣言》和其他国际文书所载的人权和基本自由"。同时，该报告还列举了建立信任的几项具体措施，并提出了加强能力建设的具体建议。第三届联合国信息安全政府专家组报告不仅首次提出了"负责任国家行为的规范、规则和原则"对于应对网络空间威胁的重要性，还列出了十条具体建议。同时，"和平网络空间"的目标也第一次出现在了联合国的进程中。第三届联合国信息安全政府专家组报告中"国际法适用于信息通信技术的使用"的原则主要迎合了西方国家的外交目标，借此推动《武装冲突法》等适用于网络空间；而报告中的"主权原则"则是中国、俄罗斯等国的外交目标。不过，对于"国际法如何适用于信息通信技术的使用"，各方仍存在很大分歧。[2]

2014 年，第四届联合国信息安全政府专家组由 15 个成员国扩大到了 20 个成员国，其中增加了南半球国家的数量。2015 年 7 月 22 日，第四届联合国信息安全政府专家组在前两次报告基础上又向前推进了一步。[3] 2015 年报告对"国际法如何适用于信息通信技术的使用"进行了阐述：强调主权平等原则；通过和平手段解决国际争

---

① United Nations General Assembly, *Report of the Group of Governmental Experts on Developments in the Field of Information and Telecommunications in the Context of International Security*, A/RES / 68 / 98, 2013.

② ICT for Peace Foundation, *Baseline Review ICT – Related Processes and Events Implications for International and Regional Security* (2011 – 2013), 2014.

③ United Nations General Assembly, *Report of the Group of Governmental Experts on Developments in the Field of Information and Telecommunications in the Context of International Security*, A/RES /70/174, 2015.

端；不对任何国家的领土完整或政治独立进行武力威胁或使用武力；尊重人权和基本自由；不干涉他国内政等原则同样适用于网络空间。除再次确认"各国对其领土内的信通技术基础设施拥有管辖权"外，报告还声明了人道原则、必要性原则、相称原则和区分原则等既定的国际法律原则。同时，报告提出 11 项"自愿的非约束性国家负责任行为规范、规则和原则"供联合国全体成员国审议，还列出了详尽的建立信任措施的清单，其中包括共享威胁信息、保护关键基础设施，以及加强在双边、区域、多边基础上的多层次国际合作等措施。此外，上述三份报告都指出了国家、私营部门和民间社会之间的协作对于维护网络空间安全与稳定的重要性。

作为联合国框架下制定网络安全规则的重要平台，上述三届联合国信息安全政府专家组的成果报告都得到了国际社会的认可，并产生积极广泛的影响。2010 年报告确立了网络安全的国际谈判议程，呼吁国际社会开展工作，制定负责任国家行为规范、建立信任措施以及在全球基础上加强网络安全能力建设。2013 年报告确立了《联合国宪章》、国际法和国家主权原则适用于网络空间的国际网络安全规范框架，并通过推翻"互联网是全球公域"错误观点改变了讨论网络空间的政治背景。2015 年报告扩大了 2013 年报告在准则、国际法适用和建立信任措施方面的工作，并且联合国呼吁各成员国应根据报告中提出的建议指导其对于信息通信技术的使用。此外，2015 年二十国集团（G20）安塔利亚峰会公报也认可了第四届联合国信息安全政府专家组的成果报告，尤其确认了国际法，特别是《联合国宪章》适用于信息通信技术的使用，并强调了所有国家应当承诺遵守负责任的国家行为规范。①

---

① See *G20 Leaders' communiqué Antalya summit*, on 15 – 16 November 2015, https://www.consilium.europa.eu/media/23729/g20 – antalya – leaders – summit – communique.pdf.

2017 年 6 月，第五届联合国信息安全政府专家组却未能如期达成共识性报告，"直接原因是有关国家在国际法适用于网络空间的有关问题（特别是自卫权的行使、国际人道法的适用以及反措施的采取等）上无法达成一致"，[①] 而"根本原因是各国就网络空间军事化、传统军事手段与网络攻击之间的关系存在根本分歧"。[②] 这些分歧也表明网络安全国际规则制定进入了深水区。事实上，彼时国家出于间谍或军事目的进行的网络行动已变得更加突出，一些国家效仿美国发展了专门的军事网络部队和进攻性网络能力，而这一紧张局势正是随着第五届联合国信息安全政府专家组失败得以浮出水面。[③] 关于网络空间安全规则的讨论，既涉及法律，也涉及战略、政治和意识形态的差异，而第五届联合国信息安全政府专家组未能达成最终成果报告，在一定程度上反映了联合国信息安全政府专家组进程已经高度政治化，降低了各国对于网络空间达成国际性共识的信心，从而转向寻求区域性协议。此外，网络空间碎片化的国际规范也将使非国家行为体的作用越来越重要。[④]

（三）第三阶段（2018 年至今）：双轨并行，前景不明

2017 年，第五届联合国信息安全政府专家组无果而终，曾使联合国网络空间安全规则制定进程一度陷入僵局。与此同时，关于联

---

① 黄志雄：《网络空间负责任国家行为规范：源起、影响和应对》，载《当代法学》，2019 年第 33 期。

② 徐培喜：《米歇尔 VS. 米盖尔：谁导致了联合国信息安全政府专家组全球网络安全谈判的破裂？》，载《信息安全与通信保密》，2017 年第 10 期。

③ Daniel Stauffacher, *UN GGE and UN OEWG: How to live with two concurrent UN Cybersecurity processes*, https://ict4peace.org/activities/ict4peace – at – the – jeju – peace – forum – how – to – live – with – two – concurrent – un – cybersecurity – processes/.

④ Anders Henriksen, *The End of the Road for the UN GGE Process: The Future Regulation of Cyberspace*, on 22 January, 2019. https://academic.oup.com/cybersecurity/article/5/1/tyy009/5298865.

合国信息安全政府专家组模式弊端的指责亦日益高涨。鉴于联合国信息安全政府专家组现有共识成果已获较为广泛的认可，其在推动网络安全规则进程中仍被寄予着厚望，何去何从一直备受关注。在未能就单一进程达成协议之后，俄罗斯和美国分别向联合国大会第一委员会提出关于新进程的单独建议。① 直到 2018 年 12 月，联合国大会以 109 票赞成、45 票反对、16 票弃权，通过了俄罗斯提出的第 73/27 号决议草案②，并决定设立一个开放式工作组，重点研究包括：信息安全领域现有以及潜在的威胁；负责任国家行为规范、规则和原则；建立信任措施和能力建设；在联合国框架下建立广泛参与的定期对话机构的可能性以及国际法如何适用于信息通信技术的使用。同时，联合国大会以 139 票赞成、11 票反对、18 票弃权，通过了美国提出的第 73/266 号决议草案③，决定于 2019 年继续成立新一届政府专家组，研究议题主要包括：负责任国家行为规范、规则和原则；建立信任措施和能力建设以及国际法如何适用于信息通信技术的使用。至此，联合国"政治—军事"派别的网络安全规则进入了一个"双轨制"运行的新阶段。然而，联合国信息安全政府专家组和联合国信息安全开放式工作组各有利弊，加之地缘政治博弈日趋激烈，二者能否实现预期目标仍存在很大的不确定性。

---

① Department for Disarmament Affairs, *The United Nations Disarmament Yearbook*：*Volume* 43：2018 *Part II*，pp. 219 – 220，https：//unoda – web. s3. amazonaws. com/wp – content/uploads/2020/02/en – yb – vol – 43 – 2018 – part2. pdf.

② United Nations General Assembly, *Developments in the Field of Information and Telecommunications in the Context of International Security*, A/RES /73/27, 2018.

③ United Nations General Assembly, *Advancing responsible State Behaviour in Cyberspace in the Context of International Security*, A/RES /73/266, 2018.

二、第六届联合国信息安全政府专家组和第一届
联合国信息安全开放式工作组对比分析

自 2019 年开始，联合国网络空间安全规则进程在联合国信息安全政府专家组和联合国信息安全开放式工作组两种机制下分别有序展开了新一轮推进工作。联合国信息安全政府专家组和联合国信息安全开放式工作组均隶属于联合国大会第一委员会，由联合国裁军事务办公室承担秘书处职能，它们都不是专职机构，而是以联合国授权形式组建的专家组。核心任务都是讨论和制定网络空间国际规范，通过对话协商会议形成共识文件，为成员国提供行为指南，但成果报告对于成员国而言都不具强制约束力。二者在参与方式、日程安排和议题设置等方面存在一些差异。

（一）参与比较

联合国信息安全政府专家组的会议是封闭式会议，不发布任何会议摘要。在成员国的选择上，联合国安全理事会常任理事国均有席位，其他名额则按照公平地域分配原则，由联合国裁军事务办公室进行分组分配。目前，成员国总名额已从最初的每届 15 个增加到了每届 25 个，但每届成员国名单均有变化，并不固定。根据历届参与情况统计，六届联合国信息安全政府专家组共覆盖到 44 个国家，相对于联合国信息安全开放式工作组 G，成员国覆盖范围还相对较小，代表性也较为有限，这也是联合国信息安全政府专家组一直被诟病的重要原因之一。为此，第六届联合国信息安全政府专家组也采取了弥补措施，如就特定问题与非盟、欧盟、东盟、美洲国家组

织以及欧洲安全与合作组织等区域组织进行协商，与非成员国举行非正式咨询会议。

表1　2004—2019年联合国信息安全政府专家组参与情况统计

届期	第一届 2004/2005	第二届 2009/2010	第三届 2012/2013	第四届 2014/2015	第五届 2016/2017	第六届 2019/2021
参与国家数量	15	15	15	20	25	25
主席国	俄罗斯	俄罗斯	澳大利亚	巴西	德国	巴西
参与国家	白俄罗斯、巴西、中国、法国、德国、印度、约旦、马来西亚、马里、墨西哥、韩国、俄罗斯、南非、英国、美国	白俄罗斯、巴西、中国、爱沙尼亚、法国、德国、印度、以色列、意大利、卡塔尔、韩国、俄罗斯、南非、英国、美国	阿根廷、澳大利亚、白俄罗斯、加拿大、中国、埃及、爱沙尼亚、法国、德国、印度、印度尼西亚、日本、俄罗斯、英国、美国	白俄罗斯、巴西、中国、哥伦比亚、埃及、爱沙尼亚、法国、德国、加纳、以色列、日本、肯尼亚、马来西亚、墨西哥、巴基斯坦、韩国、俄罗斯、西班牙、英国、美国	澳大利亚、博茨瓦纳、巴西、加拿大、中国、古巴、埃及、爱沙尼亚、芬兰、法国、德国、印度、印度尼西亚、日本、哈萨克斯坦、肯尼亚、墨西哥、荷兰、俄罗斯、塞内加尔、塞尔维亚、韩国、瑞士、英国、美国	澳大利亚、巴西、中国、爱沙尼亚、法国、德国、印度、印度尼西亚、日本、约旦、哈萨克斯坦、肯尼亚、毛里求斯、墨西哥、摩洛哥、荷兰、挪威、罗马尼亚、俄罗斯、新加坡、南非、瑞士、英国、美国、乌拉圭

表2　2004—2019年各国参与联合国信息安全政府专家组次数统计

参与次数	一次	二次	三次	四次	五次	六次
数量	19	7	5	4	3	6
参与国家	阿根廷、博茨瓦纳、哥伦比亚、古巴、芬兰、加纳、意大利、毛里求斯、马里、摩洛哥、挪威、罗马尼亚、巴基斯坦、卡塔尔、新加坡、塞内加尔、塞尔维亚、西班牙、乌拉圭	加拿大、以色列、约旦、哈萨克斯坦、马来西亚、荷兰、瑞士	澳大利亚、埃及、印度尼西亚、肯尼亚、南非	白俄罗斯、日本、墨西哥、韩国	巴西、爱沙尼亚、印度	中国、德国、法国、俄罗斯、英国、美国

　　此外，从参与者身份来看，早期联合国信息安全政府专家组的参与者以具有信息安全技术背景的专家居多，少数为外交背景人士。随后，具有军备控制或防扩散经验的专家越来越多，大多数都具有外交背景，纯技术背景专家所占比例越来越少。同时，在最近几届中，法律顾问陪同现象也较为普遍。[1] 因此，一些智库认为，具有外交背景人员增多难免会将本国的政治立场和利益带入联合国信息安全政府专家组谈判，从而增加了达成共识的难度。

　　相比之下，联合国信息安全开放式工作组则向所有主权国家开放，实行申请制参与方式，允许联合国所有成员国参与。同时，通过闭会期间的非正式交流会议吸纳来自企业、学术界以及非政府组

---

① United Nations Institute for Disarmament Research，*Report of the International Security Cyber Issues Workshop Series*，2016.

织等多利益相关方参与交流。2019 年 9 月第一次实质性会议约有 80
个代表团参与发言,[①] 在同年 12 月的多利益相关方非正式咨询会议
上，有 114 个非政府组织和近 100 个国家政府代表参与交流。[②]

表3　联合国信息安全政府专家组和联合国信息安全开放式工作组运作机制比较

英文名称	UN GGE （Group of Governmental Experts）	UN OEWG （Open – ended Working Group）
中文名称	从国际安全的角度来看推进网络空间负责任国家行为的联合国政府专家组	从国际安全的角度来看信息和电信领域发展的联合国开放式工作组
成立决议	GA Resolution：A/RES/73/266	GA Resolution：A/RES/73/27A
隶属于	联合国大会第一委员会	联合国大会第一委员会
届期	2019 年 6 月至 2021 年 9 月	原计划 2019 年 6 月至 2020 年 9 月 因疫情延至 2021 年 9 月
主席国	巴西	瑞士
参与原则	公平地域分配原则	申请制
透明度	封闭	公开
成员国	25 个成员国	向联合国所有成员国开放
正式会议次数	4 次	3 次
咨询会议对象	非成员国；区域组织：如非盟、欧盟、美洲国家组织、欧洲安全与合作组织、东盟地区论坛等	企业、学术界、非政府组织等
决策方式	协商一致原则	协商一致原则
最终报告审议	2021 年第 76 届联合国大会	原计划 2020 年第 75 届联合国大会 因疫情延至 2021 年第 76 届联合国大会

---

① Josh Gold, *The First Ever Global Meeting on Cyber Norms Holds Promise*, *but Broader Challenges Remain*, https：//www.cfr.org/blog/first – global – meeting – cyber – norms.

② Josh Gold, *A Multistakeholder Meeting at the United Nations Could Help States Develop Cyber Norms*, https：//www.cfr.org/blog/multistakeholder – meeting – united – nations – could – help – states – develop – cyber – norms.

英文名称	UN GGE （Group of Governmental Experts）	UN OEWG （Open – ended Working Group）
议题	（1）现有和潜在的威胁； （2）国际法如何适用于信息通信技术的使用； （3）负责任国家行为规范、规则和原则； （4）建立信任措施； （5）能力建设	（1）现有和潜在的威胁； （2）负责任国家行为规范、规则和原则； （3）建立信任措施和能力建设； （4）国际法如何适用于信息通信技术的使用； （5）建立联合国框架下广泛参与的定期对话机制的可能性； （6）保障全球信息系统安全的相关国际概念

（二）日程比较

第一届联合国信息安全开放式工作组在届期内举行三次实质性会议，日程安排先于第六届联合国信息安全政府专家组开始，但由于新冠肺炎疫情影响，其日程也相应地向后延期，并与第六届联合国信息安全政府专家组共同向联合国第 76 届大会提交最终报告。第六届联合国信息安全政府专家组届期内举行四次实质性会议，闭会期间与联合国成员国举行两次非正式协商会议。

第一届联合国信息安全开放式工作组的会议日程安排具有两项开创意义的举动：一是第一届联合国信息安全开放式工作组实行申请制参与方式，向所有联合国成员国开放，首次允许所有成员国参与讨论国际安全背景下的信息通信技术发展问题；二是相较于联合国框架下的信息社会世界峰会（WSIS）和互联网治理论坛（IGF），2019 年 12 月的非正式咨询会议为企业、学术界和非政府组织等多利益相关方直接参与联合国网络空间国际规则制定的工作，提供了近

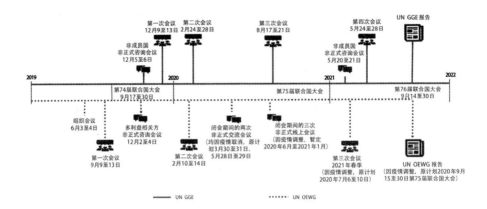

图 1　UNGGE 和 UNOEWG 日程安排比较

资料来源：联合国官网、Digital Watch 网站

距离平台。三是其日程安排相较于第六届联合国信息安全政府专家组而言，闭会期间的非正式交流会议更多，虽能使各参与者更加充分的讨论交流，但同时也表明了第一届联合国信息安全开放式工作组的进程分歧较多，需要更多的时间进行协调。

（三）议题比较

第六届联合国信息安全政府专家组和第一届联合国信息安全开放式工作组议题涉及的内容既有联系，又有区别。二者议题都包含"负责任国家行为规范、规则和原则""建立信任措施"和"能力建设"三个方面。但相较而言，第一届联合国信息安全开放式工作组的议题更为宽泛，它还将在"国际法如何适用于信息通信技术的使用""建立联合国框架下广泛参与的定期对话机制的可能性"，以及"保障全球信息系统安全的相关国际概念"等方面进行讨论。而从本轮联合国信息安全政府专家组名称变动可初步推断其议题将更为聚焦，第六届联合国信息安全政府专家组全称中的"信息和电信领域发展"已替换为"推进网络空间负责任国家行为"，故国家行为体在网络空间的行为规则将是第六届联合国信息安全政府专家组的核心议题。

从上述比较可以看出，联合国信息安全政府专家组和联合国信息安全开放式工作组各有长短：在参与方式上，封闭式的联合国信息安全政府专家组可以在一定程度上确保专家组充分阐述意见，但也因缺乏必要的透明度而引起各种揣测；而联合国信息安全开放式工作组则对联合国所有成员国开放，因而具有更广泛、更民主、更透明、更多元、更包容等特征。在决策效率上，联合国信息安全政府专家组参与者数量有限，讨论更容易深入，也更容易形成共识；而联合国信息安全开放式工作组更广泛的参与则可能意味着更多的分歧，不仅是国家之间的分歧，也包括不同利益相关方之间的分歧。在成果文件的国际影响方面，联合国信息安全开放式工作组由于参与国家数量多，可能具有更广泛的带动效应，既包括国家层面，也包括非政府组织、私营企业和公民社会等多利益相关方。

三、"双轨制"进程现状与前景展望

当前，网络空间所面临的来自国家和非国家行为体的恶意使用行为仍呈上升态势。联合国大会同时授权组建第六届联合国信息安全政府专家组和第一届联合国信息安全开放式工作组充分体现了对网络安全问题的重视，同时，也表明联合国拟在推进网络安全规则进程方面投入更多的精力。

（一）第一届联合国信息安全开放式工作组进展情况

第一届联合国信息安全开放式工作组议程已接近尾声。从参与情况和多方反馈来看，总体评价较为积极。按照原计划，第一届联合国信息安全开放式工作组将于 2020 年 9 月在第 75 届联合国大会上提交成果报告，但由于受到新冠肺炎疫情的影响，最后一次正式会议（即能否取得共识性成果的关键会议）将推迟至 2021 年春季举行，而提交最终报告的截止日期也延长至联合国大会第 76 届会议。此外，除了在 2020 年 6 月举行第一次非正式线上会议外，工作组在 2020 年 9 月至 2021 年 1 月期间还计划举行第二次和第三次非正式线上会议，主要讨论国际法如何适用于信息通信技术的使用、定期机构对话、建立信任措施以及能力建设等议题。①

根据联合国第一届联合国信息安全开放式工作组官网显示，4 月中旬报告初稿书面意见反馈阶段已截止，共有 60 多个国家、政府间组织、非政府组织、私营企业等对第一届联合国信息安全开放式工作组报告初稿做出了书面评议。从这些评议可以看出，正如当初反对者所顾虑的，各方分歧确实比较多。例如：美国认为少数国家提出的逐步发展国际法的建议，包括制定关于各国使用信通技术的具有法律约束力的文书，缺乏具体内容，为时尚早，也不切实际。对此，欧盟也表示"不必要"。俄罗斯则强烈反对将政治因素纳入网络攻击的溯源手段，认为这与 2015 年联合国信息安全政府专家组框架内达成的协议背道而驰。同时，美、俄均对报告中提出的建立"国家实践的全球资料库（数据库）"表示明确反对，认为建资料库

① United Nations, *Chair's letter on extending the mandate of the OEWG*, on 5 June 2020. https://front. un - arm. org/wp - content/uploads/2020/06/200605 - oewg - chair - letter - on - extending - mandate. pdf.

和其他国际组织的工作有重合，并且可能对国家安全造成潜在威胁。中国则认为，草案过度强调"自愿的、非约束性的规范"可能会导致最终报告的效力下降。此外，关于多利益相关方的作用，有的国家认为联合国信息安全开放式工作组是一个政府间进程，应该集中讨论国家和政府所起的作用，而不是相反；然而，非政府组织则对报告并未充分体现他们的意见而表示不满。各国代表对于报告中使用的互联网"公共核心""超国家""跨境"和"跨国"关键基础设施等概念理解尚不统一。

根据 5 月底发布的第二次报告草案显示，目前第一届联合国信息安全开放式工作组进程突出性的争议主要有：一是关于国际法如何适用于信息通信技术使用的部分问题仍未得到充分澄清。尤其是何种信息通信技术活动有可能被视为武力威胁和自卫权适用问题，以及《国际人道主义法》如何适用于武装冲突情况下的信息通信技术的有关问题。二是是否需要制定一项具有法律约束力的国际文书。部分国家认为现有国家法加上反映各国共识的自愿、不具约束力的准则，足以解决各国对于信息通信技术的使用问题；而部分国家则提议制定一项具有法律约束力文书，建立一个强有力的国际框架。三是关于建立定期机构对话的具体目的、形式以及时间性方面也产生了分歧。部分国家认为是为了提高各国之间的信息交流和制定指导方针，并提议在联合国裁军机制框架内设立年度会议；而另一些国家则认为建立定期机构对话的目标主要是就自愿或有约束力的国际文书进一步谈判。由于各国在建立定期机构对话方面仍有较大分歧，工作组建议在联合国大会第 76 届会议上再召集下一届开放式工作组和新的政府专家组。而 6 月 5 日的主席信函又强调了举行面对面会议的必要性，并且计划在三次线上会议之后形成"零号报告草案"进行再次讨论，结合此前各国反馈情况来看，目前第一届联合国信息安全开放式工作组的进展不太顺利，大国之间的分歧依然难以快速弥合。接下来，联合国信息安全开放式工作组主席国和各成员国仍将面临巨大的协调和磋商压力，以形成一份共识性成果报告。

（二）第六届联合国信息安全政府专家组当前困境

目前联合国信息安全政府专家组议程也已过半，按原计划于2021 年 9 月的联合国大会提交报告。由于其会议形式为闭门，当前官方披露的信息较为有限，故较难直接研判其进展情况。但回顾2017 年联合国信息安全政府专家组失败的主要原因——"各国就网络空间军事化、传统军事手段与网络攻击之间的关系存在根本分歧"，以及结合此后美国网络空间战略转变和全球网络空间治理整体走势分析可知，第六届联合国信息安全政府专家组的磋商之路必定充满荆棘。2017 年以来，美国通过《国家安全战略》《网络安全战略》（国土安全部）、《网络战略概要》（国防部）、《国家网络战略》（白宫）等一系列重要文件，不仅宣告了"美国优先"的国家战略转向，同时，其网络安全战略也呈现出由"威慑"到"防御"，再到"进攻"的转变取向。不仅美中之间、美俄之间的分歧因此加重，美国同其盟友间的互信也遭到了不同程度的破坏：一方面，美国挑起的以高科技竞争为本质的中美贸易摩擦可能随时会升级，而俄罗斯则为抵抗美国网络空间霸权积极展开了防"断网"能力建设；另一方面，美国也没有签署其盟友法国主导的旨在限制攻击性和防御性网络武器的《网络空间信任和安全巴黎倡议》。与此同时，国家间信任缺失加剧导致各国网络军备竞赛呈上升态势，相互遏制的立法趋势正对互联网的完整性造成威胁，全球网络安全生态也因此面临恶性循环的危险。上述现象均意味着 2017 年的分歧不仅没有缓和，反而已大大加深。这既展现了第六届联合国信息安全政府专家组要达成共识所面临的难度，也体现了国际社会对共识成果的迫切需要。

（三）"双轨制"发展前景探析

如前文所述，地缘政治的动荡局势、国家间信任缺失的加剧态势，以及网络空间大国博弈加剧等迹象均表明全球网络空间安全规则的进程依旧长路漫漫。无论是第一届联合国信息安全开放式工作组，还是第六届联合国信息安全政府专家组，本轮进程的前景都不太乐观。因而，进一步推进联合国网络空间"双轨制"进程，尚需在以下两个方面做出努力：

一是处理好联合国信息安全政府专家组与联合国信息安全开放式工作组之间的协作关系。谈及二者的分工与合作可能会引起部分质疑，毕竟第六届联合国信息安全政府专家组和第一届联合国信息安全开放式工作组是根据美、俄提议分别授权建立的，二者之间似乎暗含着"对立"和"竞争"。但对于同为联合国大会第一委员会下两个有着一定渊源、同时又具有相似目标和任务的进程，二者需要有一定的默契，才能使联合国网络安全进程的变革取得事半功倍的效果。因此，尽管公开文件并未明确阐述第六届联合国信息安全政府专家组和第一届联合国信息安全开放式工作组之间的关联，但仍有一些积极迹象表明，二者有协作推进全球网络空间规则制定进程的可能。一方面，第一届联合国信息安全开放式工作组进程启动之始便强调了联合国信息安全开放式工作组"不是从零开始的"，并重申了联合国信息安全政府专家组已取得的共识，从而大大加快了联合国信息安全开放式工作组进度；另一方面，在运作机制设计上，二者具有一定优势互补的特征。具有透明、民主、包容性特征的第一届联合国信息安全开放式工作组日程原计划先行结束，其间充分暴露的问题和分歧可为第六届联合国信息安全政府专家组提供借鉴和参考，便于具有集中制特征的联合国信息安全政府专家组及时调整策略，推进共识成果的形成。此外，二者唯有分工协调才能避免"已经复杂的进程变得更加复杂"，① 同时防范分歧扩大化风险，从而提高"双轨制"的效率，避免因任务交叉而导致重复工作。因而，鉴于两个工作组成员的巨大差异性，建立主席对话协调机制尤为必要。

二是正确认识联合国信息安全政府专家组与联合国信息安全开放式工作组机制的性质。一直以来，在全球网络安全规则进程中，联合国信息安全政府专家组承载了国际社会过多的期望，这可能导致外界误将其视为进程的终点，反而阻碍了进程的实质性推进。事实上，无论是联合国信息安全政府专家组还是联合国信息安全开放式工作组，它们只是根据联合国授权，对信息和电信领域发展过程中出现的可能对国际安全产生威胁的新问题进行初步的研究并提出建议，然后再由大会采取行动。其报告建议本身对成员国并不具有强制约束力，目前，虽然已经有三届专家组已达成共识报告，但更广泛的机构仍未就相关问题开始多边协定谈判，或采取任何行动。违反报告共识的恶意行为并没有得到有效制止，也没有任何的制裁机制。因此，我们不仅需要积极关注和推进联合国信息安全政府专家组和联合国信息安全开放式工作组的进程，还需要考虑推动后续进程。与此同时，随着网络安全威胁形势日益紧迫，在联合国框架下设立有效的常设机制也需尽快提上日程，以持续加快推进全球网络安全进程。

---

① Daniel Stauffacher, *UN GGE and UN OEWG: How to live with two concurrent UN Cybersecurity processes*, https://ict4peace.org/activities/ict4peace-at-the-jeju-peace-forum-how-to-live-with-two-concurrent-un-cybersecurity-processes/.

美国强化网络空间主导权的新动向及影响*

李　艳**

摘　要：美国凭借在技术创新、产业引领与规则制定等方面的优势，长期掌握着网络空间主导权。随着国际力量格局变化，网络空间权力的争夺随之加剧，给美国网络空间主导权带来前所未有的挑战。尤其是在中美战略博弈大背景下，网络空间已成为双方竞争的重要场域。为继续保持网络空间优势，实现国家利益最大化，美国政府从调整理念、强化实力优势和谋求制度性权力三个维度着手，不断探索新形势下进一步巩固与强化网络空间主导权的新举措，相关动向对网络空间未来发展与力量格局均带来深远影响。

关键词：美国　网络空间　主导权

网络空间发展实践表明，它并未如最初设想那般相对游离于国家主权体系之外，而是作为现实空间的延伸与映射，越来越受到现实政治的影响。美国凭借技术、产业与机制等方面的源生与先发优势，长期掌握网络空间主导权，但随着各国对网络空间的重视度不断提升，相关国家尤其是网络大国在网络空间战略博弈加剧，美国网络空间主导权不断受到挑战。尤其是鉴于网络实力与国际话语权

＊　本文发表于《现代国际关系》2020 年第 9 期。
＊＊　李艳，研究员，中国现代国际关系研究院网络与安全研究所执行所长。

的持续提升，中国被美国视为其网络空间主导权的头号挑战者，在网络空间对中国"极限施压"已成为美国全面遏制中国崛起战略的重要一环。为继续巩固提升网络空间主导权，美国政府从调整理念、强化实力与谋求制度性权力三个维度，不断更新网络战略和出台新的政策措施。本义从当前网络空间形势入手，在分析美国强化网络空间主导权新动向基础上，进一步探讨其对网络空间力量格局带来的影响。

一

随着互联网应用全球化进程的深入推进，网络空间"已经成为信息传播的新渠道、生产生活的新空间、经济发展的新引擎、文化繁荣的新载体、社会治理的新平台、交流合作的新纽带、国家主权的新疆域"①。从社会学角度来看，作为人类开展活动以及社会关系存续的新空间，网络空间与其他传统空间的运转逻辑并没有本质区别，现实国家政治与国际关系必然会深刻塑造网络空间。杰克·古德史密斯与蒂姆·吴曾用大量案例表明，早期对建立无国界全球社会的幻想，所谓不受政府控制的网络空间的言论都过于天真，政治对互联网治理的重要性被严重低估，"不能理解国家政治对于全球化理论的影响是非常有害的，对于理解互联网的未来也是非常致命的。"② 在传统国际关系理论中，国家和相关行为体之间的互动会带来主导权的出现，现实空间主导权意味着对国际秩序和其他国家的主导性影响，网络空间主导权也一样，主要表现为对网络空间秩序

---

① 《国家网络空间安全战略》，国家互联网信息办公室，2016 年 12 月。

② Jack Goldsmith and Tim Wu, "Who Controls the Internet? Illusions of a Borderless World," *International Studies Review*, Vol. 9, No. 1, 2007, pp. 152–155.

和其他行为体的影响。

一直以来,作为互联网的发源地与应用全球化的重要推进者,无论是从理念输出、技术创新、产业引领还是国际机制建设上,美国均长期占据优势并成功将其转化为主导性权力,且美国在网络空间的主导权相较于其在传统空间可能更为强大。美国通过掌握"根域"系统实现对互联网的支配与统治,且在互联网治理体系中拥有制度性权力。然而,在相当长一段时期内,对于美国基于超强网络力形成的主导权,以及网络空间力量格局失衡可能带来的风险并没有引起国际社会的足够重视。直到2013年夏"斯诺登事件"的爆发,各国真正对网络空间力量格局有了更加直观、深刻的认知,这种认知成为各国争取网络空间权力的重要推动力。

一方面各国积极提升自身网络实力,力争缩小与美国的差距。"斯诺登事件"后,网络空间掀起一股"战略热",各国纷纷出台网络空间发展与安全相关战略,加强顶层设计;调整内部"涉网"机制,加强政策协调;加大网络实力投入,强化网络发展与安全能力建设;另一方面加快网络空间秩序规范,谋求有效约束网络空间国家行为。相关国家开始有意识地争取在网络空间国际治理机制中的话语权,除积极参与相关网络治理议程外,还推动G7、G20、上合组织和金砖国家在内的传统国际机制将网络议题纳入讨论范围,甚至设置"主场"网络议程,如英国推出"伦敦进程"、巴西召开"巴西大会",法国提出"巴黎倡议"和中国举办"世界互联网大会"等,通过各种渠道在重要"涉网"议题上积极发声,提出反映自身利益的立场主张,力图塑造网络空间秩序。

各国多年持续努力取得一定成效,网络空间的力量格局出现变化。从经济发展角度来看,根据世界经济论坛"网络就绪指数"(Networked Readiness Index,NRI)显示,美国从2001年的位居全球榜首至2016年已被新加坡、芬兰、瑞典等国超越降至第五。总体而言，欧亚地区国家上升明显，尤其是亚洲新兴国家自 2012 年以来一直保持上升态势，且差距不断缩小。① 从网络安全水平来看，国际电信联盟（ITU）"全球网络安全指数" 2019 年最新数据显示，各国网络安全相关的技术、法律、组织、能力建设与合作等五大核心指标体系都在持续提升与强化，其中新加坡与英国在 2017 年、2018 年数据中分别超越美国位居第一，中国从 2017 年第 32 位上升至 2018 年第 27 位。② 综合国内外影响力因素，哈佛大学贝尔弗中心推出 "国家网络实力指数 2020"，排名前列的国家分别是美国、中国、英国、俄罗斯、荷兰、法国、德国、加拿大和日本。③

正是基于以上网络空间形势发展，美国认为在网络空间力量格局不断变化及中美战略博弈加剧的大背景下，网络空间权力正在被不断分散与转移，其在网络空间的主导权正不断被削弱，即便仍然是主导者，但也发现网络空间的舞台变得更为拥挤和难以控制。美国著名网络安全专家詹姆斯·刘易斯甚至悲观地认为："虽然未来何去何从并不清楚，但美国主导网络空间理念与政策的时代已经结束了。"④ 为此，把持和巩固美国网络空间主导权成为美国在网络空间新一轮战略布局与博弈的内在驱动力与核心目标，正如特朗普在 2018 年新版美国《国家网络安全战略》卷首语所言："美国创造并与世界分享了互联网……我们将继续领导世界确保网络空间未来的繁荣"。⑤

---

① "Networked Readiness Index," http：//reports. weforum. org/global – information – technology – report – 2016/networked – readiness – index/？ doing_wp_cron = 1600157133. 6310040950775146484375.

② International Telecommunication Union, *Global Cybersecurity Index* 2018, ITU Publications, 2019, pp. 64 – 65.

③ "National Cyber Power Index 2020," https：//www. belfercenter. org/publication/national – cyber – power – index – 2020.

④ James A. Lewis, "How the Cyberspace Narrative Shapes Governance and Security," https：//www. orfonline. org/expert – speak/how – the – cyberspace – narrative – shapes – governance – and – security – 56874/.

⑤ The White House, *National Cyber Strategy of the United States of America*, September 2018, p. II.

二

特朗普上台之后，随着美国整体国家战略导向的转变，"美国优先"的战略定位直接平移到网络空间，结合网络空间发展新形势，为进一步巩固并强化网络空间主导权，将网络空间塑造成最大程度符合美国利益的空间，美国政府不断因势而动，基于对网络空间的形势判断，调整相关战略理念，不断加强内部政策与行动协调，共同致力于在网络空间实现"美国优先"的战略目标。

一直以来，美国的网络空间战略是一个"战略集群"，各机构特别是政府与军方根据不同的职能划分，出台相关网络空间国家战略、国际战略及国防战略等。由于聚焦领域和工作重点不同，政府与军方战略所体现出的理念并不完全一致，在很多时候，政府还会对网络空间可能的军事行动采取严格的"约束"措施。奥巴马执政期间高度重视网络空间战略布局，其一上任就积极组建网络安全办公室、成立美军网络司令部。但从2011年发布的《网络空间国际战略》来看，他对网络空间的判断整体来看还是相对积极的，认为网络空间是"正在继续成长与发展为一个促进繁荣、安全与开放的空间"[1]。因此，美国国际战略更加强调坚持一个开放、可操作性、安全与可靠的网络空间，而维护这样一个网络空间主要依靠国际规范、外交与执法，虽然该报告也提到劝阻和威慑的使用，但非常"克制"。比如奥巴马对国防部的要求只是简单地"认识到并适应军队对可靠和安全网络日益增长的需求，建立和加强现有的军事联盟，并扩大网络空间合作"，甚至对于所谓威慑作用的理解也主要基于保持网络的

---

① The White House, *International Strategy for Cyberspace*, May 2011, p. 3.

韧性与"按比例地施加惩罚威胁"，"我们保留使用所有必要措施——外交、军事和经济——但会遵循相应的国际法……任何时候，我们在使用军事力量之前会用尽其他所有选项；我们将谨慎衡量行动带来的成本与风险，并且将以体现价值、强化合法性和获得国际支持的方式采取行动"。① 可以看出，在所有措施选项中，军事行动排位靠后。

而美国军方对网络空间的定位从一开始就是"行动域"或"作战域"，相应战略政策始终围绕如何在这一新域中有效开展行动。但被动地等待一个注定要到来的攻击绝不是专业军队的本性。因此，军方一直致力于在"积极防御"的基础上，获得更多进攻性网络行动的权力。但其行动一直受到"第 20 号总统决策指令"（PPD－20）（秘密）的制约，根据公开的有限信息："该决策令包括开展网络行动的原则与程序，允许一定灵活性，是一个旨在加强协调的'全政府措施'。"② 自 2011 年起，虽然网络攻击事件频发，但美国政府的回应主要采取经济、外交与法律手段，国防部的主要作用仍然是为其他政府机构相关行动提供支撑而不是单独采取行动。

特朗普上台后，美国政府对于网络空间的战略判断明确转向。美国政府于 2017 年底推出的《国家安全战略》报告，明确将"大国竞争"视作美国国家安全的首要挑战，强调"国家之间的战略竞争，而非恐怖主义，是美国国家安全的首要关切"，指出美国正处于一个竞争性的新时代，在政治、经济、军事等领域面临愈发激烈的竞争，中国就是挑战美国的主要战略竞争对手。③ 随后美国政府推出的《国家网络安全战略》以及 2018 美国《国防战略报告》与之相呼应，不再强调网络空间共同利益的属性，转而强调在此空间维护美国利益

① The White House, *International Strategy for Cyberspace*, May 2011, p. 14.

② The White House, *Fact Sheet on Presidential Policy Directive* 20, 2013, p. 1.

③ The White House, National Security Strategy, December, 2017, p. 2.

的重要性，尤其认为中俄等国正在利用网络空间对美国发起挑战，为此美国政府需要采取一系列措施允许军方和其他机构采取更加积极的行动以保护其国家利益，巩固美国在网络空间的主导权。

在这种转向下，美国政府果断给军事行动松绑。2018年8月，特朗普废除了"第20号总统决策指令"，不再要求美军方在发起可能导致"重大后果"的网络行动前需要经过总统首肯和层层审批。博尔顿就此声称："政府约束网络行动的状况得到有效逆转"，"我们不必再像奥巴马时期那样被束缚手脚"。① 之后，美国国会跨党派的"网络空间日光浴委员会"于2020年3月推出所谓"分层威慑"战略文件，再次强调："美国的'克制忍耐'换来的是更加肆无忌惮的掠夺"，美国将动用所有手段去塑造行为、拒止收益和施加成本，其中军事力量的使用得到前所未有的提升，其军事选择不仅包括网络军事力量甚至扩展到非网络军事力量。② 从这些战略政策走向不难看出，为有效维护美国在网络空间的安全与利益，政府与军方在理念与行动上前所未有地协调一致。

三

实力是权力的基础与根源，美国在网络空间一直以超强实力维护其主导权力。网络空间实力固然体现在政治、经济、军事等诸方面，但无一不是建立在信息通信技术（ICT）应用基础之上。进入21世纪以来，在ICT革命主导下，科技革命蓬勃发展，全球范围内

---

① White House Press briefing on national cyber strategy, http：//news. grabien. com/making－transcript－white－house－press－briefing－niational－cybersecurity－summit.

② "The Cyberspace Solarium Commission：Illuminating Options for Layered Deterrence，"https：// crsreports. congress. gov/product/pdf/IF/IF11469.

出现集群性的科技革命：信息技术革命、视觉技术革命、3D 革命、算力革命、人工智能革命、生命科学革命及基于区块链的加密数字货币和数字资产革命。这些技术在未来五年会促使全球科技革命进入叠加爆炸的历史新阶段。以 ICT 为基本支撑的网络空间无疑会是这场爆炸的源点和辐射点。鉴于此，美国政府前所未有地高度聚焦网络空间前沿技术，将其作为未来进一步打造网络空间硬实力的重要支撑。

一方面，美国作为 ICT 革命的领跑者，凭借 ICT 原创能力和对全球科技资源的利用，在网络空间获取战略优势的同时，亦对 ICT 提升国家实力有着更为深刻的认识。另一方面，美国亦深知鉴于 ICT 技术与应用的特性，不断更新与突破的技术与应用也给后发国家提供了"弯道超车"甚至"换道超车"的可能性，其领先优势并非一劳永逸。一旦相关国家在前沿技术，尤其是颠覆性技术领域有所作为，就会对网络空间既有力量格局带来极大冲击。美国战略与国际问题研究中心曾发布《超越技术：发展中国家的第四次工业革命》报告，认为发展中国家在应用新技术上具有后发优势，尤其是中国正借此超越美国，并在世界上扩展其影响力。[1] 根据美国国家科学基金会发布的《2020 年科学与工程指标报告》指出："尽管美国继续在高科技领域保持第一，但是，其全球份额正在不断下降，而中国正在快速追赶。"[2]美国国防部国防创新小组亦发表报告称："中美超级大国竞赛核心制胜要素是技术和创新。"[3]

因此，美国政府从地缘政治与大国竞争高度重视网络空间前沿

[1] *Beyond Technology: The Fourth Industrial Revolution in the Developing World*, CSIS Report, May 2019.

[2] National Science Board, *The State of U. S. Science & Engineering*, January 2020.

[3] Michael Brown, Eric Chewning and Pavneet Singh, "Preparing the United States for the Superpower Marathon with China," https://www.brookings.edu/wp-content/uploads/2020/04/FP_20200427_superpower_marathon_brown_chewning_singh.pdf.

技术实力优势的巩固。一方面，对内加强前沿技术的战略布局与资源投入以确保"绝对优势"。自 2016 年以来，包括美国政府、国会与军方都提出了基于人工智能与量子技术的未来发展计划，先后发布了"为人工智能的未来做好准备""国家人工智能研究与发展战略""人工智能与国家安全""国家量子计算发展战略"以及"量子互联网蓝图"等。同时，加大资金投入。2020 年 8 月，美国政府宣布将投资超过 10 亿美元，建立相关专门机构研究人工智能与量子信息科学。加大政策支持力度，调动产、学、研等各方力量共同推动技术突破和应用落地。另一方面，对外强力出手遏制竞争对手以谋求"相对优势"。从网络空间发展历程来看，在 ICT 领域，无论是技术标准制定还是市场引领，"头部效应""赢者通吃"现象明显。美国在网络空间的优势在很大程度上得利于全球领先的大型 IT 公司和技术社群。但近年来形势发生了一些变化，根据美国《财富》杂志公布的 2020 年世界 500 强企业，上榜的 7 家全球互联网相关公司中，除了美国的亚马逊、字母控股、脸书，其余四个席位分别是中国的京东、阿里巴巴、腾讯和小米。再如，在 5G 等领域的标准制定中，截止 2020 年 1 月 1 日，华为拥有专利数量排名全球第一。① 这种状况使得华为成为 5G 标准制定领域"绕不开"的力量，即使在制裁华为的关头，美国政府也不得不修改禁止美国公司与华为开展业务的规定，允许双方在就 5G 网络标准制定方面进行合作。正是中国在这些领域发展的强劲势头挑动美国"神经"，成为触发美国对中国发动贸易战与科技战的直接原因。为此，美国政府不惜摒弃其一直宣扬的所谓自由市场导向，以国家之力启动"技术脱钩"，动用包括制定"实体清单"、实施出口管制甚至采取司法手段等一切可能

---

① "Fact finding study on patents declared to the 5G standard," Iplytics Gmbh, Jamuary 2020, p. 11, https：//www. iplytics. com/wp － content/uploads/2020/02/5G － patent － study _ TU － Berlin _ IPlytics－2020. pdf.

的资源，打压包括华为在内的中国公司，甚至联合盟友试图形成国际围堵，进一步压缩中国公司的发展空间，如以国家安全为名，大力游说盟友禁止华为参与 5G 网络的建设，对不愿封禁华为的盟友，美国政府则不惜以终止情报共享相威胁。5G 已成为大国竞争的重要领域，已经引起技术与贸易对抗。目前这种封禁态势还在继续发酵，美国政府 8 月 5 日发布"清洁网络"计划，试图全面系统地在 ICT 领域剔除"中国影响"，舆论纷纷称"数字铁幕"正在落下。美国政府正是以这种技术问题政治化的手法，试图阻滞所谓竞争对手的发展路径，从而达到巩固其主导权地位的战略目标。

四

作为二战后国际秩序的主要缔造者，美国一直深谙将国家意志渗透和拓展到国际层面，并据此塑造符合自身利益的国际关系和世界秩序的重要性。因此，美国始终高度重视网络空间秩序的构建，将其作为将网络实力转化为网络空间主导权的重要途径。

当前网络空间秩序构建尚处在发展初期，无论是从国际机制建设还是规则制定来看，都还在探索完善之中，远未成型。出于不同的国情，各国对于网络空间秩序构建的立场主张并不相同。从国际机制层面，美欧等西方国家是网络空间传统治理机制的主要缔造者，比如早期成立的相关从事互联网国际治理机构，如互联网名称与数字地址分配机构（ICANN）、国际互联网工程任务组（IETF）等，它们基本位于西方国家且主要成员亦多来自西方，因此被国际社会称为"源自西方的治理机构"。鉴于美欧等国有强大的技术和产业力量，为发挥"集成优势"，他们主张网络空间的秩序构建应该是分层的，包括技术社群、企业与政府在内的各主体应该在各自领域各司其职，通过标准制定、产业政策和网络空间行为规范制定共同实现秩序的构建。而以中国、俄罗斯、巴西、南非等为代表的"新兴国家阵营"则有不同主张，相较于美欧等西方国家，这些国家技术与产业力量有限，作为参与者在现有治理机制中的代表性和话语权有限，因此更加支持在联合国框架下各国政府能够发挥更大的治理功能。从规则制定层面，在诸多具体领域，原则性共识易达成，一旦进入规则的具体制定，各国基于不同利益诉求出发就会导致较大分歧和争议，使相关制定进程陷入困境，如在网络空间国家行为规范制定中，虽然联合国信息安全政府专家组不断推动，但始终难有实质性突破。即使是在打击网络犯罪这样共识与合作基础较好的领域，美欧与中俄也各有主张，前者支持已有的"布达佩斯网络犯罪公约"，而中俄则在联合国框架下推动形成打击网络犯罪的全球性公约，后者虽然还在起步阶段，但它与前者之间的关系就已引发国际社会担忧，未来打击网络犯罪领域也会受到地缘政治影响，面临规则选择。因此，一直以来，美国将中俄等国视为其网络空间秩序主导权的竞争者与挑战者。

伴随着中国网络实力的提升，习近平总书记提出对内建设网络强国，对外构建网络空间命运共同体的战略构想，表达中国将以前所未有的意愿和力度，在网络空间国际治理中投入更多的精力与资源。除继续积极支持联合国框架下的治理进程外，自2014年起，中国连续六年成功举办世界互联网大会（乌镇大会），习近平总书记在第二届乌镇大会上就推进全球互联网治理体系改革提出"四项原则"与"五点主张"；2017年3月1日，中国外交部与中央网信办共同发布《网络空间国际合作战略》，首次就破解全球网络空间治理难题全面系统提出中国主张；2020年9月8日，中国外交部发布"全球数据安全倡议"，呼吁国际社会共同维护数据安全。种种举措都极大地提升了中国在网络空间的话语权和影响力，美国担心"中国影响"

会在网络空间不断外溢，威胁其网络空间秩序主导力。

为防范这种可能的威胁，美国一是从理念上将网络空间主导权之争上升到"模式之争"。尼古拉斯·赖特在《外交》杂志上刊文指出，中国通过对高科技的熟练运用，在管控社会、发展经济方面发展出一种颇有成效的中国模式，担心很可能会在网络空间产生外溢影响。[①] 美国尤其担心中国模式会对网络空间中的"摇摆国家"产生重要影响，所谓"摇摆国家"最大的特点是"一方面会对主权模式有天然倾向，但同时又重视包容公民社会和非国家主体所带来的好处。"[②] 因此一直在所谓美欧与中俄两大阵营中间的摇摆地带，为获取政治或商业好处，它们可能在互联网治理问题上采取周旋策略。但随着中国模式影响力的上升，美国担心这种"技术威权主义"会进一步影响这些国家的"选边站队"从而改变网络空间秩序构建的力量格局。美国这种刻意打标签的做法，就是为了将网络空间主导权之争上升到意识形态层面，将"技术威权主义秩序"与所谓网络空间自由秩序对立起来。为此，美国政府以打造网络空间"价值同盟"的方式予以应对。特朗普政府一直在网络安全领域致力于推动所谓具有相同价值观的国家加入美国网络空间集体行动，以共同应对所谓中国、俄罗斯、伊朗、朝鲜等国带来的威胁，其国内一直不乏在网络领域团结一致捍卫美国的网络价值与理念的呼声。

二是在实践中打造规则塑造"小圈子"。鉴于当前网络空间共识难达，机制建设与规则制定进程缓慢的情况，美国开始转变秩序构建思路，采取建立"小圈子"的方式提升其规则制定影响力。近年来，与包括盟友在内的所谓持相近价值观的国家加强互动合作，通

---

① Nicholas Wright, "How Artificial Intelligence Will Reshape the Global Order: He Coming Competition between Digital Authoritarianism and Liberal Democracy," https://www.foreignaffairs.com/articles/world/2018－07－10/how－artificial－intelligence－will－reshape－global－order.

② Dave Clemente, *Adaptive Internet Governance: Persuading the Swing States*, International Governance Papers, Paper No. 5, October 2013, p. 2.

过协调规则立场，建立经济伙伴关系，达成数据协议等各种方式，甚至在高科技领域打造各种"联盟"，如"负责任 AI 联盟""西方量子联盟"以及"数据联盟"等，这些联盟的共同之处在于或多或少都包含有排华因素。美国通过这种盟友"集团作战"的方式，合力强化其对网络空间秩序构建的影响力。如在网络空间国家行为规则制定方面，鉴于中俄依托"联合国框架"，不断推动网络空间国际行为规范的制定。2019 年 9 月 23 日，美国与荷兰等二十七国在纽约召开"促进网络空间负责任国家行为"部长级会议，并发布联合声明，呼吁各方遵守网络空间国家行为规范，加大对"不负责任的网空行为"的问责力度。在此次会议前后，美西方国家还协调立场行动，以公布文件、发表声明、举办国际会议、官员公开演讲等多种方式，亮明网络空间规则制定中的政策立场，以期营造国际舆论，合力影响相关进程。美国协调盟友政策立场，打造规则制定"小圈子"，一方面是为有效防范与反制中俄等国借联合国相关机制争取相关规则制定权；另一方面则是希望其主导的规则能够成为实践的"模板"和"范本"，从而影响更多的国家，达到以最佳实践促进规则塑造的目的。

五

美国政府对网络空间主导权的维护始终围绕调整认知、打造实力与构建秩序三个维度展开，但根据网络空间形势发展和自身利益诉求变化，具体举措的重心会出现阶段性调整。更重要的是，美国政府此轮调整网络空间战略目标以及巩固网络空间主导权的策略手法，在很大程度上都是以中国为目标的，旨在更有效应对中国网络实力与影响力上升对其主导权的挑战。事实上，美国这些举措不仅会影响中美在网络空间的博弈态势，还会产生外溢效应，全面影响未来网络空间秩序构建。

一方面，现有国际机制的作用会受到抑制。国际秩序构建中，主导国家意愿和力量的下降会使得现有机制难以正常发挥应有作用。在网络空间，由于美国对形势判断发生重大转变，战略目标出现重大调整，同时国家博弈加剧导致的权力分散与转移，美国认为现有很多机制和平台并不能很好体现美国利益诉求，因此不愿承担更多的公共物品提供的责任，转向美国优先的坚定立场，这些因素都直接导致国际范围内的治理机制难以发挥应有作用，相关规则制定也难有进一步推进。

另一方面，规则制定的整体性受到相当冲击。虽然当前网络空间深受地缘政治影响，权力争夺加剧，网络领域整体国际合作进程受阻，但在实践中，包括美国在内的国家出于实际需要，仍然会推动具体网络领域的制度性安排与务实合作。但相较于追求所谓全球性解决方案或具有普遍接受性的规则，他们会更多倾向于寻求更加务实高效的区域性或双边解决方案，而在区域和双边的选择中，显然在具有相近理念、法律、机制框架的国家间更易达成制度安排。这一趋势在数据规则制定领域已表现得十分明显，如美欧之间达成的"隐私盾"协议，欧日之间的数据"互认"协议等。再如美、韩、澳等均在积极推动在双边经贸协定中加入"数据自由流动"等条款。

鉴于此，中国要有效化解美国在网络空间的"极限施压"，并争取更大话语权和规则制定权，除了继续强化实力打造与能力建设之外，策略上还可根据美国相关动向以基于"反制"思路入手：

一是在理念层面，针对网络空间的"美国优先"，继续高举构建网络空间命运共同体大旗，与国际社会理性声音形成呼应。国家间战略博弈加剧的确在一定程度上造成网络空间的"撕裂"，但与此同时，国际社会各方并没有坐视，而是继续努力维护网络空间的开放、稳定与和平。2019年国际互联网协会（ISOC）以"联通世界，提升技术安全，构建信任，塑造互联网未来"为题，呼吁所有多利益相关方，国家和非国家主体共同专注于连接世界，建立信任；联合国"数字合作高级别小组"也推出题为"相互依存的数字时代"的报告，重申"数字化使人类的相互依存性不断加强"，呼吁制定"全球网络信任与安全承诺"，进一步捍卫全球化与多边机制，这些理念主张均与中国提出的"网络空间命运共同体"高度契合；

二是在合作立场层面，不要落入美西方国家刻意制造的"模式之争"圈套，跟随其以价值观和意识形态划线的节奏，自缚拓展国际合作的手脚。网络领域复杂多元，各方利益诉求也是多元的，从网络空间发展实践来看，还没有出现过哪一个国家在所有网络议题上都是立场对立，主张相左的。所谓"价值同盟"并非一成不变，落实到具体网络议题，在有些领域即使是美国与欧洲之间亦有分歧。因此，实践中除在个别极端情况下，只要本着务实、求同存异的态度处理网络关系都会有做工作的空间。

三是在国际机制层面，中国应该支持联合国框架在未来网络空间治理中发挥更大作用。随着网络空间与现实空间的高度融合，尤其是国际关系与政治对网络空间的影响，网络空间的秩序构建在很大程度上仍然要依赖政府间国际组织，虽然联合国框架本身面临一些困境，但其权威性与合法性目前还没有可替代的选择；中国一直是联合国框架的支持者且作为五常之一具有优势话语权和影响力，显然应该充分利用此优势。此外，鉴于美国在网络空间抑制联合国作用，中国从"反制"角度也应该加大对联合国框架的投入。

四是在规则制定层面，鉴于网络空间规则涉及领域众多，中国可以根据核心关切，选取重点领域，制定更有针对性和实效性的规则制定进程推进方案。比如在新技术应用领域，鉴于多数规则处于起步阶段，必须高度重视先发优势的重要性，即使当前产业发展和社会应用有限，仍要从前瞻性和战略性出发布局参与和引导相关规则建立；再比如网络空间国家行为规范领域，鉴于美西方等国家通过协调立场，集团作战的方式提升影响力，中国也应该不限于中俄，而是组织更多国家参与集体发声，对冲美西方国家的影响。

随着对网络空间战略重要性认知的提升，各国在网络空间展开激烈竞争与博弈，引发网络空间力量格局变化。美国作为网络空间主导权的长期把持者，为有效应对网络空间权力的转移与分散带来的挑战，尤其是在中美战略博弈的大背景下，应对中国网络实力与影响力上升带来的冲击，不断调整其网络空间战略，强化网络实力优势，巩固其在网络空间秩序构建中的主导性权力。这些举措不仅加剧中美在网络空间的博弈态势，更对网络空间未来发展带来深远影响。当前网络空间的严峻形势对于一直致力于构建网络空间命运共同体的中国而言，既是挑战又是机遇。如果能够保持战略定力，以有效的政策措施直面挑战，主动运维，化解压力，将有助于中国进一步提升网络空间话语权和影响力。

"技术主权"和"数字主权"话语下的欧盟数字化转型战略[*]

蔡翠红　张若扬[**]

摘　要： 随着数字领域国际格局变化以及欧盟的安全、发展和权力诉求日益迫切，"数字化转型"成为欧盟提升国际竞争力、实现可持续发展和战略自主的重要手段。在"技术主权"和"数字主权"等话语的支持下，欧盟推出了一系列数字化转型的相关战略和政策。这些话语是欧盟战略自主等思想在数字领域的延伸，它们通过强调数字政策的不同侧重点，助力欧盟通过完善监管和规则体系、加强数字技术能力建设和宣传其数字治理理念等方式进行数字化转型。其数字化转型战略以保护人权为抓手，具有对内对外双重目标指向，重视以产业政策助推数字技术发展，并在模式上强化了国家在数字治理中的作用。在此战略下，欧盟将强化在中美之间的机会主义倾向，在处理中欧关系时优先遵从政治逻辑，加深对华经济合作与加速在部分数字领域对华经贸"脱钩"将同步进行。因此，中国应针对欧盟数字化转型发展态势制定长远预案。

关键词： 非传统安全　数字化转型　技术主权　数字主权　欧盟

---

[*] 本文发表于《国际政治研究》2022 年第 1 期。
[**] 蔡翠红，复旦大学美国研究中心教授；张若扬，复旦大学国际关系与公共事务学院博士研究生。

21 世纪的第二个十年被称为第四次工业革命飞速发展的"数字十年"，以 5G、云计算、工业互联网等为代表的数字技术是这次革命的核心动力。数字经济具有美国经济学家熊彼特所提出的"创造性破坏"的特点，即技术创新能够从内部不停地革新经济结构。一旦某个国家掌握了大批前沿数字技术，不仅其国内经济结构将会大幅改变，它在未来全球价值链中的位置也会显著上升。数字技术的发展与应用不仅对于提高经济增长速度有重要意义，而且对新产业革命与全球经济的发展具有重要的引领作用。新冠肺炎疫情的出现更凸显了数字技术在社会治理和经济发展中的重要性。如今，数字空间已成为世界各国追求全球经济竞争力、政治影响力和话语权的新赛场。

当前在数字领域，美国以其先发优势牢牢占据全球互联网价值链的顶端，凭借谷歌、微软、亚马逊、苹果等巨型全球互联网企业掌握了最丰富的数据资源、最广阔的数字市场和最强大的数字技术，中国则依靠后发优势培育了自己的互联网巨头，并在部分数字领域掌握了一批尖端科技。但在这重要的"数字十年"中，欧盟不仅同美国的差距越来越大，而且相对于中国等新兴经济体的优势也在逐渐缩小。随着互联网的普及、数字技术重要性的提高，欧盟在数字领域的缺陷逐渐暴露出来：大量关系国计民生的数据都储存在非欧盟公司的云基础设施上；数字平台经济整体相对落后于中美；缺乏本土互联网巨头，数字市场被非欧盟的互联网企业所主导；核心技术存在对外依赖等等。在此背景下，为增强其在数字领域的战略自主，改变自身在全球数字空间的角色定位，欧盟从 2020 年初起陆续发布了一批旨在推动"数字化转型"的战略规划文件，包括 2020 年 2 月的《塑造欧洲的数字未来》（Shaping Europe's Digital Future）、《人工智能白皮书》（The White Paper on Artificial Intelligence）和《欧洲数据战略》（A European Strategy for Data），2020 年 3 月的《欧洲新工业战略》（A New Industrial Strategy for Europe），2020 年 7 月的《欧洲的数字主权》（Digital Sovereignty for Europe）报告，以及 2021 年推出的《2030 数字罗盘》（2030 Digital Compass）计划等，全方位多层次为欧洲不同领域的"数字化转型"设计了详细的政策目标和实施方案。对"技术主权"（technological/tech sovereignty）或"数字主权"（digital sovereignty）的强调贯穿了这一系列文件，成为这一阶段欧洲数字化转型战略的鲜明特征。

欧盟在数字化转型问题上的道路选择和战略设计不仅将决定未来欧盟在数字领域的国际定位，也会对欧盟与其他大国之间的关系，尤其是中欧关系产生深刻影响。基于此，本文在立足欧盟数字化转型的一系列战略文本和已有实践的基础上，重点研究以下问题：过去鲜少在欧盟层面强调的"主权"概念为什么会出现在其数字化转型战略中？"技术主权"和"数字主权"的概念是如何同欧盟数字化转型的具体行动计划结合起来的？这一政治话语下的欧盟数字化转型战略具有怎样的特点和意义？对主权话语的强调又将对中欧在数字领域的合作产生什么影响？

一、欧盟"数字化转型"的内涵及提出背景

"数字化转型"是以冯德莱恩为首的新一届欧盟委员会（以下简称欧委会）提出的两大核心动议之一，而另一项核心动议——"绿色转型"——同样建立在"数字化转型"的基础之上。[①] 可以说，"数字化转型"是新一届欧委会的施政重点，也是实现其他政治

---

① European Commission, "Shaping Europe's Digital Future," February 19, 2020, https://ec. europa. eu/info/strategy/priorities – 2019 – 2024/europe – fit – digital – age/shaping – europe – digital – future_en.

目标的重要基础。

（一）欧盟"数字化转型"的内涵

欧盟数字战略的总体框架《塑造欧洲的数字未来》在开篇便解释了"数字化转型"的含义："数字通讯、社交媒体、电子商务和数字企业……正在生成越来越多的数据，这些数据如果能够被整合并利用，将会带来全新的价值创造方式和更高的价值创造水平"，这将是"一场与工业革命同样根本的变革"。[①] "数字化转型"对欧盟而言既是多年来的问题，也是重要的机遇。一方面，在"数字化转型"上的相对落后被认为是近年来欧盟经济增长乏力、经济竞争力下降的重要原因。[②] 对欧盟而言，"数字化转型"意味着发展方式的全面转变，它不同于"数字化"仅仅是指将模拟信号转换为数字信号的过程，而是指利用数字技术及其产生的数据来连接组织、人员、有形资产和生产流程，进而改变商业模式，提供新的营收点与价值创造机会，从而全面提高劳动生产率。[③] 有学者用英国经济理论学家卡洛塔·佩雷斯有关技术革命不同发展阶段的理论来解释欧盟"数字化转型"战略的含义。佩雷斯将技术革命的阶段分为"导入期""过渡期"和"拓展期"，"导入期"所创造的新基础设施、主导产业和新范式所蕴含的财富创造潜力能否被挖掘出来并促成提高社会整体利益的经济增长，取决于"各国或地区能否在过渡期做出相应

---

① European Commission, "Shaping Europe's Digital Future," February 19, 2020, https：//ec. europa. eu/info/strategy/priorities－2019－2024/europe－fit－digital－age/shaping－europe－digital－future_en.

② Reinhilde Veugelers, etal. , "Bridging the Divide：New Evidence about Firms and Digitalization," *Policy Contribution*, No. 17, December 2019, p. 12.

③ Mary B. Young, "Digital Transformation What Is It and What Does It Mean for Human Capital?" The Conference Broad, July 2016, https：//www. conference－board. org/topics/digital－transformation/Digital－Transformation－Human－Capital－Impact.

的经济、社会乃至政治体系调整",① 而欧盟提出的"数字化转型"动议则是"体现了欧盟开启数字技术革命拓展期的明确意愿"。② 另一方面,"数字化转型"对于提升欧盟在数字空间的战略自主性有重要意义。随着数字空间重要性的上升,世界各国维护自身在数字空间的战略自主的呼声也日益增长。欧盟诸国、日本、韩国、印度和新加坡等都具备掌握数字空间主导权的潜质,也都有在下一个数字十年实现跨越式发展、掌握数字领域战略自主权的意图。在此背景下,"数字化转型"为欧盟在数字空间发挥更大影响力提供了机会。总之,"数字化转型"对于提升欧盟在数字技术领域的创新与应用、数字经济领域的竞争力,以及助力欧盟可持续发展和实现战略自主具有重要意义。

(二)欧盟"数字化转型"战略的形成背景

欧盟的"数字化转型"战略产生于中美战略竞争的关键阶段,是欧盟摆脱自身在数字领域的相对落后地位、扩展在中美竞争中的战略自主性空间,以及减轻对外技术依赖等重重压力之下的反应。可以说,是中美欧三边关系的直接产物。如何在保持已有优势的基础上弥补短板,是欧盟数字化转型考虑的主要问题。另外,欧盟内部一直以来在数字领域存在的利益诉求也是欧盟在制定其数字化转型战略时的主要考量。

---

① Carlota Perez, *Technological Revolutions and Financial Capital: The Dynamics of Bubbles and Golden Ages*, Cambridge University Press, 2003, pp. 47 – 59, 转引自孙彦红、吕成达:《试析欧盟数字战略及其落实前景:一个技术进步驱动劳动生产率变化的视角》,载《欧洲研究》2021 年第 1 期,第 34 页。

② 孙彦红、吕成达:《试析欧盟数字战略及其落实前景:一个技术进步驱动劳动生产率变化的视角》,载《欧洲研究》2021 年第 1 期,第 44 页。

1. 数字技术领域的国际格局发生深刻变化

首先，在数字技术领域美国占主导和中国崛起凸显了欧盟的相对落后。数字技术是第四次工业革命的核心动力。欧盟的数字技术在世界上处于较为领先的地位，拥有人工智能广泛应用的制造业、掌握 5G 网络技术和设备的公司诺基亚和爱立信，以及在关键技术标准领域掌握话语权的欧洲电信标准协会（ETSI）、和思爱普（SAP）等信息技术行业巨头。但欧盟内部却存在明显的"数字鸿沟"：拥有前沿技术的公司多集中于荷兰、瑞典和芬兰等少数成员国，而欧盟整体同全球数字发展的领跑者之间还有一定差距。联合国《2021 年数字经济报告》显示，在全球体量前 100 的数字平台的市值总和中，中美两国占近了 90%，欧盟仅占 3%；在最前沿的区块链技术、物联网、人工智能等方面，中美两国在专利和投资上都具有优势，且一共掌握了占全世界一半的超大型数据中心。[1] 相比之下，一方面，欧盟没有本土的互联网巨头；另一方面，欧盟信息通信技术（ICT）产业同中美日相比，产业规模小且知识密度低。[2] 这导致了欧盟整体在数字经济上的相对落后，以电子商务，平台经济和数字支付这三个领域为例。在电子商务方面，欧盟最大的三家电子商务公司中的亚马逊和易贝来自美国，全球速卖通则来自中国。在平台经济方面，在全球前 100 强平台公司中，只有 12 家欧盟公司，其份额仅占 3%。

---

[1] UNCTAD, "Digital Economy Report 2021," September 29, 2021, https：//unctad. org/webflyer/digital－economy－report－2021.（访问时间：2021 年 10 月 1 日）.

[2] 2020 年 10 月，欧盟委员会发布的《2020 数字经济和社会指数（DESI）》显示，2017 年欧盟信息通信技术产业增加值达到 6800 亿欧元，其中信息通信技术非电信类服务业在 2006－2017 年间是唯一实现增值增长的信息通信技术部门，在 2006 年至 2017 年间增加值增长到 4500 亿欧元。而信息通讯技术电信类服务业和信息通信技术制造业的增加值在这一时期呈持续下降趋势，只是在最近两年下降趋势有所放缓。参见 European Commission, "The Digital Economy and Society Index (DESI)," October 29, 2020, https：//ec. europa. eu/digital－single－market/en/digital－economy－and－society－index－desi。

几乎所有定义数字经济的关键平台（如搜索、社交、云服务）都由美国或亚洲公司控制。在电子支付方面，在过去十年里大量被称为"数字钱包"的电子支付系统进入了欧盟市场，其中最知名的是总部位于美国的贝宝（PayPal）。新冠肺炎疫情更是暴露出欧盟的数字技术对其经济的支撑明显不足。

其次，中美战略竞争压缩了欧盟战略自主性空间。中美竞争仍将是未来10年甚至20年内世界格局的决定性特征。自2017年美国政府在官方战略文件中将中国定义为"长期战略竞争对手"以来，美国频繁从地缘政治角度解读中国的数字技术发展并宣扬对华"技术脱钩"，不仅在其国内加大了对中国数字企业投资审查和打击的力度，还不断向盟友施加外交和战略压力要求其排除中国技术。5G网络的全球推广是中美科技竞争的前沿阵地，欧盟对华为5G网络技术的政策调整就是美国战略施压的典型。2019年初，欧盟国家关注的还是5G技术本身的安全性问题，并倾向于通过加强统一技术认证和安全检查等方式来降低风险。但在美国的推动下，原本的技术安全问题逐渐被"政治化"：英国在2020年1月做出决定，允许华为协助建设英国的5G网络，但在2020年6月完全禁止了华为；欧委会和法德两国也相继表示要将5G技术的选择问题放到欧盟追求战略自主和地缘政治的大背景下进行考量。这些逆转正是欧盟战略自主性空间在中美竞争下被压缩的体现。此外，中美战略竞争的加剧还可能导致欧盟在全球舞台上的角色进一步边缘化——美国可能不会仔细考虑欧盟各国的利益诉求，但欧盟却有可能要分担中美竞争带来的不可预知的风险和成本。有欧盟学者认为，美国为了使盟友追随自己的遏制中国的政策，未来可能会利用这一关系向欧盟施压，即使这样会损害欧盟的利益。①

最后，欧盟对美国技术、平台的依赖和美国在数字领域长臂管辖权的扩张，增加了欧盟数字资源的安全风险。美国拥有制定互联网规则和标准的重大战略优势，作为与其分享这些能力的盟友，欧盟从其与美国的共生关系中受益匪浅。但近年来，随着美国向单边主义的戏剧化倒退和长臂管辖权的扩张，欧盟的重要数字技术设施和数据资产所面临的安全风险明显上升。"棱镜门"事件后，欧盟发现美国可以轻易对其几乎所有层面的信息进行收集、监控，欧盟所有战略在自己最强大的盟友美国面前近乎透明。欧盟对美国技术的高度依赖更是为美国政府的长臂管辖提供了便利。特朗普政府于2018年通过一项"云法案"，允许美国当局强迫位于美国的科技公司提供所要求的数据，无论这些数据是存储在美国境内还是境外。德国前经济部长彼得·阿尔特迈尔在2019年11月的一次企业家会议期间提出，许多公司将所有数据都外包给了美国企业，甚至德国内政部和社会保障系统的数据也越来越多地储存在微软和亚马逊的服务器上，这让德国"正在丧失一部分主权"。时任德国总理安格拉·默克尔也表示，欧盟应该通过开发自己的数据管理平台来宣称"数字主权"。② 这种对美国技术的高度依赖已经引起了欧盟国家的警惕。尽管拜登上台后美欧关系可能在一定程度上回到正轨，但在数字技术空前重要的今天，欧盟已不再满足于现状，而是从地缘政治的角度出发，试图利用其监管力量，通过加强工业和科技能力、

---

① Barbara Lippert and Volker Perthe, eds., "Strategic Rivalry between United States and China: Causes, Trajectories, and Implications for Europe," German Institute for International and Security Affairs, April 2020, https://www.swp - berlin. org/publications/products/research _ papers/2020RP04 _ China_ USA. pdf.

② Guy Chazan, "Angela Merkel Urges EU to Seize Control of Data from US Tech Titans," *Financial Times*, 13 November, 2019, https://www.ft. com/content/956ccaa6 - 0537 - 11ea - 9afa - d9e2401fa7ca.

利用外交实力和外部金融工具来推进"欧洲方式"（European Approach）并塑造全球互动。①

2. 欧盟在数字领域的利益诉求更加迫切

欧盟在数字领域主要存在安全、发展与权力三方面的利益诉求。随着数字技术的发展和国际格局的变化，欧盟在这三方面具体的诉求也相应发生了变化。

第一，融合政治和经济考虑的安全诉求。在政治安全方面，欧盟的核心价值观要求重视对公民个人的隐私和数据的保护，但掌握巨大用户群体信息的互联网巨头中很少有来自欧盟本土的企业，这使得欧盟的云和数据存储市场几乎完全由非欧盟供应商主导。2018年爆出的"脸书－剑桥分析数据丑闻"表明，在线平台掌握的个人数据同样可能被应用于政治目的，这类现象被称为监视资本主义。② 监视资本主义在损害欧盟公民的个人隐私和数据安全的同时，也对欧盟认同的核心价值观和民主政治制度提出了挑战。在经济安全方面，高度联通的互联网体系在为欧盟的关键经济部门、复杂工业体系和众多商业模式提供支撑的同时，也使其经济体系面临网络安全的威胁。欧盟内部的基础设施相互连通，但各成员国之间发展的不均衡和不协调增加了欧盟整体基础设施的风险性，各国机构间的差异和跨国联合行动的缺乏更是使得各国难以协调应对。③ 欧洲网络与信息安全局（ENISA）发布的《2020 年度欧盟网络威胁态势报告》显示，2019—2020 年，欧盟及其相关地区遭受网络威胁的复杂程度

① European Commission, "Shaping Europe's Digital Future," February 19, 2020, https：//ec. europa. eu/info/strategy/priorities－2019－2024/europe－fit－digital－age/shaping－europe－digital－future_en.

② Shoshana Zobuff, *The Age of Surveillance Capitalism*, London：Public Affairs, 2019.

③ 王磊、蔡斌：《网络空间的威斯特伐利亚体系：欧盟网络信息安全战略解析》，载《中国信息安全》，2012 年第 7 期，第 61 页。

有所提高，新冠肺炎疫情使得远程工作、在线购物和电子医疗等敏感领域面临的网络攻击风险明显上升。[①] 这让基础设施相互依赖的欧盟社会的脆弱性更加明显。

第二，以科技创新促进经济进步的发展诉求。以数字技术为主的一系列技术创新已成为欧盟经济的主要战略资产，也是欧盟未来经济增长的主要潜力所在。同时，数字发展也是实现欧盟绿色环保政策目标和可持续发展目标的关键。[②] 2020 年 2 月，欧盟委员会接连发布了三份重要的数字战略文件，分别是《塑造欧盟的数字未来》《人工智能白皮书》和《欧盟数据战略》。这三份战略文件被称为欧盟的"数字新政"，集中代表了欧盟在数字时代新的发展愿景。《塑造欧盟的数字未来》提出，欧盟如果想真正影响数字技术在全球范围内开发和使用的方式，它本身必须成为一个"强大、独立且目的明确的数字参与者"；《人工智能白皮书》提出，欧盟要成为"数字经济和应用创新的全球领导者"；《欧盟数据战略》提出，欧盟在下一个数字十年的目标是"在全球数据经济中的市场份额至少与其经济实力相匹配"。简言之，欧盟希望能在数字经济领域同中美形成三足鼎立的局面，成为可以与中美竞争的第三极。

第三，从技术、规则到话语的权力诉求。由于自身经济份额下降、经济全球化进程受阻和世界范围内自由主义政治理论遭遇挫折，欧盟内部有关自身世界地位的讨论语境发生了很大变化，从以往偏重于讨论建立全球自由秩序、加强跨大西洋伙伴关系和维护多边主义，到现在更多地将重点放在维护欧盟主权，确保战略自主和保护

① European Union Agency for Cybersecurity（ENISA），"From January 2019 to April 2020 Main Incidents in the EU and Worldwide ENISA Treat Landscape," October 2020, https：//www. enisa. europa. eu/ publications/enisa – threat – landscape – 2020 – main – incidents.

② European Commission，"Shaping Europe's Digital Future," February 19, 2020, https：// ec. europa. eu/info/strategy/priorities – 2019 – 2024/europe – fit – digital – age/shaping – europe – digital – future_en.

欧盟生活方式上，这反映了欧盟的地缘政治意识正在重新加强。具体到数字领域，欧盟的权力诉求自然转换为数字空间的战略自主权与国际影响力。今天，中美技术竞争正在重塑包括数字领域在内的全球科技格局和全球治理结构。有欧盟学者认为，数字经济中的核心大国会利用技术依赖来促进他们自己的利益，并且其数字技术并非是价值中立的，例如，美国亚马逊的全球物流系统和优步的移动平台就具体体现了盎格鲁－撒克逊关于如何组织经济竞争的观点，他们的思想和规范通过这些平台在全球进行传播。① 由此，这种技术依赖便成为核心大国对依赖它们的国家和企业施加政治和经济影响的一种"武器"。② 这种技术依赖不仅威胁到了欧盟公民对其个人数据的控制，还制约着欧盟数字经济和创新潜力，影响欧盟及其成员国的执法能力。欧盟寻求战略自主，意味着其必须在数字领域具有独立的控制技术应用与发展的能力。与此同时，欧盟也在探索如何利用自身在制定监管规则和法律法规方面的优势，重新定义数字空间的意识形态，将欧盟话语纳入到全球数字空间的规则制定中，从而将"欧洲道路"向全球推广，最终建立其全球性的领导地位。

二、欧盟"技术主权"和"数字主权"的概念来源及其特征

"主权"一词通常指民族国家在其领土范围内所享有的排他性和

---

① Matthias Schulze and Daniel Voelsen, "Digital Spheres of Influence," in *Strategic Rivalry between United States and China: Causes, Trajectories, and Implications for Europe*, eds. Barbara Lippert and Volker Perthes, Meredith Dale trans, pp. 31 – 32, https://www.swp – berlin.org/10.18449/2020RP04/.

② Henry Farrell and Abraham L. Newman, "Weaponized Interdependence: How Global Economic Networks Shape State Coercion," *International Security*, Vol. 44, No. 1, 2019, pp. 42 – 79.

强制性的管辖权。^① 在国际法层面，"主权"更多地用来强调没有高于民族国家的权力。^② 欧盟一体化的过程是欧洲民族国家将部分主权让渡到一个类似于超国家机构的过程。鉴于欧盟的法律性质、推动一体化的需要和"主权"一词本身所具有的模糊性，为避免同成员国在权力划分上产生歧义，欧盟过去一直避免使用"主权"来代指自己的权力，欧盟的宪法条约中也没有出现"主权"一词。

因此在 2018 年，当时任欧委会主席让·容克宣布"欧洲主权的时刻已经到来"时，^③ 这一言论在欧洲引发了巨大争议。但从 2019 年起，有关"数字""技术"和"主权"的话语已经越来越多地出现在欧盟及其成员国的领导层中。^④ 自 2019 年起，法德领导人便开始关注和商讨"欧盟企业托管于美国的数据安全"和"培育有竞争力的欧盟企业"等议题，并逐步释放出清晰的信号：欧盟需要追求"数字主权"。2019 年，法国总统埃马纽埃尔·马克龙在接受《经济学人》采访时谈到 5G 问题，他声称这是一个主权问题，并表示欧洲需要重新考虑自己的主权并用"主权和权力的'语法'来武装自己"。^⑤ 2020 年 10 月，时任德国总理默克尔表示，欧盟的竞争规则"必须迅速现代化"以便"从欧盟中产生更多全球竞争者"，"这对

① Stephen Krasner, *Sovereignty: Organized Hypocrisy*, New Jersey: Princeton University Press, 1999.

② Jean Combacau and Serge Sur, *Droit International Public*, Theodore Christakis trans, Paris: Montchrestien, 2012, p. 236.

③ European Commission, *The State of the Union* 2018: *The Hour of European Sovereignty*, September 12, 2018, https://eeas.europa.eu/delegations/russia _ en/50422/The% 20State% 20of% 20the% 20Union% 202018: % 20The% 20Hour% 20of% 20European% 20Sovereignty.

④ Paul Timmers, "When Sovereignty Leads and Cyber Law Follows," Directions/Cyber Digital Europe, October 13, 2020, https://directionsblog.eu/when - sovereignty - leads - and - cyber - law - follows/.

⑤ Emmanuel Macron, "'On the edge of a precipice': Macron's stark warning to Europe," *The Economist*, November 7, 2019.

欧盟成为数字领域的'主权国家'尤为重要"。① 欧盟官员也接受了
"主权"一词,欧委会主席冯德莱恩在其 2019 年被提名时推出的未
来施政纲领文件中提到要振兴"欧洲技术主权"。② 欧盟内部市场专
员蒂埃里·布雷顿也强调,"面对中美技术战,欧洲现在必须为未来
20 年的数字主权奠定基础"。③

　　从概念渊源来看,一方面,"技术主权""数字主权"等概念是
近年来欧盟提出的"战略自主""主权欧洲"和"欧洲主权"等思
想在数字领域的延伸。自 2017 年法国总统马克龙在索邦演讲中提出
"主权欧洲"的概念后,"战略自主"和建设"欧洲主权"的话语逐
渐回到欧盟政治精英的视野。④ 这一套政治话语体系的构建,既是为
了应对内部的民族主义和民粹主义压力,也有对外建设和提高欧盟
作为独立国际政治行为体的影响力的考量;⑤ 另一方面,"技术主
权"和"数字主权"等话语是一直以来欧盟在数字领域尤其是网络
空间的主权诉求的概念化。各国在数字领域普遍存在主权诉求,但
在国家主权于网络空间的适用性问题上存在争议。然而,随着数字
经济重要性的上升和网络安全问题的凸显,欧洲的经济发展和安全
保障越来越需要欧盟作为一个政治行为体来发挥作用,"技术主权"

---

① Paola Tamma, "Europe Wants 'Strategic Autonomy': It Just Has to Decide What That Means," *Politico*, October 15, 2020.

② Candidate for President of the European Commission Ursula Von der Leyen, "A Union that Strives for More," in *Political Guidelines for the Next European Commission 2019 - 2024*, October 9, 2019, https://ec. europa. eu/info/sites/default/files/political - guidelines - next - commission_en_0. pdf.

③ European Commission, "Europe: The Keys to Sovereignty," September 11, 2020, https://ec. europa. eu/commission/commissioners/2019 - 2024/breton/announcements/europe - keys - sovereignty_en.

④ France Diplomacy, "President Macron's Initiative for Europe: A Sovereign, United, Democratic Europe," September 26, 2017, https://www. diplomatie. gouv. fr/en/french - foreign - policy/europe/president - macron - s - initiative - for - europe - a - sovereign - united - democratic - europe/; Jean - Claude Junker, "State of the Union 2018: The Hour of European Sovereignty," September 12, 2018, https://eeas. europa. eu/delegations/russia _ en/50422/The% 20State% 20of% 20the% 20Union% 202018:% 20The% 20Hour% 20of% 20European% 20Sovereignty.

⑤ 金玲:《"主权欧洲"、新冠疫情与中欧关系》,载《外交评论》,2020 年第 4 期,第 74 页。

和"数字主权"等概念正是欧盟在这一背景下提出的概念工具，是一种灵活的话语体系。欧盟政治家将其作为在日益激烈的地缘政治竞争中保持自身行动能力的关键一步。

从 2020 年初起，关于数字空间主权的思想开始频繁地出现在欧盟的战略文件和政策法规中，类似的表述包括"技术主权""数字主权"和"数据主权"等。欧委会主席冯德莱恩在 2020 年 1 月的讲话中用"技术主权"一词概括了欧盟在数字领域所应具备的能力，即"根据自己的价值观、遵守自己的规则、做出自己的选择的能力"。① 此后，欧盟对数字领域的主权问题给予了前所未有的重视，并提出了各种战略方针。2020 年 2 月，欧盟委员会接连发布了《塑造欧洲的数字未来》《欧洲数据战略》及《人工智能白皮书》三份被称为"数字新政"的战略文件，都强调了对"技术主权"的诉求。② 其中，《欧洲数据战略》提出要提升欧洲的"数据主权"。③ 2020 年 7 月 14 日，欧盟议会发布的《欧洲的数字主权》报告又提出并明确定义了"数字主权"这一概念，它指的是"欧洲在数字世界自主行动的能力，是一种推动数字创新的保护机制和防御性工具"。此外，报告还提到要建立一个欧洲云和数据基础设施以加强欧洲的"数据主权"，并讨论了在欧盟层面的公共采购合同中加入

---

① "Ursula von der Leyen: Tech Sovereignty Key for EU's Future Goals," *Irish Examiner*, February 18, 2020, https://www.irishexaminer.com/business/arid-30982505.html.

② European Commission, "Shaping Europe's Digital Future," February 19, 2020, https://ec.europa.eu/info/strategy/priorities-2019-2024/europe-fit-digital-age/shaping-europe-digital-future_en; European Commission, "A European Strategy for Data," February 19, 2020, https://ec.europa.eu/info/strategy/priorities-2019-2024/europe-fit-digital-age/european-data-strategy_en; European Commission, "The White Paper on Artificial Intelligence: A European Approach to Excellence and Trust," February 19, 2020, https://ec.europa.eu/info/sites/default/files/commission-white-paper-artificial-intelligence-feb2020_en.pdf.

③ European Commission, "Summary Report of the Public Consultation on the European Strategy for Data," July 24, 2020, https://digital-strategy.ec.europa.eu/en/summary-report-public-consultation-european-strategy-data.

"数据主权"相关条款的可能性。^①2021年3月,欧委会发布《2030数字罗盘》计划,明确提出该计划的目的之一便是"在一个开放和互联的世界中加强本地区的数字主权"。^②

"技术主权""数字主权"和"数据主权"等主权概念的提出基于主权原则在网络空间多元的适用场景和领域,三者的核心关切或侧重点有所不同,但又有所联系。"技术主权"概念的指向对象是欧盟境内技术的发展和应用,"数字主权"针对的是发生在欧盟数字空间的所有数字行为,"数据主权"则是针对欧盟境内产生的个人数据和非个人数据的储存和流动。在这三者之中,欧盟官方战略文件并未对"数据主权"进行单独定义,而是将"数据主权"视为"数字主权"和"技术主权"的下位概念或构成要素。例如,欧洲议会发布的《欧洲的数字主权》报告提出的第一条促进欧盟"数字主权"的措施便是建立数据框架,其中便包括通过建设欧洲云和数据基础设施来加强欧洲的"数据主权"。《欧洲数据战略》则将欧洲数据空间建设视为增强欧盟"技术主权"的重要措施。相比之下,"数字主权"和"技术主权"则是欧盟领导层对欧盟数字化转型的总体设计,具有全局性。而这两者相比,"技术主权"聚焦欧盟在前沿技术领域的自主能力。"数字主权"则旨在提升欧盟在数字时代的"战略自主"能力,二者是欧盟在数字领域主权目标的一体两面,共同旨在强化欧盟在数字领域的决策能力、政策执行力和国际影响力。

---

① European Parliament, "Digital Sovereignty for Europe," July 2, 2020, https://www. europarl. europa. eu/thinktank/en/document. html? reference = EPRS_BRI（2020）651992.

② European Commission, "2030 Digital Compass: the European Way for the Digital Decade," Mary 9, 2021, https://ec. europa. eu/info/sites/default/files/communication - digital - compass - 2030 _en. pdf.

三、"技术主权"和"数字主权"话语下欧盟的数字化转型战略

从具体的政策措施出发，可以将欧盟所强调的主权概念归纳为三个层面的权力，分别是制度层面的规范性权力（制定和影响技术标准和管理规则的能力）、技术层面的自主技术能力（独立开发和维持关键技术的能力）和观念层面的文化软实力（欧盟数字治理的意识形态的影响力）。在此基础上，欧盟通过完善监管和规则体系、加强数字自主能力建设和宣传欧盟的治理理念三方面来塑造其独特的数字化转型之路。

（一）制度领域：完善监管和规则体系

欧盟的"技术主权"和"数字主权"话语所追求的首要目标在于建立一种数字领域的"规范性"力量，通过加强制定规则的能力来弥补欧盟在硬实力上的短板。一方面，欧盟不断完善自身在数字领域的法律法规，利用其市场规模所衍生的规则力量和杠杆效应，推动其数字空间治理原则和数字产业标准的国际化；另一方面，欧盟重视国际合作，通过跨国界管辖和建立意愿联盟，利用其多边国际机制的优势在国际社会发挥"规范性"的领导作用，以介入全球数字空间的规则制定。

1. 完善自身数字领域的法律法规

欧盟通过建立基本的隐私和数据保护体系、消费者保护、产品安全和责任规则等法律框架对数字技术的发展和应用进行持续监管，既是为了通过单边监管、规则先行，利用协同效应提高欧盟数字领

域立法的全球影响力,也有对非欧盟互联网企业在欧盟的扩张形成制约,为境内科技企业争取发展空间的考量。

近年来,欧盟先后颁布了一系列数字领域的法规和草案。2016年出台的《网络与信息安全指令》是欧盟首部网络安全法规。2018年生效的《通用数据保护条例》主要内容在于规范互联网公司使用个人数据的行为以及统一成员国在数据保护方面的规则。2019年6月实施的《网络安全法》赋予了欧委会更多的监管权力并完善了欧盟的网络安全保护框架。2020年12月出台的《数字服务法》草案规定了作为消费者与商品、服务和内容的中介的数字服务商应承担的义务,为在线平台创设了强有力的透明度要求和问责机制。同年的《数字市场法》草案则主要适用于根据法案中的客观标准被认定为"守门人"的大型在线企业,目标在于通过加强守门人平台进行规制与监管,防止科技巨头对企业和消费者施加不公平的条件,从而促进欧盟数字市场的创新、增长和竞争。

综合来看,欧盟近年来制定的一系列法律法规主要包含四个方面的内容:一是构建统一的欧盟网络安全认证制度;[①] 二是促进欧盟内部的国际协调,包括推动跨境数据的自由流动、单一数字市场的建设和网络安全问题的共同应对;三是建立严格的隐私和数据保护机制;四是营造促进技术创新的商业竞争环境,强化对互联网科技巨头的监管和规制。总体上,欧盟近年来在数字领域的立法呈现出"外严内松"的特点。在欧盟内部,欧委会通过立法推动个人数据的跨境流动和非个人数据的自由流动,构建欧盟统一的数据空间;统一监管规则、竞争规则,消除彼此间数字市场门槛,构建欧盟数字市场;加强网络安全领域的信息共享和协调合作。对外则立法要求

---

① 吴沈括、黄伟庆:《欧盟:网络安全治理的"新规划"》,《检察日报》2019年8月24日,第3版。

"严进严出"：一方面建立严格统一的安全认证标准，提高非欧盟企业进入欧盟市场的安全要求和门槛，针对非欧盟互联网巨头制定更加严格的竞争规则；另一方面加强了对欧盟内部数据向境外传输的管控。

2. 通过国际合作和跨国界管辖的方式促进欧盟规范的国际化

欧盟善于运用"规范性权力"，提倡"率先垂范的领导"。[①] 这种利用"规范性权力"潜移默化地影响甚至塑造全球技术标准与管理规则体系的现象被称为"布鲁塞尔效应"。[②] 在自身数字技术条件相对落后的情况下，欧盟通过在立法中设立域外范围、跨国界管辖以及与"志同道合"的国家建立意愿联盟等方式推动其治理规范的国际化，提升欧盟在数字领域的规则制定上的话语权。

在数据管理方面，自2016年以来，欧盟逐渐在立法中将欧盟内部的数据保护与外部维度联系在一起，这不仅意味着欧盟的法规适用于欧盟境外的掌握欧盟公民数据的外国公司，还意味着欧盟委员会有权审查非欧盟国家是否提供了足够的保护水平。例如，欧盟法院明确将第三国"法律体系"和"公权力对个人数据的访问"作为评估第三国个人数据的保护水平的主要依据，欧盟可以发起对个人数据转移到欧盟境外国家的合法性审查。对相关国家法律的评估范围覆盖实体权力、程序性限制、个体权利保障和司法救济等方方面面。印度、泰国、智利、澳大利亚等国受此启发也开始起草或实施个人数据流动法规，包括日本在内的一些国家利用包括《通用数据保护条例》在内的现有框架起草了自己的数据法规。在平台监管方

---

① Ian Manners, "Normative Power Europe: A Contradiction in Terms?" *Journal of Common Market Studies*, Vol. 40, No. 2, 2002, pp. 235–258.

② Anu Bradford, "The Brussels Effect," *Northwestern University Law Review*, Vol. 107, No. 1, 2012, pp. 2–68.

面,欧盟积极推动经合组织内部在平台和平台监管等数字领域的关键议题上的讨论,并希望能够以经合组织为牵头组织在推动平台监管、塑造平台经济框架方面发挥领导作用。[①] 在网络安全领域,欧盟一直努力推动其主导的《布达佩斯网络犯罪公约》的国际化,反对在联合国层面新设相关国际文书。通过这些方式,欧盟强化了自身在数字领域设置议题的能力,有力推动了符合欧盟价值观的治理规则的国际化。

(二) 技术领域:加强数字技术能力建设

"技术主权"和"数字主权"诉求的核心在于实力建设。德国国际与安全事务研究所的报告认为,在中美竞争的背景下,像欧盟这样的"第三国"有三种可能的选择,除加入中国或美国一方或有选择地依赖来自双方的技术,就只有"在所有关键技术领域开发替代品并创建自己的技术势力范围"这一个选项。[②] 从长远来看,自主数字技术能力是确保欧盟安全、推动欧盟经济发展和数字监管的最重要的保障。为此,欧盟制订了一套行动计划以加强自身数字技术能力的建设。

1. 建设促进技术创新的欧盟单一数字市场

欧盟单一数字市场的建设由于语言差异、人口规模以及因成员

---

① Brigitte Dekker and Maaike Okano – Heijmans, "Europe's Digital Decade? Navigating the Global Battle for Digital Superemacy," Clingendael, October 21, 2020, https: //www. clingendael. org/publication/europes – digital – decade.

② Barbara Lippert and Volker Perthes, eds. , "Strategic Rivalry between United States and China: Causes, Traj – ectories, and Implications for Europe," German Institute for International and Security Affairs, April 2020, https: //www. swp – berlin. org/publications/products/research_papers/2020RP04_China_USA. pdf.

国发展不均衡导致的多元碎片化的市场形态等因素一直面临很大困难，这严重阻碍了欧盟数字经济的发展和数字技术的创新。为此，欧盟近年来在促进服务及数据等生产要素在欧盟范围内的自由流动方面做出了很多努力，采取了包括统一管理规则、减少在线活动的准入门槛、消除不合理的地域封锁、简化税收规则等措施。希望通过优化共同市场的运行机制来为本土科技企业营造相对有利的商业竞争环境，以促进其技术研发和科技创新。在数据方面，2020 年 2 月的《欧洲数据战略》提出，要通过建立一套统一规则的高效的执法机制来实现单一的欧洲数据空间。在数字支付方面，为打破非欧盟企业的垄断，欧盟计划打造一个单一金融数据公共空间，通过立法要求金融机构发布数字产品、交换金融结果等重要数据，并允许银行向消费者和商业机构提供创新的支付服务，从而推动欧盟统一的数字支付计划。此外，欧盟还于同年 5 月建立了"欧盟数字支付产业联盟"，并提出了一项旨在推出全新本土联合支付系统的"欧盟支付倡议"。[①] 在行政服务方面，鉴于跨境服务困难、行政手续繁琐等问题，《欧盟新工业战略》提出要在诸多边境地带建立合作伙伴关系，统一协调跨境提供服务的规则和程序。[②]

2. 制定产业政策，集中资源推动数字技术研发和科技公司发展

近年来，欧盟出台了数量可观的数字领域的产业政策，从投资计划、人才培养、发展规划和评估系统等方面为数字技术的发展制定了宏伟的蓝图，包括：2019 年的《战略规划 2019—2024》《欧盟 2030 工业展望》和"欧洲未来基金"计划等，2020 年的《塑造欧

---

① The European Central Bank（ECB），"ECB Welcomes Initiative to Launch New European Payment Solution，" July 2，2020，https：//www. ecb. europa. eu/press/pr/date/2020/html/ecb. pr200702 ~ 214c52c76b. en. html.

② European Commission，"A New Industrial Strategy for Europe，" March 10，2020，https：//eur - lex. europa. eu/legal - content/EN/TXT/? qid = 1593086905382&uri = CELEX%3A52020DC0102.

洲的数字未来》《人工智能白皮书》《欧洲数据战略》和《欧洲新工业战略》等，以及 2021 年 3 月的《2030 数字罗盘》计划。

在投资方面，欧盟重视提高公共基金对技术研发的支持力度和促进数字技术研发领域投资力量的汇聚。2019 年 8 月，欧委会提出了一项由成员国出资组建主权财富基金的"欧洲未来基金"计划，旨在对"欧盟具有战略意义的重要领域的企业"进行长期股权投资，以提高欧盟在战略价值链上的地位。《塑造欧洲的数字未来》报告指出，欧盟每年仅在数字基础设施和网络方面的投资缺口就达 650 亿欧元，而如果在 2022 年之前加大投资并采取措施，将使欧盟的国内生产总值额外增长 3.2%，并在 2030 年前创造更多的就业机会。[①] 对此，欧盟的多个产业政策都提出，要尽快加大对战略能力的投资，制定新的欧盟多年财富框架，实施有针对性的筹资计划，包括"数字欧盟计划""连通欧盟设施计划""地平线计划""太空计划""投资欧盟"和农村发展基金等，对区块链技术、高性能计算技术、量子技术和人工智能等领域进行重点投资。[②] 法国总统马克龙在 2020 年 12 月的演讲中也表示，为实现欧洲的"数字主权"，欧盟将更多地参与到科技公司的创业融资中。[③]

在数字人才培养上，一方面，欧盟的产业政策重视对数字技术专业人才的汇聚和培养。例如，《人工智能白皮书》提出，要建立一

---

① European Commission, "Shaping Europe's Digital Future," February 19, 2020, https://ec. europa. eu/info/strategy/priorities – 2019 – 2024/europe – fit – digital – age/shaping – europe – digital – future_en.

② 2020 年，欧委会发布的数字经济和社会指数报告重点介绍了几种决定影响未来经济竞争力的新兴技术，包括区块链技术、高性能计算技术、量子计算技术等。在这些领域欧盟同美国和中国相比都存在巨大的投资缺口。European Commission, "The Digital Economy and Society Index (DESI)," December 18, 2020; European Commission, "Shaping Europe's Digital Future," February 19, 2020.

③ Ryan Browne, "France's Macron Lays Out a Vision for European 'Digital Sovereignty'," December 8, 2020, https://www. cnbc. com/2020/12/08/frances – macron – lays – out – a – vision – for – european – digital – sovereignty. html.

个具有标杆意义的世界级的人工智能研发中心，以整合欧洲分散的研发力量、吸引全球的优质人才和投资。① 另一方面，欧盟的产业政策还强调了对普通民众数字技能的培养，将人工智能、个人数据技能等作为工作技能培养的一部分。《2030 数字罗盘》计划提出到2030 年，欧盟境内至少 80% 的成年人应具备基本的数字技能。② 在发展规划和评估系统方面，欧盟的产业政策描绘了欧盟未来 5—10年在人工智能、半导体制造、量子计算、工业互联网、区块链等领域的发展蓝图，例如《2030 数字罗盘》计划便为欧盟实现 5G 全覆盖、半导体产量提升、生产出第一台具有量子加速功能的量子计算机等技术目标制定了具体的时间表，并提出建立一个监测体系以衡量成员国的计划进展状况。③

3. 建立自主云数字技术设施并完善数据治理框架

数据资源是数字时代科技创新的重要基础，缺乏对数据的有效控制是欧盟在新兴技术发展领域创新乏力的另一重要原因。欧盟认为美国以谷歌、苹果、脸书、亚马逊和微软为代表的互联网巨头对数据的控制使得其他公司很难在创新上竞争，这些非欧盟公司可以迅速开发关键基础设施（如数据中心）并进入新的行业领域。例如，谷歌从搜索引擎优化转向机器人技术，以及亚马逊从在线市场到云计算再到医疗保健的转变；另外，过度监管也是导致欧盟错过这一

---

① European Commission, "The White Paper on Artificial Intelligence: A European Approach to Excellence and Trust," February 19, 2020, https://ec. europa. eu/info/files/white – paper – artificial – intelligence – european – approach – excellence – and – trust_en.

② European Commission, "2030 Digital Compass: the European Way for the Digital Decade," March 9, 2021, https://ec. europa. eu/info/sites/default/files/communication – digital – compass – 2030 _en. pdf.

③ Ibid.

波科技繁荣的又一重要原因。[①]

　　针对这些问题,《欧盟数据战略》提出要投资发展欧盟自己的云服务产业,在战略行业建立一个欧盟范围内公共的、可互操作的数据空间,使欧盟的企业能够从数据生成、处理、访问和复用的整个价值链中获益,进而在欧盟开发一个基于数据和云供应业的、贯穿整个价值链的动态生态系统。[②] 2020 年 6 月,欧盟推出了一个名为"Gaia - X"的平台,这项有 22 家公司参与的云计划将欧盟的云服务结合在一起,旨在为工业数据和此类数据的跨境移动提供安全的基础设施。2020 年 10 月,欧盟理事会通过了《云联盟联合声明》,表示要建立欧盟云基础设施联合会并在 2022 年启动欧盟云服务市场,建立治理框架和欧盟云规则手册。[③] 这表示欧洲数据战略的目标除了维护欧盟的数据价值外,还试图利用欧盟的监管权力,为全球数据基础设施设定一个"黄金标准",建立一个类似《通用数据保护条例》的全球数据保护标准。

(三)观念领域:宣传欧盟数字空间治理的意识形态

　　"技术主权"和"数字主权"作为一种更加灵活、务实的话语体系,对内能够凝聚共识,将各国国内民粹主义的诉求纳入到欧盟主流话语中,推动欧盟内部数字空间的一体化;对外则为欧盟宣传自身数字空间治理的意识形态、推广欧盟价值和理念提供了支撑,

---

① James A. Lewis, "Digital Sovereignty in a Time of Conflict," ORF, October 26, 2020, https://www. orfonline. org/expert - speak/digital - sovereignty - in - a - time - of - conflict/.

② European Commission, "A European Strategy for Data," February 19, 2020, https://ec. europa. eu/info/strategy/priorities - 2019 - 2024/europe - fit - digital - age/european - data - strategy_en.

③ The European Council, "Building the Next Generation Cloud for Businesses and the Public Sector in the EU," October 15, 2020, https://digital - strategy. ec. europa. eu/en/news/towards - next - generation - cloud - europe.

与制度和技术层面的两条举措相辅相成，共同为实现欧盟的主导能力、重返领导者这一目标服务。这一观念领域行动包括以下三个方面：

1. 将欧盟价值观纳入治理规则和技术标准制定的考量中

为了能够在数字领域"按照自己的标准和原则"做出自己的选择，欧盟强调应将伦理问题纳入到新兴技术的标准制定过程中，通过参与国际技术标准制定推广欧盟所认可的技术核心原则。欧委会主席冯德莱恩在其年度国情咨文中提及，"数字欧洲计划"必须遵循"隐私权和连通性、言论自由、数据流通自由与网络安全"的原则。[①] 欧盟《人工智能白皮书》指出，欧盟的人工智能要基于欧盟的价值观和基本权利，为实现可持续发展、支持民主进程和保障社会权利发挥作用。[②] 欧盟理事会于 2020 年 11 月批准的《2020 至 2024 年人权与民主行动计划》强调数字技术必须以人为本并遵守人权原则，警惕人工智能等新技术对人权和民主国家带来的风险，并提出要推动制定在数字环境中维护人权和民主的国际标准，在新技术研发设计部署使用中执行高水平的伦理标准。[③] 2020 年 12 月发布的《欧盟网络安全战略》则提出，人工智能、云技术、量子计算和量子通信等技术的标准化问题已逐渐成为意识形态和政治角逐的舞台，欧盟应加强同国际标准制定组织的沟通与合作，使国际领域的

---

① European Commission, "State of the Union Address by President von der Leyen at the European Parliament Plenary," September 16, 2020, https://ec.europa.eu/commission/presscorner/detail/en/SPEECH_20_1655.

② European Commission, "The White Paper on Artificial Intelligence: A European Approach to Excellence and Trust," February 19, 2020, https://ec.europa.eu/info/files/white-paper-artificial-intelligence-european-approach-excellence-and-trust_en.

③ European Commission, "Human Rights and Democracy in the EU-2020-24 Action Plan," March 25, 2020, https://ec.europa.eu/info/law/better-regulation/have-your-say/initiatives/12122-EU-Action-Plan-on-Human-Rights-and-Democracy-2020-2024.

技术标准制定符合欧盟的核心原则。①

2. 在内部培养一种基于欧盟价值观的、整体的数字领域的主权意识

"技术主权"和"数字主权"不仅是欧盟对外寻求战略自主性的概念工具，而且对凝聚欧盟内部在数字问题上的共识、加强内部协调和推动欧盟在数字领域的一体化有重要意义。新冠肺炎疫情以来，欧盟在协调各成员国抗击疫情方面应对不力，使得各成员国国内"反欧""反一体化"和呼吁"主权国家意识"的民粹主义声音日益高涨。在这一背景下，呼吁成员国团结一致从外部大国的手中夺回欧洲主权的"技术主权"和"数字主权"等概念便起到了凝聚共识、调解欧盟同其成员国之间的内部矛盾、增强欧盟的"超国家"权力的作用。"技术主权"和"数字主权"话语下的欧盟数字战略强调理念优先，所有的目标和相关的实现路径都指向平等、民主、协作、隐私保护、基本权利等核心价值，强调欧盟现实中的价值取向和法律规范在数字领域的适用性。2020年的《欧盟网络安全战略》提出，"地缘政治的紧张局势加剧了威胁格局，威胁着全球开放的网络空间，也威胁着欧盟的核心价值观——法治、基本权利、自由和民主"，为此，欧盟需要推动一种"以法治、人权、基本自由和民主价值观为基础的网络空间治理模式"。② 此外，欧盟还提倡通过教育和职业培训来提高成员国公民的数字主权和安全意识。

---

① European Commission, "The EU's Cybersecurity Strategy for the Digital Decade," December 16, 2020, https：//ec. europa. eu/digital – single – market/en/news/eus – cybersecurity – strategy – digital – decade.

② European Commission, "The EU's Cybersecurity Strategy in the Digital Decade," December 16, 2020, https：//digital – strategy. ec. europa. eu/en/library/eus – cybersecurity – strategy – digital – decade.

3. 通过共同外交推广欧盟的数字空间治理理念

此外，为了提高欧盟整体在数字领域的影响力，欧盟明确将数字空间问题纳入欧盟对外关系和共同外交与安全政策中。"技术主权"和"数字主权"的话语在其中的作用表现为：一方面，"技术主权"和"数字主权"是欧盟各国进行网络外交的黏合剂，在这一共同诉求下欧盟机构得以代表欧盟国家在网络外交中发挥更大作用；另一方面，"技术主权"和"数字主权"为欧盟通过数字外交推广其数字空间治理理念提供了依据。欧盟以"技术主权"和"数字主权"为名制定了一系列外交行动计划，包括支持非洲数字化转型，帮助非洲建立一个单一的非洲数字市场；与志同道合的、共享欧洲价值观和高标准的伙伴国家商讨建立"可信赖的数据联盟"；出台一项环球数字合作战略，为全球数字化转型提供一套"欧洲方案"；基于欧洲价值观在数字技术及其应用的国际规范和标准方面加强与七国集团等国际伙伴的紧密合作。① 在 2020 年《欧盟网络安全战略》中，欧盟明确表达了对全球连通性可能带来的审查制度、大规模监控、数据隐私泄露等问题的反对态度，并表示要落实《2020 - 2024 人权与民主行动计划》，将数字领域的人权和民主议题作为欧盟对外关系的优先重点来推动欧盟的人权价值理念并影响国际实践。②

---

① European Commission, "Shaping Europe's Digital Future," February 19, 2020, https: // ec. europa. eu/info/strategy/priorities – 2019 – 2024/europe – fit – digital – age/shaping – europe – digital – future_en.

② European Commission, "The EU's Cybersecurity Strategy for the Digital Decade," December 16, 2020, https: //ec. europa. eu/digital – single – market/en/news/eus – cybersecurity – strategy – digital – decade.

四、"技术主权"和"数字主权"话语下欧盟 数字化转型战略的特点和意义

欧盟在设计数字化转型战略时强调要探索一条符合欧盟价值观的"欧洲道路",其数字化转型战略在观念、目标、手段和治理模式上分别具有以下特点。

(一)主权话语下的"数字化转型"战略在观念上以人权保护为抓手

欧盟将数字领域的主权理论建立在个人权利保护的基础上,以个人权利保护为突破口来彰显欧盟的数字主权。因此,欧盟的数字空间治理侧重保护用户权益,在发展数字经济时强调用户与数据控制者之间的力量平衡,在安全方面则重视个人信息和数据安全。

欧盟认为,物理空间的秩序和规则体系在数字空间具有相同的适用性,不同社会和场景中的保护水平应当一致。例如在个人信息处理问题上,欧盟制定的《通用数据保护条例》便是一部无差别覆盖各行各业个人信息处理行为的单行法,该法制定了严格的个人隐私保护要求,赋予数据主体包括知情权、访问权、修正权、被遗忘权、限制处理权、可携带权和拒绝权七项数据权利。此外,该法还为个人数据流动制定了严格的标准合同条款、约束性公司规则、行为规范和认证机制。在赋予个人在网络空间丰富的个人权利的同时,为有能力处理个人数据的组织制定了严格的约束性规则,以此来管控数字化对个人权利带来的负面风险,使数字空间治理符合欧盟价值观。这些强调保障个人信息权利的政策既是为了充分发挥欧盟在

人权保护方面的话语优势，扩大自身在国际数字治理领域的影响力，也包含了对欧盟数字经济发展利益的考量。欧盟以保护个人数据为名要求减少用户对单一通信和软件服务垄断商的依赖，并且反对互联网企业强制收集用户信息，也是出于促进市场竞争、为欧盟境内的数字企业提供发展机会的考虑。

（二）强调主权的"数字化转型"战略的目标指向具有两重性

欧盟"技术主权"和"数字主权"话语下的数字化转型战略的目标具有对内和对外的两重性。一方面，"技术主权"和"数字主权"是欧盟代表成员国整体为应对外部压力而提出的概念工具，旨在从其他大国手中夺回欧盟在数字领域的战略自主权，因而具有明显的"外向性"。其理念的出发点对外主要针对两重目标对象：一是美国，在美国政治持续内倾、全球战略重心东移和欧美在多个领域存在利益分歧的大背景下，欧美盟友关系的走向存在不确定性；二是中国，近年来摆脱经贸领域的对华单向依赖一直是欧盟各界讨论的焦点，欧盟"数字主权"的许多政策措施也表现出了明显的对华针对性。

另一方面，"技术主权"和"数字主权"的概念同样指向欧盟内部成员国，强调欧盟层面的主权与成员国的主权之间相互依存、相互强化的一面，具有加强欧盟内部协调、扩展欧盟机构的政策权限空间和提高欧盟成员国凝聚力的"内向性"。欧盟在数字领域一直面临内部协调不足的问题——尽管设有负责处理内部协调事务的横向工作组，但由于其缺乏欧盟的超国家能力，它只能起到协调作用而没有塑造作用。[①] 在面临内外危机的背景下，欧盟层面的主权概念

---

① Annegret Bendiek and Matthias C. Kettemann, "Revisiting the EU Cybersecurity Strategy: A Call for EU Cyber Diplomacy," SWP, https://www.swp-berlin.org/10.18449/2021C16/.

有助于促使成员国出于维护自身主权的目的将更多主权让渡给欧盟，这将极大拓展欧盟在数字问题相关政策上的权限空间，进而推动欧盟的一体化进程。从欧洲一体化的视角来看，这反映了欧洲一体化逻辑的转变，即不再是简单地对内呼吁一致目标和行动、号召成员国让渡主权，而是通过强调共同的外部威胁和压力、以落实对外战略的方式提高成员国行动和目标的一致性，进而推动欧盟内部治理体系的改革。①

（三）强调以产业政策为导向的数字技术能力的建设

在数字技术和数字经济重要性空前上升的今天，欧盟认为数字技术维度的关键不再是谁制定标准，而是通过"技术政治势力范围"投射地缘政治力量。② 因此，技术的开发和使用便成为欧盟参与大国间系统性竞争最关键的一部分。以加强自主技术能力为直接导向的产业政策，便成为推进"技术主权"和"数字主权"的措施中的核心。

自20世纪80年代以来，"产业政策"一词在欧美政界常因为被视作"计划经济"的替代名词和"陈旧、过时的国家主义"的象征而具有贬义色彩。但自2019年2月德国宣布推出其《国家产业战略2030》起，欧盟国家领导人逐渐提出要重新思考和定位国家同经济的关系，并释放出政府已经做好调整现有经济政策、直接介入经济活动的准备信号。此后，"技术主权"和"数字主权"的思想便陆续见于欧盟的各项产业政策文件中。除强调完善监管体系和外交领

---

① 金玲：《"主权欧洲"：欧盟向"硬实力"转型？》，载《国际问题研究》，2020年第1期，第80—81页。

② Barbara Lippert and Volker Perthe, eds., "Strategic Rivalry between United States and China: Causes, Trajectories, and Implications for Europe," https://www.swp – berlin.org/publications/products/research_papers/2020RP04_China_USA. pdf.

域的共同行动外，这些战略文件的共同点是都突出了国家在保障"数字主权"中的重要性，包括政府参与科技公司的创业融资、对重点行业进行财政补贴，甚至是由政府牵头发展垄断企业。2019 年 2 月德国前经济部长阿尔特迈尔在接受采访时表示，"我们需要有德国或者欧洲的旗舰企业与全球巨头抗衡"，这与德国过去一向讲究中小企业公平竞争而非重视旗舰企业的经济战略有着明显不同。① 法国总统马克龙在 2020 年 7 月的演讲中提出，如果欧盟不能在包括数字和人工智能在内的所有新领域打造自己的冠军企业，欧盟的选择就将被他人决定，"正在进行的这场（数字）战斗是一场主权战争"。② 这些迹象都表明，由国家主导制定并提供支持的产业政策正成为欧盟争取"技术主权"和"数字主权"努力的核心。欧盟正逐步构建一套以产业政策为主、以监管体系和外交政策为辅的数字生态系统。

（四）强化国家在数字空间治理中的地位和作用

同第三点相配合，欧盟的数字化转型战略也通过对主权的强调强化了国家在数字空间治理中的作用。数字空间治理主体与互联网治理类似。根据治理主体的不同，互联网治理模式可以粗略地划分为"多利益攸关方治理"模式和多边与多方共存的治理模式。近年来，欧盟虽仍赞同和宣扬多利益攸关方的治理模式，即通过公私合作伙伴关系（PPP）实现跨部门、多主体通力合作，以联合公私双方优势力量和资源的方式共同应对挑战。但从以维护私权为突破口，到强化国家在数字领域的主权诉求，欧盟对数字空间的治理逐渐由

---

① "German Minister Defends Controversial Industrial Strategy," DW, February 3, 2019, https://www.dw.com/en/german-minister-defends-controversial-industrial-strategy/a-47344440.

② Paul Mason, "What Does Technological Sovereignty Mean for Europe?" *JPS Journal*, July 1, 2020, https://www.ips-journal.eu/regions/europe/what-does-technological-sovereignty-mean-for-europe-4476/.

弱治理向强治理转变。

以数据经济的治理为例。2018 年发布的《通用数据保护条例》强调个人作为数据主体拥有对其个人数据的控制权,从而使个人隐私权保护成为其数据主权理论的理论基础,以维护个人权利为切入点宣示了欧盟的数据主权。[①] 2020 年发布的《欧盟数据战略》和《欧盟数据治理条例》则更明确地提出了国家主权在数据控制领域的诉求,并要求加强政府对欧盟境内的云服务商的监管和审查。此外,欧盟在 2020 年对网络平台的监管也明显加强。一方面通过立法加强了对网络社交媒体平台的运营及内容的监管。2020 年 7 月欧委会发布了《视听媒体服务指令》修正案的指导方针,将特定视听规则扩大适用于包括社交媒体在内的视频分享平台,这是社交媒体首次被纳入监管范围;[②] 另一方面就网络广告投放对科技巨头实施了反垄断监管措施。2020 年 12 月的《数字服务法》草案将定向广告限制纳入监管,力图打破通过收集用户信息以投放精准定向广告的方式来获取经济收入的这一商业模式。[③]

由此可见,欧盟正以维护"技术主权"和"数字主权"为名,通过强化国家立法与实践,逐步增强国家在数字空间治理中的地位,从弱治理向强治理转变,逐步形成一种介于国家主导和多利益攸关

---

① 钱忆亲:《2020 年下半年网络空间"主权问题"争议、演变与未来》,载《中国信息安全》,2020 年第 12 期,第 85 - 89 页。

② European commission, "Guidelines on the Method of Calculation of the Share of European Works and the Exemptions for Low Audience and Low Turnover," July 7, 2020, https://eur - lex. europa. eu/legal - content/EN/TXT/? uri = uriserv: OJ. C_. 2020. 223. 01. 0010. 01. ENG&toc = OJ:C:2020:223:TOC; European commission, "Guidelines on the Practical Application of the Essential Functionality Criterion of the Definition of Video - Sharing Platform Services," July 7, 2020, https://eur - lex. europa. eu/legal - content/EN/TXT/? uri = uriserv: OJ. C_. 2020. 223. 01. 0003. 01. ENG&toc = OJ:C:2020:223:TOC.

③ European Commission, "Proposal for a Regulation on a Single Market for Digital Services (Digital Services Act)," December 15, 2020, https://eur - lex. europa. eu/legal - content/en/TXT/? qid = 1608117147218&uri = COM%3A2020%3A825%3AFIN.

方模式之间的治理模式。

五、欧盟数字化转型战略对中欧关系的影响

目前，欧盟正在推动"技术主权"和"数字主权"话语下数字化转型战略的实施，随着这一系列措施的开展，中欧数字关系可能会受到以下三方面的影响。

第一，在"技术主权"和"数字主权"政治话语下，欧盟在中美之间的机会主义态度增强，在中美战略竞争仍将是世界格局的主导性态势的背景下，欧盟亦将在中美之间继续两边下注，以拓展其在数字领域的战略自主空间，欧盟推动数字化转型的决策活动也会区分不同领域和层面，对中美采取不同态度。针对美国大型科技企业主导欧洲平台经济的情况，欧盟以维护"数字主权"之名相继推出《数字市场法》和《数字服务法》等一系列"反垄断法"，并采取了向大型平台企业（主要是美国企业）征收"数字税"等措施。在反垄断和平台经济治理等领域，欧盟存在同中国进行数字合作以制衡美国大型科技公司的合作空间。但与此同时，欧盟在制定数字技术标准、治理平台数据和信息、保障供应链安全、利用数字技术推广民主模式和价值观、以及促进数字贸易和投资等方面加强了同美国的协调。拜登政府上台后，欧盟寻求同美国建立贸易和技术委员会的诉求得到了回应。2021 年 6 月 15 日，欧美联合发布《美国—欧盟峰会声明》宣布建立美欧贸易和技术委员会（US－EU Trade and Technology Council），阐述了双方在"技术、数字问题和供应链""兼容和国际标准制定""监管政策和执法"等领域的合作目标，并指出合作的目的是"促进数字治理的民主模式"。2021 年 9 月 29 日，美欧贸易和技术委员会发布了一份《启动会联合声明》，划定了

委员会在技术标准、安全供应链、信息通信服务安全和竞争力、出口控制和投资审查等多个数字领域的合作范围。[①] 尽管这份声明没有直言中国,但对中国的针对性无处不在。换言之,尽管欧盟试图在中美战略竞争中寻求灵活施展的战略自主空间,但在涉及数字领域的关键问题上,无疑将对中国采取更为强硬的措施。

第二,欧盟在发展中欧数字关系时将优先遵从政治逻辑,政治成为欧盟处理中欧关系时的重要衡量标准。对"技术主权"和"数字主权"的强调本身便是一种政治逻辑强化的反映,体现在对外关系中便是经济关系的政治化:欧盟在发展对外数字关系时,会更多将安全、人权和民主价值观等政治考虑加入进去。一方面,安全考量将成为欧盟在同中国进行数字领域合作时考虑的重要标准。在疫情期间,欧盟就曾将其内部矛盾,包括内部分歧和疫情应对不力等问题归咎于中国对欧盟的"政治渗透"和"信息战",认为中国出于"损害欧盟的民主辩论"和"争取影响力"的目的在网络上散布关于疫情的虚假信息,[②] 甚至对欧盟开展针对性的信息战以妨碍欧盟抗击疫情。[③] 这反映了欧盟在数字安全领域对中国的不信任;另一方面,欧盟的数字化转型战略观念上以人权保护为抓手,并强调数字治理的民主模式以及用数字技术推广民主价值观,说明人权和民主问题也将成为欧盟在处理中欧数字关系时考虑的重点。

第三,数字化转型的需要以及"技术主权"与"数字主权"的

---

① The White House, "U. S. – EU Trade and Technology Council Inaugural Joint Statement," September 29, 2021, https://www. whitehouse. gov/briefing – room/statements – releases/2021/09/29/u – s – eu – trade – and – technology – council – inaugural – joint – statement/.

② "EEAS Special Report Update: Short Asesment of Naratives and Disinformation around the Covid –19 Pandemic," EUvsDisinfo, April 1, 2020, https://euvsdisinfo. eu/eeas – special – report – update – short – assessment – of – narratives – and – disinformation – around – the – covid – 19 – pandemic – update – may – november/.

③ European Commission, "Tackling COVID –19 Disinformation – Getting the Facts Right," June 10, 2020, https://ec. europa. eu/info/sites/info/files/communication – tackling – covid – 19 – disinformation – geting – fa cts – right_en. pdf.

诉求反映了欧盟在数字领域政治和经济的双重诉求，因此欧盟在部分数字领域加深对华经济合作与部分数字领域加速对华经贸"脱钩"将同步进行。一方面，中欧经贸关系联系深厚，欧盟国家对抓住中国发展机遇与利用中国庞大的数字市场仍具有浓厚兴趣。2020 年 9 月，中国国家主席习近平应邀同欧盟高层领导人进行视频会晤，中欧领导人共同决定建立中欧数字领域高层对话，并寻求打造中欧"数字合作伙伴"关系。出于对中国广阔市场的需求，欧盟企业也有着融入中国数字基础设施，同中国数字生态系统、云服务以及数据应用进行整合的需要。对于重视中国市场的欧盟先进企业而言，同中国在数字领域完全"脱钩"是不现实的;[①] 另一方面，中欧竞争的加剧、中国数字尖端技术的发展以及欧盟决策中意识形态因素和地缘政治因素的增强，使得欧盟越来越将中国数字技术与产业的发展视为威胁和风险，在关键数字技术领域摆脱对中国产业链依赖的诉求也越来越明显。欧盟外交与安全政策高级代表博雷利曾在公开场合多次强调欧洲要"摆脱对中国的依赖"并实现"供应链的多样化"。[②] 中欧在半导体产业领域的互补性曾被视为中欧在数字领域经贸合作下一阶段的突破点，然而欧盟在 2021 年 9 月 20 日同美国建立贸易和技术委员会的声明中明确提到，欧美致力于在"重新平衡全球半导体供应链方面建立伙伴关系"，以"共同确定半导体价值链中的空缺"并加强"国内半导体生态系统的重要性"。[③] 同时，对于

① Maximilian Mayer, "Europe's Digital Autonomy and Potentials of a U. S. – German Alignment toward China," American Institute for Contemporary German Studies, Johns Hopkins University, https：// www. aicgs. org/2020/12/europes – digital – autonomy – and – potentials – of – a – u – s – german – alignment – toward – china/.

② Josep Borrell, "The Post – Coronavirus World is Already Here," Policy Brief, European Council on Foreign Relations, April, 2020；"Trust and Reciprocity：The Necessary Ingredients for EU – China Cooperation," *The Irish Times*, May 15, 2020.

③ The White House, "U. S. – EU Trade and Technology Council Inaugural Joint Statement," September 29, 2021, https：//www. whitehouse. gov/briefing – room/statements – releases/2021/09/29/u – s – eu – trade – and – technology – council – inaugural – joint – statement/.

中国有能力与其竞争的尖端技术与先进制造业领域，欧盟也在实施围堵或采取"脱钩"政策，并怀着防范的心态在产业与技术层面加强了同中国的双边竞争。

六、结论

欧盟在全球数字空间的角色定位、利益诉求以及数字化转型的道路，对今天及未来数字领域的国际格局具有重要影响。面对自身在数字技术领域的相对落后、中美战略竞争对其战略自主空间的压缩和数字资源安全风险的上升，为抓住数字技术发展的机遇并回应内部在数字空间的利益诉求，欧盟希望以"技术主权"和"数字主权"的诉求为依托，加强自身在制度层面的规范性力量、数字技术能力和欧盟意识形态的影响力，以推动自身的数字化转型并塑造一条具有欧盟特色的数字化转型之路。

但是，欧盟的数字化转型仍然面临种种挑战：首先，在内部协调性不足的背景下，欧委会作为一个有限授权的超国家机构，其政策措施在成员国内部落实到何种程度存在不确定性，欧盟数字化转型战略的推进速度同欧盟层面决策权力的构建深度之间存在矛盾；其次，欧盟作为一个以开放著称的经济行为体，在追求"技术主权"和"数字主权"的同时也要面临平衡保护主义和战略开放的问题，如果欧盟的"数字主权"诉求沦为彻底的保护主义，欧盟在软实力方面的传统优势也将受到损害；最后，无论是提升自主数字技术能力还是加强内部统一市场建设都非一日之功，如何在自身相对落后的情况下发挥平衡性作用，如何在大国战略竞争的压力下协调内部分歧构建意愿同盟，对欧盟而言都是挑战。

对于中欧关系而言，在"技术主权"和"数字主权"政治话语下，欧盟推动数字化转型的决策活动将区分不同领域和层面对中美进行两边下注，但在数字技术标准、安全供应链、数字贸易和投资等关键数字领域，欧盟更加重视同美国的协调；主权话语所反映出的政治逻辑的加强也推动了欧盟在处理中欧关系时经济关系政治化的倾向，安全、人权和民主价值观等相关问题将成为中欧数字关系中的焦点问题；与此同时，在推动数字化转型的经济理性和政治逻辑的双重作用下，欧盟加深对华经济合作与部分数字领域加速对华经贸"脱钩"的行动将同步进行，中欧在数字领域的双边竞争也存在日趋激烈的趋势。

总之，在"技术主权"和"数字主权"话语下制定的数字化转型战略是欧盟应对数字时代挑战的重要发展战略。不论其数字化转型能否成功，欧盟"技术主权"和"数字主权"等政治话语的提出和数字化转型战略的实施，已经影响了欧盟在制定对外政策时的战略考虑，并将对欧盟的对外关系乃至国际格局产生深刻影响。中国应针对其发展态势制定长远预案，在中美战略竞争中审慎地认识欧盟追求所谓主权乃至战略自主的行为，一方面，可以在欧盟重点关注的绿色发展、平台治理和反垄断领域拓展双方合作的空间，努力维护经贸合作在中欧关系中的压舱石作用；另一方面，对于欧盟以主权之名实施的保护主义措施和部分数字领域同中国技术"脱钩"的倾向，中国也要做好应对准备，继续在国际层面坚定支持和践行多边主义和对外开放，反对孤立主义和保护主义的倾向，为全球数字经济发展、数字产业和供应链的稳定和全球数字化转型做出贡献。

欧盟的数字主权建构：内涵、动因与前景[*]

宫云牧[**]

摘 要：欧盟在数字时代重拾"主权"概念，建构出以"数据主权"与"技术主权"为核心的"数字主权"概念。"数据主权"偏向于"主权"的对内维度，即强调欧盟对本地数据的控制权；而"技术主权"倾向于"主权"的对外维度，即实现关键核心技术的自主可控。欧盟希望通过建构"数字主权"确立欧盟在数字治理中的权威、控制权与自主性，应对数字空间中的非对称性相互依赖关系，以及数字技术的"政治化"与"安全化"趋势。法德轴心是推动欧盟"数字主权"概念建构与政策实践的主要力量，但欧盟"数字主权"的落地仍面临"内忧外患"。一方面，成员国尚未对"数字主权"概念形成统一认知，相关战略的落地或因难以协调各成员国诉求而受阻；另一方面，数字税等"数字主权"政策的施行受到美国掣肘，欧盟无法获得完全的"自主性"，欧盟"数字主权"概念及相关政策的前景仍不明朗。

关键词：欧盟 数字主权 技术主权 数据主权 战略自主

2021年7月19日，欧盟委员会宣布成立处理器与半导体技术联

---

* 本文发表于《国际研究参考》2021年第10期。

** 宫云牧，复旦大学国际关系与公共事务学院2020级博士生。

盟（the Alliance for Processors and Semiconductor Technologies）和欧洲
工业数据、边缘与云联盟（European Alliance for Industrial Data, Edge
and Cloud），① 上述两大工业联盟被欧盟委员会视为实现"数字主
权"的新举措，有助于增强欧盟的"技术主权"、保护欧盟的"数
据主权"。据此，欧盟"数字主权"概念在实践层面不断完善丰富。
从 2017 年法国总统马克龙首次提出"主权欧洲"（sovereign
Europe）② 与"欧盟主权"（European sovereignty）③ 概念，到 2018
年时任欧盟委员会主席容克宣告"欧盟主权时刻的到来"④，再到
2020 年新一届欧盟委员会主席冯德莱恩在盟情咨文中推出欧盟"数
字主权"（digital sovereignty）概念 ⑤，欧盟已构建出一套包含"技
术主权"（technological sovereignty）⑥ 与"数据主权"（data
sovereignty）⑦ 的欧盟"数字主权"概念体系。不过，欧盟委员会并
未围绕"数字主权"概念本身做详细阐述。欧洲对外关系委员会将

---

① "Alliances for Semiconductors & industrial cloud technologies," *European Commission*, https：//
ec. europa. eu/commission/presscorner/detail/en/IP_21_3733.

② Emmanuel Macron, "Speech on New Initiative for Europe," Elysée, September 26, 2017,
https：//www. elysee. fr/emmanuel – macron/2017/09/26/president – macron – gives – speech – on – new –
initiative – for – europe. en.

③ 本文将"European sovereignty"翻译为"欧盟主权"而不是"欧洲主权"，因为本文并不
认同"区域主权"，主权不是地理上的概念，而是一种政治性概念，"欧盟"作为区域内的政治实
体，比"欧洲"作为"主权"的指射对象更为恰当。

④ Jean – Claude Junker, "State of the Union 2018：The Hour of European Sovereignty," *European
Commission*, September 12, 2018, https：//ec. europa. eu/info/priorities/state – union – speeches/state –
union – 2018_en.

⑤ Ursula von der Leyen, "State of the Union Address by President von der Leyen at the European
Parliament Plenary," *European Commission*, September 16, 2020, https：//ec. europa. eu/commission/
presscorner/detail/en/SPEECH_20_1655.

⑥ Ursula von der Leyen, " A Union that strives for more – My agenda for Europe," *European
Commission*, July 14, 2019, https：//ec. europa. eu/info/sites/default/files/political – guidelines – next –
commission_en_0. pdf.

⑦ "Strategy for Data｜Shaping Europe's Digital Future," *European Commission*, https：//digital –
strategy. ec. europa. eu/en/policies/strategy – data.

"数字主权"界定为"管控新数字技术及其社会影响的能力"。①欧洲议会认为欧盟"数字主权"既是"欧盟在数字世界的自治权"，也是"形成战略自主与推广欧盟领导力的工具"。②

欧盟作为一体化水平较高且兼具"超国家"性质的区域性国际组织，尚不具备主权国家行为体的特征。③欧盟"数字主权"概念内涵缺乏界定，其建构过程基于政治动机、具有政策导向性，反映出欧盟在数字时代的治理模式与战略意图。鉴于此，本文尝试厘清"数字主权"的概念内涵与建构路径，分析欧盟建构这一概念的动因，进而研判欧盟"数字主权"面临的挑战与发展前景。

一

在欧洲一体化初期，"主权"被视作是实现一体化的阻碍，时任德国总理施罗德更是宣称要在一体化进程中"埋葬主权原则"。④ 成员国在煤钢联营、关税同盟、经济共同体等具体领域把最高权威转移或让渡给欧盟这一超国家机构，这种转移和让渡建立在成员国自愿的基础上，并在一体化架构中形成了成员国集体行使权力的机制，⑤ 进

---

① Carla Hobbs ed., "Europe's Digital Sovereignty: From Rulemaker to Superpower in the Age of US - China Rivalry," *European Council on Foreign Relations*, https://ecfr.eu/publication/europe_digital_sovereignty_rulemaker_superpower_age_us_china_rivalry.

② European Parliament, "Digital Sovereignty for Europe," *European Parliamentary Research Service Ideas Paper*, https://www.europarl.europa.eu/RegData/etudes/BRIE/2020/651992/EPRS _ BRI (2020) 651992_EN.pdf.

③ 国际专家们认为国际组织不享有主权，参见迈克尔·施密特版主编，黄志雄等译：《网络行动国际法塔林手册2.0版》，北京：社会科学文献出版社，2017年版，第59页。

④ "European Integration - in their own words," *The Bruges Group*, https://www.brugesgroup.com/quotes/european - integration.

⑤ 戴炳然：《欧洲一体化中的国家主权问题——对一个特例的思索》，《复旦学报（社会科学版）》，1998年第1期，第40页。

而出现了"共享主权""汇集主权"等新概念。① 欧盟拥有的权能依
赖于成员国的授权②，"一致同意"和"有效多数"表决机制的设定
体现出欧盟层面的决策主权仍归属于成员国，而非欧盟这一超国家
机构。从《罗马条约》《马斯特里赫特条约》，到《阿姆斯特丹条
约》，再到《里斯本条约》，欧盟法逐步对欧盟机构的权能范围做出
详细界定，但自始至终规避使用"主权"一词，多强调欧盟法的
"直接效力"与"至高无上性"。

随着新自由主义的式微，欧盟委员会又重拾"主权"概念，建
构出以"技术主权"与"数据主权"为核心的"数字主权"系列概
念。"数字主权"概念较为抽象，可被视作是对数字领域中的网络与
技术的掌控和使用，③ 具体包括对数据、软件、标准、程序、硬件、
服务、基础设施等的管辖权，④ 以及对新兴数字技术社会影响的控制
力。⑤ 本文将运用丹尼尔·菲尔波特提出的"主权"三层次分析框
架，⑥ 阐释欧盟"数字主权"的具体内涵：

第一层次为"主权"的拥有者。自威斯特伐利亚体系以来，国
家被确立为主权的合法拥有者，一国在其领土范围内行使权力的限

---

① 潘忠岐等著：《概念分歧与中欧关系》，上海：上海人民出版社，2013 年版，第 28 页。
② 崔宏伟：《"主权困惑"与欧洲一体化的韧性》，载《当代世界与社会主义》，2019 年第 5
期，第 127 页。
③ Pierre Bellanger, "De la souveraineté numérique," *Le Débat*, Vol. 170, No. 3, 2012, p. 154. 转
引自 Stephane Couture and Sophie Toupin, "What Does the Notion of 'Sovereignty' Mean When Referring
to the Digital, " *New Media and Society*, Vol. 21, No. 2, 2019, p. 2313。
④ Luciano Floridi, "The Fight for Digital Sovereignty: What It Is, and Why It Matters, Especially
for the EU," *Philosophy and Technology*, Vol. 33, No. 3, 2020, p. 375.
⑤ Mark Leonard and Jeremy Shapiro, eds. , *State Sovereignty: How Europe Can Regain the Capacity
to Act*, European Council on Foreign Relations, June 2019, p. 13, https://ecfr.eu/publication/strategic_
sovereignty_how_europe_can_regain_the_capacity_to_act/。
⑥ 三层次分析框架为：主权的拥有者、主权的绝对性和主权的对内与对外维度，参见 Daniel
Philpott, "Sovereignty," in Edward N. Zalta ed. , *The Stanford Encyclopedia of Philosophy*, Metaphysics
Research Lab, Stanford University, 2020, https://plato.stanford.edu/entries/sovereignty/.

制被取消。① 换言之，主权原则赋予权力主体行使管理权与控制权的合法性。通过建构"数字主权"等一系列"主权"新概念，欧盟确立自身在单一数字市场的政治权威与自主性。由于欧盟并非主权行为体，其所宣称的"数字主权"更像是一种政治抱负。②

第二层次为"主权"的特性。传统意义上的威斯特伐利亚主权具有绝对性，即主权行为体对特定领土范围内的事务具有绝对的管辖权。③ 在区域一体化与经济全球化的双重影响下，"主权"的绝对性受到以跨国公司为代表的互联网企业的挑战。举例而言，大型互联网企业通过商业行为获取用户个人数据，实际拥有数据这一数字时代重要的财富资源，④ 主权行为体并不直接掌握上述具有商业价值的数据，因而只能通过立法来规制企业的行为，间接实现对数据的"主权"。欧盟对数据的管辖权既受到国际跨境数据流动规则的约束，又受制于数字空间中权力的非对称性。由此可见，"数据主权"是一个相对性的概念⑤且具有一定的政策导向性。欧盟在"数据主权"框架下推行具有防御主义倾向的数据本地化存储措施，⑥ 试图在一定程度上规避数据跨境流动所带来的安全风险并对大型互联网企业的非对称垄断优势形成有效制约。

第三层次为"主权"概念的对内与对外维度。对内，"主权"

① Daniel Philpott, "Sovereignty: An Introduction and Brief History," *Journal of International Affairs*, Vol. 48, No. 2, 1995, p. 364.

② Jean - Luc Warsmann et al., "Bâtir et promouvoir une souveraineté numérique nationale et européenne," *Assemblée Nationale*, June 29, 2021, https: //www. assemblee - nationale. fr/dyn/15/rapports/souvnum/l15b4299 - t1_rapport - information. pdf.

③ Daniel Philpott, "Sovereignty: An Introduction and Brief History," *Journal of International Affairs*, Vol. 48, No. 2, 1995, p. 358.

④ 阎学通、徐舟：《数字时代初期的中美竞争》，载《国际政治科学》，2021 年第 1 期，第 35 页。

⑤ 蔡翠红：《云时代数据主权概念及其运用前景》，载《现代国际关系》，2013 年第 12 期，第 60 页。

⑥ 刘金河、崔保国：《数据本地化和数据防御主义的合理性与趋势》，载《国际展望》，2020 年第 6 期，第 89 - 107 页。

指的是行为体在所辖区域内拥有至高无上的权威；对外，"主权"意味着独立自主的权威，不受外部干涉。在对内维度上，欧盟通过建构"数字主权"概念，确立其对互联网与数字治理的权威，有助于推行区域内的数字政策，打造单一数字市场并实现有效监管；对外维度上，"数字主权"概念自带的边界属性，有助于欧盟在日益相互依赖的数字空间中设置市场准入规则与市场监管法规，参与争夺数字空间治理的主导权。概言之，欧盟"数据主权"更偏向于"主权"概念的对内维度，即强调欧盟对产生于本地数据的控制权。① 相较之下，欧盟提出的"技术主权"更倾向于"主权"的对外维度，即实现关键核心技术、核心产业链与价值链的自主可控，② 减少对他国技术的非对称性相互依赖。

欧盟建构"数字主权"概念可分为两个步骤：一是威胁认知的塑造；二是政策路径的制定。第一，欧盟认为以谷歌、亚马逊、脸书、苹果和微软为代表的在数字领域占据主导地位的美国互联网企业，对欧盟的数字主权构成挑战，而来自非欧盟国家的5G设备供应商则对欧盟的技术主权形成威胁。通过塑造威胁认知，欧盟将自身对"数字主权"的诉求合法化。第二，欧盟将数字领域政策纳入"数字主权"的框架下，从实践层面诠释"数字主权"的正当性。欧盟委员会内部市场专员蒂埃里·布雷顿指出欧盟数字主权有三个不可分割的支柱：其一，人工智能与量子计算的能力；其二，对欧盟数据的管控力；其三，保证连通安全性的能力。③ 第一大支柱旨在

---

① 翟志勇：《数据主权时代的治理新秩序》，载《读书》，2021年第6期，第97页。

② 忻华：《"欧洲经济主权与技术主权"的战略内涵分析》，载《欧洲研究》，2020年第4期，第5页。

③ 英文原文为 Digital sovereignty relies on 3 inseparable pillars：computing power, control over our data and secure connectivity，参见 European Commission, "Europe：The Keys to Sovereignty", September 11, 2020, https：//ec. europa. eu/commission/commissioners/2019 – 2024/breton/announcements/europe – keys – sovereignty_en.

提高欧盟在数字领域的创新能力，培育掌握技术优势的本土企业。第二大支柱意在应对美国互联网企业的结构性权力，具体包括两方面的措施：一是从法律层面保护欧盟的数据主权，制定《通用数据保护条例》，两次废止美欧间的跨境数据流动协议①，并讨论在欧盟境内征收数字税②；二是推动建立欧盟自己的云计划"Gaia – X"项目③，保护本土企业的工业数据。第三大支柱旨在建立欧盟拥有"主权"的基础设施，如伽利略卫星定位系统等，增强欧盟对关键核心技术的自主掌控。从上述建构路径可以看出，欧盟"数字主权"概念兼具防御性与进攻性色彩：防御性指的是通过行使监管权力，如《数字服务法》④与《数字市场法》⑤草案，强化对美国大型互联网企业的监管，打击虚假信息，保护个人隐私与网络安全，维护欧盟核心价值观与公平竞争的市场环境；进攻性则指的是通过技术、产业政策，为技术研发创新提供财政支持，打造具有吸引力与竞争性

---

① 欧盟法院于 2015 年裁定美欧《安全港协议》无效，参见 "Maximillian Schrems v. Data Protection Commissioner, Judgment," *EUR – LEX*, October 6, 2015, https：//eur – lex. europa. eu/legal – content/EN/TXT/? uri = CELEX%3A62014CJ0362；2016 年美欧签订的《隐私盾协议》又在 2020 年被欧盟法院废止，参见 "The Court of Justice invalidates Decision 2016/1250 on the adequacy of the protection provided by the EU – US Data Protection Shield," *CURIA*, July 16, 2020, https：// curia. europa. eu/jcms/upload/docs/application/pdf/2020 – 07/cp200091en. pdf.

② Ryan Heath, "EU pushing ahead with digital tax despite U. S. resistance, top official says," *Politico*, June 23, 2020, https：//www. politico. com/news/2020/06/23/eu – digital – tax – united – states – 336496.

③ Ryan Browne, "France's Macron lays out a vision for European ' digital sovereignty '," *CNBC*, December 8, 2020, https：//www. cnbc. com/2020/12/08/frances – macron – lays – out – a – vision – for – european – digital – sovereignty. html.

④ European Commission, "Proposal for a Regulation of the European Parliament and of the Council on a Single Market for Digital Services (Digital Services Act) and Amending Directive 2000/31/EC," *Europa*, December 15, 2020, https：//ec. europa. eu/digital – single – market/en/news/proposal – regulation – european – parliament – and – council – single – market – digital – services – digital.

⑤ European Commission, "Proposal for a Regulation of the European Parliament and of the Council on Contestable and Fair Markets in the Digital Sector (Digital Markets Act)," *Europa*, December 15, 2020, https：//ec. europa. eu/info/sites/info/files/proposal – regulation – single – market – digital – services – digital – services – act_en. pdf.

的数字生态系统，培育欧盟本地的数字龙头企业。[①]

值得关注的是，欧盟虽已建构出一系列"数字主权"概念，但仍在相关政策文件中频繁使用"战略自主"一词。"数字主权"概念可被理解为实现数字领域的"战略自主"。不过，与"主权"概念相比，"战略自主"不包含对内维度。换言之，欧盟使用"战略自主"一词，既能防止激起成员国对"主权"的逆向诉求，又可避免触碰成员国中民族主义者的敏感神经，有利于欧盟技术与产业政策的施行。总体而言，欧盟建构出的"数字主权"缺乏较为严格的概念界定，虽在一定情况下可与"战略自主"一词进行同义替换，但仍具有较为丰富的政治内涵与战略意义。

二

欧盟因成员国间自愿协议而成立，属于国家主权的产物，但欧盟不是主权行为体，难以与"主权"概念完全相适配。欧盟建构"数字主权"，并非要获取国际社会对其"主权"地位的承认，而是通过"主权"这一内涵丰富的概念，建构起欧盟的权威及其行使相应权力的合法性。[②]

第一，面对数字空间中相互依赖的非对称性，欧盟通过建构"数字主权"，确立自身在数字领域的治理权威，为欧盟制定数字市场规则和实施监管性权力赋予合法性。截至 2020 年，欧盟的互联网

---

① 相关讨论详见：Jean‑Luc Warsmann et al., "Bâtir et promouvoir une souveraineté numérique nationale et européenne," *Assemblée Nationale*, June 29, 2021, https：//www. assemblee‑nationale. fr/ dyn/15/rapports/souvnum/l15b4299 ‑ t1_rapport ‑ information. pdf.

② Wouter G. Werner and Jaap H. de Wilde, "The Endurance of Sovereignty," *European Journal of International Relations*, Vol. 7, No. 3, 2001, p. 287.

渗透率为 89.4%，处于世界领先水平。[1] 加之，欧盟依赖数据的工业部门在 GDP 中占比为 45.1%。[2] 数字空间对欧盟经济社会至关重要。不过，数字空间中的行为体呈现多元化趋势，主权行为体的治理权威在很大程度上受到非国家行为体的侵蚀。[3] 举例来说，在美国"国会山暴乱"的两天后，社交媒体巨头推特于 2021 年 1 月 8 日作出永久封禁时任美国总统特朗普个人账号的决定，认定其账户违反了推特的"美化暴力"规定。[4] 随后，脸书和油管等社交媒体也对特朗普采取"禁言"措施，而科技巨头谷歌、亚马逊和苹果则封杀了特朗普支持者云集的"帕勒"社交平台并切断后者的网络服务。上述封禁措施基于社交媒体平台条款而实施的，属于私人主体主导下的规则，在缺乏公共权力的制衡机制与国家法律框架限定的情况下，一定程度上影响了民众的公共话语权，同时也对主权国家在互联网内容治理方面的独立自主性构成挑战，引发德国、法国等欧盟国家的广泛担忧。

欧盟成员国民众普遍对美国的社交媒体平台具有较高的依赖度，62.7% 的欧盟网民注册了脸书账户，这一比例仅次于美洲网民。[5] 以谷歌、脸书、推特为代表的美国互联网龙头企业，依靠自身庞大的用户群体，在数字市场上拥有结构性权力，形成压倒性的产业优势

---

① "European Union Internet Users, Population and Facebook Statistics," https：//www. internetworldstats. com/stats9. htm.

② Amar Breckenridge, "THE VALUE OF CROSS‐BORDER DATA FLOWS TO EUROPE," *Frontier Economics*, June 2021, https：//www. digitaleurope. org/wp/wp‐content/uploads/2021/06/ Frontier‐DIGITALEUROPE_The‐value‐of‐cross‐border‐data‐flows‐to‐Europe_Risks‐and‐ opportunities. pdf.

③ Lucas Kello, *The Virtual Weapon and International Order*, New Haven, CT：Yale University Press, 2017, p. 190. 转引自 Milton L Mueller, "Against Sovereignty in Cyberspace," *International Studies Review*, Vol. 22, No. 4, 2020, p. 790.

④ "Permanent suspension of @ realDonaldTrump," https：//blog. twitter. com/en _ us/topics/ company/2020/suspension.

⑤ "European Union Internet Users, Population and Facebook Statistics," https：// www. internetworldstats. com/stats9. htm.

与垄断地位，致使欧盟在与美国的相互依赖关系中处于劣势。在此背景下，欧盟委员会于 2020 年 12 月提交了《数字市场法》与《数字服务法》两份立法草案，意在加强对大型互联网平台的审查与风险管控，[①] 打造公平竞争的数字市场。其中，《数字市场法》草案规定欧盟委员会有权访问任何必要的相关文件、数据、数据库、算法和信息，以监督互联网平台的合规情况。[②] 此举为欧盟行政机构赋权，旨在增强欧盟对其内部数据的掌控力，维护欧盟的"数据主权"。

第二，针对数字技术的"政治化"[③] 与"安全化"[④] 趋势，欧盟建构"技术主权"概念，减少对他国技术的非对称依赖，加大技术研发投入，以期实现在核心数字技术的自主性。数字技术已成为大国博弈的重要战略性资源。当两国产生经济与贸易争端时，一国对他国技术的过度依赖，易被他国操纵而转变为该国在这组双边关系中的脆弱性来源。随着数字技术的"政治属性"与"安全属性"的强化，国家行为体在技术治理中扮演愈发重要的角色，并建构出"技术主权"概念。不过，国家因自身情况各异而对"技术主权"概念的认知与使用各不相同，大致可分为如下三类：其一，对于具有技术先发优势的国家来说，"技术主权"意味着对其本土研发技术的所有权与技术传播的控制权。例如，美国对特定"基础技术"与"新兴技术"拥有"主权"，能够通过行政命令的方式，利用本国高

---

① 黄维嘉：《从欧盟〈数字服务法（草案）〉看数字服务的规制》，载《安徽行政学院学报》，2021 年第 4 期，第 94 页。

② European Commission, "Proposal for a Regulation of the European Parliament and of the Council on Contestable and Fair Markets in the Digital Sector (Digital Markets Act)," *Europa*, December 15, 2020, https://ec. europa. eu/info/sites/info/files/proposal – regulation – single – market – digital – services – digital – services – act_en. pdf.

③ 崔宏伟：《"数字技术政治化"与中欧关系未来发展》，载《国际关系研究》，2020 年第 5 期，第 22 页。

④ 孙海泳：《进攻性技术民族主义与美国对华科技战》，载《国际展望》，2020 年第 5 期，第 59 页。

科技企业的技术垄断优势，实现对他国的技术出口管控。在这种情况下，依托于技术领先优势的"技术主权"已成为对他国行使权力、施加影响的工具。其二，对于具有一定技术实力且加快技术追赶步伐的国家来说，"技术主权"类似于"技术自主"，即推动研发创新，实现对核心数字技术的"自主可控"，减少在技术非对称相互依赖关系中的敏感性。其三，对于技术水平较为落后的国家，"技术主权"更像是一种具有保护主义倾向的贸易壁垒，对后发国家的技术进步构成阻碍。

欧盟属于上述第二类国家，即拥有技术创新与研发能力，但在以5G技术为代表的数字技术领域落后于中国。据专利数据公司IPLytics统计，截至2021年2月，在世界5G相关技术专利数量排名中，中国的华为与中兴通讯分列第一、三位，两家公司所拥有的5G专利在全球占比分别为15.39%和9.81%；而来自欧盟的诺基亚与爱立信则分别位居第五位和第七位，两家企业所拥有的5G专利之和在全球占比为13.36%。①由于在数字技术发展中处于劣势，欧盟进一步推动5G技术的"政治化"与"安全化"。欧盟委员会于2020年1月推出《在欧盟确保5G的安全部署——实施欧盟工具箱》，②规定成员国需加强对5G供应商的风险审查，在关键敏感资产中排除高风险供应商。该文件在供应商风险判定中引入了针对非技术因素的风险评估，体现出欧盟将5G技术"政治化"与"安全化"的倾向。欧盟委员会还要求成员国携手应对关键技术和网络安全风险，促进5G供应链与价值链的多样化，避免对某一供应商形成长期的系统性依赖，保护欧盟的"技术主权"与"工业能力"。欧盟用"技

---

① "Who is leading the 5G patent race?" *IPlytics*, February 16, 2021, https：//www. iplytics. com/report/5g – patent – race – 02 – 2021/.

② "Secure 5G deployment in the EU – Implementing the EU toolbox," *European Commission*, January 29, 2020, https：//digital – strategy. ec. europa. eu/en/library/secure – 5g – deployment – eu – implementing – eu – toolbox – communication – commission.

术主权"概念为上述政策赋予合法性，以降低自身在与他国的技术非对称相互依赖关系中的脆弱性。

欧盟还进一步加强对数字技术研发与创新的资金投入，寻求在未来数字技术发展中的领先地位。例如，欧盟委员会推出的"数字欧洲"项目，计划在 2021 年至 2027 年长期预算中投入 75 亿欧元用于欧盟数字能力建设与数字技术发展，涉及超级计算机、人工智能、网络安全、数字技能培训与数字技术应用等领域。① 可见，欧盟既希望全面提升数字技术发展水平，实现"技术自主"，又加快推进尖端科技的研发，以期获得技术领先优势。不过，2020 年新冠肺炎疫情暴发后，"数字欧洲"项目预算由 2019 年计划的 92 亿欧元②削减至 75 亿欧元，其中超级计算机削减 5 亿欧元，人工智能领域削减 4 亿欧元，网络安全领域削减 3 亿欧元，数字技术应用领域削减 2 亿欧元等等。在此背景下，欧盟难以在短时间内全方位提高成员国的数字技术能力，欧盟"数字主权"的建构还需依靠核心成员国来拉动。

第三，法德轴心是推动欧盟"数字主权"概念建构与政策实践的主要力量。法国是"欧盟主权"的首倡者，推动法国"数字主权"构想纳入欧盟框架之中。2017 年 9 月 26 日，法国总统马克龙在索邦大学以"欧洲新倡议：构建主权、团结、民主的欧盟"为题发表讲话，率先提出"欧盟主权"概念与六条建构路径，其中第五条围绕"数字主权"展开，即"在数字世界中支持创新、推进监管法

---

① "Digital Europe Programme: A proposed € 7.5 billion of funding for 2021 - 2027 | Shaping Europe's digital future," *European Commission*, December 14, 2020, https://digital - strategy.ec.europa.eu/en/library/digital - europe - programme - proposed - eu75 - billion - funding - 2021 - 2027.

② "EU plans to invest 9.2 billion in key digital technologies | News | European Parliament," *European Parliament*, April 17, 2019, https://www.europarl.europa.eu/news/en/headlines/economy/20190410STO36624/eu - plans - to - invest - EU9 - 2 - billion - in - key - digital - technologies.

规"。①马克龙认为，美国与中国是数字技术的领导者，数字单一市场为欧盟提供了独特的机会，欧盟必须通过培养自己的数字"冠军企业"来实现追赶，而主要的数字平台与数据保护是建构欧盟"数字主权"的两大核心。法国对"欧盟主权"的构想是通过汇集各成员国的力量为欧盟赋能，进而法国便可凭靠强大的欧盟，提高自身的外交实力与国际影响力。法国推出的"欧盟主权"倡议随后也被欧盟机构领导人采纳。2018 年 9 月 12 日，时任欧盟委员会主席容克在欧洲议会发表盟情咨文宣告"欧盟主权时刻的到来"，他指出欧盟应成为一个拥有更多"主权"的国际关系行为体。②

随着默克尔于 2018 年再度当选德国总理，欧盟中的法德轴心在数字时代再次被寄予厚望。早在欧洲一体化初期，法国与德国便积极推动欧洲煤钢共同体与欧洲经济共同体的建立。1963 年法国与德国签署《爱丽舍条约》，规定双方加强在外交、防务、教育和文化领域的合作。③《爱丽舍条约》的签订，标志着两国在二战后的全面和解，同时也奠定了欧洲一体化的发展方向与框架，主导欧洲一体化进程的"法德轴心"由此形成。法国和德国于 2019 年 1 月签署《法德合作与一体化条约》（也称《亚琛条约》），④ 强调两国间紧密的友谊对于建设一个统一、高效、强大和拥有主权的欧盟不可或缺，双

① Emmanuel Macron, "Speech on New Initiative for Europe," Elysée, September 26, 2017, https：//www. elysee. fr/emmanuel – macron/2017/09/26/president – macron – gives – speech – on – new – initiative – for – europe. en.

② Jean – Claude Junker, "State of the Union 2018: The Hour of European Sovereignty," *European Commission*, September 12, 2018, https：//ec. europa. eu/info/priorities/state – union – speeches/state – union – 2018_en.

③ 陈霞：《大国良性竞争与地区公共产品的供给——对欧洲一体化进程中法德关系的考察》，载《复旦国际关系评论》，2009 年第 1 期，第 102 页。

④ Ministère de l'Europe et des Affaires étrangères, "Traité d'Aix – la – Chapelle sur la coopération et l'intégration franco – allemandes," *France Diplomatie – Ministère de l'Europe et des Affaires étrangères*, https：//www. diplomatie. gouv. fr/fr/dossiers – pays/allemagne/relations – bilaterales/traite – d – aix – la – chapelle – sur – la – cooperation – et – l – integration – franco – allemandes/.

方将加强数字领域合作，打造法德人工智能研究和创新网络，设立双边协调机制与共同资金支持数字技术研发，制定面向欧盟层面开放的法德"推动创新"倡议。《亚琛条约》成为法德轴心回归的契机，[①] 两国进一步加强在欧洲政治中的协调合作，继续在欧盟发挥核心作用，扮演欧洲一体化的"推进器"角色。

具体而言，法德轴心从两方面助推欧盟"数字主权"的相关政策实践：一是以"法德倡议"的形式带动欧盟相关战略与政策的制定。2019 年 2 月，法德两国经济部长在柏林发表《关于适应 21 世纪的欧盟工业政策的法德宣言》，[②] 建议出台欧洲工业战略使欧盟在2030 年仍保持强大的工业制造能力与国际竞争力。时隔一年，欧盟委员会于 2020 年 3 月出台《新欧洲工业战略》，[③] 强调工业战略关乎"欧盟主权"，[④] 采纳了法德两国提出的加强对技术研发创新的投资、调整欧盟竞争规则、重新评估并购与国家补贴规则、强化外商投资审查、保护欧盟战略自主等建议，体现出法德轴心在欧盟战略中的"推进器"作用。二是以"法德联动"的方式打造数字基础设施并将其扩展成为欧盟项目。德国联邦经济与能源部长阿尔特迈尔于2019 年 10 月正式发起"Gaia - X"云计划，法国随后对此计划表示支持。2020 年 2 月，法德两国政界与商界领袖发布有关"Gaia - X"

---

① 张茜：《法德轴心的重启及前景》，载《现代国际关系》，2021 年第 2 期，第 38 页。

② "Manifeste franco - allemand pour une politique industrielle adaptée au XXIe siècle," *RPUE - Représentation Permanente de la France auprès de l'Union européenne*, February 22, 2019, https：//ue. delegfrance. org/manifeste - franco - allemand - pour - une.

③ "European industrial strategy," *European Commission*, March 10, 2020, https：//ec. europa. eu/info/strategy/priorities - 2019 - 2024/europe - fit - digital - age/european - industrial - strategy_en.

④ 原文为"Europe's sovereignty"，由于是欧盟委员会发布的文件，这里译为"欧盟主权"。参见 "A New Industrial Strategy for Europe, " *European Commission*, March 10, 2020, https：//ec. europa. eu/info/sites/default/files/communication - eu - industrial - strategy - march - 2020_en. pdf。

的立场文件，① 支持"Gaia - X"云计划的目标，推动创建欧洲数据和人工智能驱动的生态系统，保护欧盟的"数据主权"。2020年6月，法德两国经济部长携手发布"Gaia - X"云计划，② 该项目在初始阶段共有22家企业加入，其中11家为法国企业，11家为德国企业，凸显法德两国在欧盟数字基础设施建设中的领头羊地位。2020年10月，欧盟成员国发表联合声明共同将 Gaia - X 云计划打造为欧盟的数字基础设施，实现欧盟层面的数据储存、传输与交换等。③ 藉此，"Gaia - X"云计划由德国政府率先发起，经由法德两国政企联动推广至欧盟层面，成为欧盟数字战略的重要组成部分。

总体来说，欧盟"数字主权"的概念建构呈现"法主德从"的互动模式。法国总统马克龙是"欧盟主权"的首创者，通过这一政治话语的建构，回应欧盟的内生性危机与来自外部的竞争压力；而德国在2020年下半年担任欧盟理事会轮值主席国时也确立"数字主权"为欧盟数字政策的核心主旨，④ 在一定程度上追随了法国的话语建构，共同发挥法德轴心作用，在欧盟层面完成对"数字主权"的建构。相较之下，欧盟"数字主权"的政策实践则呈现"德主法从"的联动模式，德国凭借着雄厚的经济与工业实力主导欧盟数字政策实践，与法国政府和企业形成"法德联动"模式，推动建设"Gaia - X"云计划这一欧盟数字基础设施。概言之，"数字主权"

---

① "Franco - German Position on GAIA - X," February 18, 2020, https：//www. bmwi. de/ Redaktion/DE/Downloads/F/franco - german - position - on - gaia - x. pdf?　_blob = publicationFile&v = 4.

② Phillip Grüll and Samuel Stolton, "Altmaier charts Gaia - X as the beginning of a 'European data ecosystem'," *EURACTIV*, June 5, 2020, https：//www. euractiv. com/section/data - protection/news/ altmaier - charts - gaia - x - as - the - beginning - of - a - european - data - ecosystem/.

③ Declaration, "Building the Next Generation Cloud for Businesses and the Public Sector in the EU," *Europa*, October 15, 2020, https：//ec. europa. eu/newsroom/dae/document. cfm? doc _ id = 70089.

④ "Expanding the EU's Sovereignty," Germany's Presidency of the Council of the European Union, 2020, https：//www. eu2020. de/eu2020 - en/eu - digitalisation - technology - sovereignty/2352828.

概念背后，既是欧盟对数字空间中非对称性相互依赖与数字技术"政治化"和"安全化"趋势的回应，又是法国和德国作为核心成员国背靠欧盟实现数字时代战略诉求的一种手段。法德两国期望通过汇集欧盟各成员国力量，增强数字技术实力，共同打造欧洲"冠军企业"，以寻求两国以及欧盟在数字时代大国战略博弈中的自主性与优势地位。

三

欧盟及其成员国领导人通过政治话语与政策实践建构起"数字主权"概念，但这一颇具创新性的"主权"概念能否发挥其应有作用，助力欧盟数字化转型与数字技术发展，仍具有不确定性。

一方面，"欧盟主权"概念一定程度上引起欧盟内部的困惑。2021 年 1 月，法国让－饶勒斯基金会与德国弗里德里希－艾伯特基金会共同完成了民众对"欧盟主权"概念认知与接受度的调查。[①] 该问卷随机选取了分属西欧、南欧、中东欧与北欧的八个欧盟成员国中的 8000 名受访者，八国人口总数在欧盟中占比为 75%，具有一定的代表性。调查结果显示，欧盟成员国对"欧盟主权"概念的认知不尽相同，对其背后战略含义的判断也有所差异，不利于欧盟协调各成员国立场来共同实现"数字主权"。

其一，法德两国民众对"主权"概念的认知差异较大，对法德轴心协力推广欧盟"数字主权"或构成挑战。在法国，由于深受"君主制"传统影响，"主权"一词根植于权力和历史。法国民众听

---

① "Survey: Should European sovereignty be strengthened?" *Friedrich - Ebert - Stiftung*, https：// www. fes. de/en/survey - european - sovereignty.

到"主权"一词首先联想到的是"王权""权力"与"民族主义"，认为"主权"意味着"按照自己的价值观生活"以及"能够维护自己的利益"。相较之下，德国的"主权"观念更具现代性且政治色彩较淡。提到"主权"一词，德国民众大多联想到的是"独立""自治"与"自由"等词汇，认为"主权"主要是指"独立于他人"以及"自由地决定与伙伴合作"。上述概念认知分歧直接导致法德两国民众对"主权"的态度有很大差异，当"主权"一词被引申为"独立"概念时，"主权"在民众中会更受欢迎，而当"主权"概念被解读为"国家权力"时则会受到民众的冷落。[①] 举例来说，73%的德国受访者对"主权"概念持积极态度，而只有29%的法国受访者认为"主权"一词有着积极作用。虽然在建构"欧盟主权"概念过程中呈现"法主德从"的互动模式，但是德国民众整体上对"主权"概念的接受度更高且更关注"主权"所赋予的"独立自主性"。面对上述差异，法德轴心能否步调一致推进欧盟"数字主权"概念建构与政策实践仍然存疑。加之，法国在建构欧盟"数字主权"过程中，可能会受到来自国内的阻力，或将导致法德轴心出现动力不足的问题。

其二，欧盟民众对"欧盟主权"的态度有所不同，公共舆论与领导层的政治话语出现偏差，在欧盟内部形成"主权困惑"[②]，不利于欧盟"数字主权"概念的落地。总体上，有52%的受访者对"欧盟主权"概念持积极态度，但仍有42%的受访者认为"主权"属于

---

① Virginie Malingre, "La 'souveraineté européenne' promue par les dirigeants de l'UE est mal comprise par les Européens," *Le Monde*, March 1, 2021, https://www.lemonde.fr/international/article/2021/03/01/la‐souverainete‐europeenne‐promue‐par‐les‐dirigeants‐de‐l‐ue‐est‐mal‐comprise‐par‐les‐europeens_6071519_3210.html.

② "主权困惑"翻译自"Sovereignty Puzzle"，参见 Ole Wæver, "Identity, Integration and Security: Solving the Sovereignty Puzzle in E. U. Studies," *Journal of International Affairs*, Vol. 48, No. 2, 1995, pp. 389–431；崔宏伟：《"主权困惑"与欧洲一体化的韧性》，载《当代世界与社会主义》，2019 年第 5 期，第 123 页。

国家范畴，将"欧洲"与"主权"两个词放在一起使用是相互矛盾的。值得注意的是，法国虽是"欧盟主权"的首倡者，却有52%的法国受访者认为"主权"与"欧洲"两个概念并不适配。可见，民众的主观认知与领导层的政治话语存在一定偏差，欧盟建构"数字主权"时需进一步明确概念的内涵与外延。除此之外，北欧与东欧等国的受访者大多认为欧盟已拥有主权，但有64%的法国受访者与54%的意大利受访者否认"欧盟主权"的存在。有鉴于此，欧盟内部对于"欧盟主权"呈现一定的分裂态度，民众对"欧盟主权"概念仍有诸多困惑。加之，欧盟建构"数字主权"的目标之一便是推动欧盟在数字领域的一体化进程，而在民众中产生的"主权困惑"或被疑欧主义者利用，助长一些成员国对"主权"的逆向诉求，阻碍欧盟"数字主权"概念的落地。

其三，成员国因自身国家利益与安全考量不同，对"欧盟主权"有着不同的战略诉求。因而在推行"数字主权"相关政策实践时，欧盟或遭遇内部协调困境。在被问及实现"欧盟主权"的内部条件时，来自北欧的瑞典民众认为保护欧盟边境以及通过共同政策工具对抗外部干涉最为重要，而来自南欧的意大利民众与西班牙民众则更为看重经济的繁荣发展。囿于经济发展与负债水平差异，南北欧对"欧盟主权"的诉求有所区别，北欧重视"主权"概念中"保护"与"自主性"的维度，而南欧则更强调"发展"的维度。在此背景下，北欧国家会更加支持偏"保护主义"色彩的一些欧盟"主权"政策，而南欧国家则更倾向于优先考虑相关政策的经济效益。在被问到加强"欧盟主权"受到哪些外部因素影响时，以波兰、拉脱维亚和罗马尼亚为代表的东欧国家意识到"欧盟主权"是抗衡"俄罗斯影响力"的重要手段，法国与瑞典则认为中国对权力的追求促使欧盟建构"主权"概念，而德国和西班牙民众更多将美国视作是欧盟寻求"主权"的外部动因。

　　总体而言，欧盟成员国因国家利益与安全考量的差异，在对内与对外两个维度上对"欧盟主权"的战略诉求也有所不同。欧盟对"数字主权"的战略布局或因难以协调各成员国诉求而受阻。此外，只有46%的受访者认为欧盟对社交媒体、5G设施、数据存储、海底电缆与卫星等数字基础设施的掌控是实现"欧盟主权"的必要条件。换言之，约有超半数欧盟民众不认可数字基础设施为"欧盟主权"的重要组成部分。欧盟寄希望于通过建构"数字主权"这一政治话语，[①]将其打造成推行数字领域政策的工具，进而确立欧盟在数据、数字技术以及相关基础设施治理中的权威、控制权与自主性。不过，问卷调查结果显示，民众尚未真正接受欧洲领导人的政治话语，"数字主权"概念能否真正助推欧盟在数字领域的发展仍有待观察。

　　另一方面，欧盟"数字主权"相关政策实践受到美国的掣肘，具体表现在5G领域与数字税的征收上。以5G领域为例，波兰、爱沙尼亚、拉脱维亚、捷克、斯洛文尼亚和保加利亚六个欧盟成员国分别与美国签署了双边5G联合声明，均提及要让"可信赖和可靠的供应商参与5G网络建设"，但"可信赖"与"可靠"的评判标准过于主观，使得政府可以通过给某些供应商冠以"不可信赖"之名，而将其排除在竞争之外。区别于2019年的5G联合声明，美国与拉脱维亚、捷克、斯洛文尼亚和保加利亚四国在2020年签署的5G安全联合声明将"供应商"一词具体化为"网络硬件和软件供应商"，除在网络硬件设施建设上排除特定供应商外，还要把那些由所谓的

① Julia Pohle and Thorsten Thiel，"Digital sovereignty，"*Internet Policy Review*，Vol. 9，No. 4，2020，p. 2.

"不可靠的供应商"提供的软件拒之门外。[①] 上述东欧六国可能会紧随美国，推出相似的歧视性措施，将特定网络硬件和软件供应商排除在外。美国对东欧国家施加的影响，使得欧盟难以在 5G 网络建设方面形成统一协调的立场，在一定程度上阻碍欧盟"技术主权"的落地与实施。未来欧盟在制定 5G 网络相关标准以及法律法规时可能会面临分化的问题，即东欧六国会追随美国的标准体系与法规设定，而以德国和法国为代表的西欧诸国更倾向于形成一套相对独立的欧盟标准和规范。

征收数字税是欧盟应对美国互联网龙头企业不平等竞争、实现"数字主权"的重要政策工具。[②] 以谷歌、苹果、脸书、亚马逊为代表的大型互联网企业均来自美国，而欧盟是上述企业颇为重要的国际市场。由于跨国互联网企业在欧盟所支付的平均税率远低于传统行业，欧盟委员会曾于 2018 年推出数字税征收提案，但因成员国未能达成一致而搁浅。[③]此后，欧盟及其成员国征收数字服务税的尝试均受到美国政府的阻挠。2019 年法国首先通过数字税征收法案，决定对在法国的数字服务收入超过 2500 万欧元以及在全球收入超 7.5

① 详见 "Joint Statement on United States – Slovenia Joint Declaration on 5G Security," *United States Department of State*, August 13, 2020, https://2017 – 2021. state. gov/joint – statement – on – united – states – slovenia – joint – declaration – on – 5g – security/; "Joint Statement on United States – Czech Republic Joint Declaration on 5G Security ┃ U. S. Embassy in The Czech Republic," *U. S. Embassy in the Czech Republic*, May 7, 2020, https://cz. usembassy. gov/joint – statement – on – united – states – czech – republic – joint – declaration – on – 5g – security/; "Joint Statement on United States – Latvia Joint Declaration on 5G Security," *United States Department of State*, February 27, 2020, https://2017 – 2021. state. gov/joint – statement – on – united – states – latvia – joint – declaration – on – 5g – security/; "United States – Republic of Bulgaria Joint Declaration on 5G Security," *United States Department of State*, October 23, 2020, https://2017 – 2021. state. gov/united – states – republic – of – bulgaria – joint – declaration – on – 5g – security/.
② 姜志达：《欧盟构建"数字主权"的逻辑与中欧数字合作》，载《国际论坛》，2021 年第 4 期，第 73 页。
③ 付美华：《法国数字税的壁垒效应及其对中国的启示》，载《对外经贸实务》，2021 年第 4 期，第 52 页。

亿欧元的跨国数字企业征收 3% 的数字税。① 美国随后发起了针对法国数字服务税的"301 调查"，② 威胁对法国商品施加报复性关税。法国也曾尝试在经合组织推动征收数字税，但在相关技术工作已完成的情况下，美国仍制造障碍，阻止经合组织达成数字税收协议。③ 迫于美国压力，法国承诺在 2020 年底前不启动征收数字税。除法国外，奥地利、意大利、西班牙等成员国均已开始推进数字服务税的征收计划。在此基础上，欧盟委员会于 2021 年 1 月围绕数字服务税征询意见，拟推进欧盟层面统一的数字税征收计划。不过，随着美国推进针对跨国公司征收 15% 全球企业最低税率获多国支持，美国财政部长耶伦对欧盟数字事务高级官员韦斯塔格与欧委会主席冯德莱恩展开游说工作，向欧盟施压要求取消征收数字服务税。④ 在此情况下，本应于 2021 年 7 月底公布的欧盟数字税征收计划被进一步推迟。⑤ 简言之，美国多次阻挠欧盟对互联网巨头征收数字服务税的尝试，通过关税威胁与政治游说的方式，干涉欧盟内部事务，阻碍欧盟"数字主权"相关政策的落地与实施。

---

① "Macron and Trump declare truce in digital tax dispute," *Reuters*, January 20, 2020, https：// www. reuters. com/article/us – france – usa – tax – idUSKBN1ZJ24D.

② "Notice of Action in the Section 301 Investigation of France's Digital Services Tax," *Federal Register*, July 16, 2020, https：//www. federalregister. gov/documents/2020/07/16/2020 – 15312/notice – of – action – in – the – section – 301 – investigation – of – frances – digital – services – tax.

③ 相关内容参加法国经济和财政部部长勒梅尔的采访，引自"France says U. S. blocking global digital tax talks," *Reuters*, September 16, 2020, https：//www. reuters. com/article/oecd – tax – france – idUSKBN26106V.

④ 项梦曦：《美欧数字经济博弈加剧 欧盟推迟数字税征收计划》，《金融时报》2021 年 7 月 14 日，第 8 版。

⑤ 《欧盟宣布暂缓推出数字税征收计划》，新华网，2021 年 7 月 13 日，http：//www. xinhuanet. com/fortune/2021 – 07/13/c_1127650880. htm.

结论

"主权"并非欧盟的最终目标，而是欧盟参与大国战略博弈和实现自身地缘政治诉求的工具。"主权"概念一旦被冠以诸如数字、技术和数据等名词，便成为欧盟推行相关领域政策的手段，即以"主权"之名来赢得欧洲民众的支持。欧盟建构"数字主权"，希望既能在单一市场内推行数字政策时赢得民众的支持，又可以将其争夺全球数字治理主导权的措施合法化。不过，超半数欧盟民众不认可拥有数字基础设施是欧盟获得主权的必要条件，欧洲领导人有关"数字主权"的政治话语与公众舆论之间存在一定程度的脱节，"数字主权"概念能否真正助推欧盟在数字领域的发展仍存在不确定性。

值得注意的是，欧盟在强调"数字主权"概念的对外维度时，应更为清晰地界定何谓"外部干涉"，如若把经济层面的对外相互依赖视作是"外部干涉"与"主权受损"，则会偏离"主权"在对外维度上的本义，或将削弱欧盟作为全球监管性力量的公信力，不利于欧盟通过发挥"布鲁塞尔效应"来寻求其在数字时代大国战略博弈中的优势地位。此外，欧盟对"技术主权"的建构，存在滑向"技术民族主义"的风险，有可能会反噬自身的技术发展潜力。如何将"主权"概念与单一市场的自由流动理念相融合，或将成为欧盟"数字主权"建构成败的关键。

美日网络安全合作机制论析*

江天骄**

摘　要： 由于缺乏明确的国际法规则约束，加之网络技术的相关特点，导致网络黑客、窃密、大规模网络攻击等网络安全事件频发。在此背景下，美国和日本围绕网络安全进行了长期深入合作，并取得了一定成效。美日同盟向网络空间延伸是美国的传统同盟体系向网络空间扩展的典型案例，或将对全球网络空间战略稳定带来较为复杂的影响。从美日网络安全合作的发展历程来看，美国在合作中处于引领地位，而日本则对美国提出的相关理念和战略行动具备较高的认同度，并快速学习进而转化为自身的网络安全战略。从具体合作机制看，美日两国启动了多层次的网络安全对话合作机制，从宏观战略和微观政策上规划与落实网络安全合作，聚焦民用网络安全、军事网络安全和国际规则合作三大领域。然而，在当前国际社会难以就界定网络攻击达成普遍共识的情况下，美日两国通过主观性较强的判定标准，并机械地套用传统安保体系来应对重大网络安全事件，容易引发误判甚至导致冲突升级。

关键词： 美日同盟　网络安全　共同防御　灰色地带　国际规则

---

  * 本文发表于《国际展望》2020年第6期。
  ** 江天骄，复旦大学发展研究院、复旦大学网络空间国际治理研究基地主任助理。

2019 年，美、日两国确认网络攻击适用于《美日安保条约》，标志着美日同盟从物理空间全面向网络空间延伸。这是以美国为核心的传统同盟体系向网络空间扩展的典型案例。其主要有三个特点：一是在合作模式上，美国发挥引领作用，日本对于美国提出的网络安全相关理念和行动战略都具备较高的认同度，并快速学习转化为自身的网络安全战略。尤其从 2010 年以来，美日双方都陆续推出了国家网络安全战略和网络空间国际合作战略，并建立网络部队，加强政策话语体系的融通和网络攻防能力建设的协调。二是在合作机制化程度上，美、日两国以新版《美日防卫合作指针》和《美日安保条约》作为法律依托，通过首脑对话、安保磋商、网络对话等磋商机制，实现从政治经济到军事安全的全方位"无缝合作"。三是在合作效果上，两国政府不仅明确表达了深化合作的意愿，而且这种以传统军事同盟向网络空间扩展的合作方式或对地区乃至全球范围内其他国家产生示范效应。由此可能加剧网络空间的"巴尔干化"[①]，并形成多个政治乃至军事集团，从而对全球网络空间战略稳定产生较为复杂的影响。

值得注意的是，美日网络安全合作深刻反映出美日同盟背后的张力。尽管两国政府在网络空间这一新兴领域的明确合作意愿以及大量合作实践为美日同盟进一步深化注入了新的动力，但双方应对网络安全挑战的战略目标及政策偏好仍然存在结构性的差异。美国主要试图整合包括日本在内的全球盟友资源，以有效遏制甚至挫败所谓"修正主义国家"试图颠覆全球网络空间秩序与美国霸权的行为。而日本则更注重从两国网络安全合作中得到安全承诺与集体防卫自由，借助网络空间行为的模糊性与不确定性为本国军事行动松

---

① Marshall Van Alstyne, Erik Brynjolfsson, "Could the Internet Balkanize Science?" *Science*, Vol. 274, No. 5292, November 1996, pp. 1479 – 1480.

绑。这种差异或使双方在维护网络安全的责任分摊、合作的紧密程度等方面展开博弈，抑或使双方在更具进攻性的网络行动方面协调一致，从而对全球网络空间的战略稳定造成冲击。本文拟梳理美日网络安全合作的发展历程与核心内容，进而分析两国开展网络安全合作的方式及其特点，并研判其对全球网络空间战略稳定可能造成的影响。

一、美日网络安全合作历程与现状

美日两国在网络安全政策方面的契合度较高。具体表现为日本对美国提出的网络安全相关概念及其主张的快速学习、认同并转化为自身的网络安全战略。这为双方持续深化的网络安全合作奠定了坚实的基础。除此之外，双方还通过建立多层次的对话和协调机制，持续推进在民用网络安全、军用网络安全和国际规则领域的合作。

（一）美日网络安全合作历程

早在 21 世纪初，日本就充分认识到信息技术对其摆脱经济停滞，强化国际竞争力的重要作用。而这一认知与美国克林顿政府时期提出"信息高速公路"计划以及"知识经济"所取得的巨大成功密切相关。2000 年日本内阁设立"IT 战略本部"，由时任首相森喜郎担任"本部长"。同时，美日两国在 2000 年前后都出台了一系列针对信息安全和网络通信相关基础设施防护的国内法律文件。①然而，随着网络相关技术的不断发展，网络空间逐步成为国家间政治、经济乃至军事竞争的焦点。尤其是在 2010 年前后，一系列重大网络安全事件的集中爆发已经完全超越了传统信息安全的范畴。起初，西方国家纷纷指责俄罗斯对爱沙尼亚和格鲁吉亚发动网络攻击，谋求地缘优势。随后，美国监听全球的"棱镜"项目不仅很快被曝光，而且还伙同以色列对伊朗的铀浓缩设施发动"震网"病毒攻击。几乎同一时期，网络平台还成为中东地区政局普遍性动荡的重要推手。在这一重要背景下，美国奥巴马政府执政后将网络空间安全威胁视作最严重的国家经济和安全挑战之一，并很快设立了网络司令部。美国一方面强调对关键基础设施的保护，强化网络攻防能力建设；另一方面在网络空间积极推行所谓"互联网自由"战略，旨在建立"开放、互通、安全、可靠"的全球网络空间，并积极与盟友和伙伴组建"意愿联盟"，构筑网络空间的"集体防御"机制。②

正是在网络安全国际形势刺激和美国网络安全战略的影响下，日本才逐步形成了目前的网络安全战略。在 2011 年度《防卫白皮书》中，日本首次将网络攻击列为其所面临的首要安全威胁，并建

---

① U. S. Congress, "S. 982 – National Information Infrastructure Protection Act of 1996, the 104th Congress (1995 – 1996)," June 29, 1995, https：//www. congress. gov/bill/104th – congress /senate – bill/982? r = 17&s = 1; U. S. Congress, "S. 1993 – Government Information Security Act, the 106th Congress (1999 – 2000)," November 19, 1999, https：//www. congress. gov/bill/106th – congress / senate – bill/1993; U. S. Congress, "H. R. 3844 – Federal Information Security Management Act of 2002, the 107th Congress (2001 – 2002)," March 5, 2002, https：//www. congress. gov/bill/107th – congress/ house – bill/3844; Prime Minister of Japan and His Cabinet, "Basic Act on the Formation of an Advanced Information and Telecommunications Network Society, Act No. 144 of December 6, 2000," December 6, 2000, https：//japan. kantei. go. jp/it/it_basiclaw/it_basiclaw. html.

② U. S. White House Office, President Barack Obama, "International Strategy for Cyberspace: Prosperity, Security, and Openness in a Networked World," May 1, 2011, https：// obamawhitehouse. archives. gov/sites/default/files/rss_viewer/international_strategy_for_cyberspace. pdf.

立了"网络空间防卫队①"。2013 年，日本发布了第一份《网络安全战略》以及《网络安全国际合作方针》，跳出了聚焦于信息安全技术的传统框架，强调应对网络安全带来的综合性挑战。②2014 年，日本出台《网络安全基本法》并正式组建与"陆、海、空、天"并列的"网络防卫队"。2015 年，日本发布第二版《网络安全战略》，增加了"确保自由、公平和安全的网络空间"的愿景目标，与美国的网络安全战略主张高度契合。③2018 年，日本又推出了新版的《网络安全战略》，在继承此前相关愿景、目标和基本原则的基础上，阐述了具体行动计划、体制机制建设和国际合作战略。④

（二）美日网络安全合作机制

在日本积极向美国借鉴并逐步确立新时期网络安全战略的同时，美日两国网络安全合作的机制化进程也日益深化。尤其是在安倍第二次执政后，美日两国通过领导人峰会将网络议题磋商提升至政府首脑级别，使得双边网络安全合作机制的发展进入快车道。由外交部长、国防部长出席的"美日安保磋商委员会"（2 + 2）会议，明确将网络安全议题纳入其中，并对后续的美日网络安全合作起到整

---

① Ministry of Defense, Japan, "Defense of Japan 2011," August, 2011, https：//www. mod. go. jp/e/publ/w_paper/2011. html.

② Information Security Policy Council, Japan, "International Strategy on Cybersecurity Cooperation," October 2, 2013, https：//www. nisc. go. jp/eng/pdf/InternationalStrategyon Cybersecurity Cooperation_e. pdf.

③ Information Security Policy Council, Japan, "Cybersecurity Strategy," September 4, 2015, https：//www. nisc. go. jp/eng/pdf/cs – strategy – en. pdf.

④ Information Security Policy Council, Japan, "Cybersecurity Strategy," July 27, 2018, https：// www. nisc. go. jp/eng/pdf/cs – senryaku2018 – en. pdf.

体的政策设计、评估和协调作用。①在这一部长级磋商机制之下，又有三个司局级工作组专门负责特定领域的网络安全合作。其中，美日网络安全对话（U. S. – Japan Cyber Dialogue）迄今已举行过七次，旨在通过定期交换网络威胁情报，协调政府间网络安全政策，确保对关键基础设施的保护。②此外，两国防务部门之间还成立了"网络防御政策工作组"（Cyber Defense Policy Working Group，CDPWG），聚焦于网络防御政策磋商、网络军事能力建设以及双边演习和推演等内容。③最后，美日网络经济政策会谈主要围绕双方数字经济合作展开，同时部分涉及如何就保障商业网络安全加强合作的问题。④总体上，美日网络安全合作既包括宏观层面的战略对话，也包括微观层面的具体合作措施（见图1）。

在宏观层面，主要以美日峰会以及美日安全磋商委员会会议为代表，为双方的网络安全合作定下基调。而在落实相关技术性问题时，双方又借助网络安全对话、网络防御政策工作组，以及网络经济政策会谈等常态化磋商机制加以推进。从具体的合作内容和战略目标来看，日本学者曾把《美日防卫合作指针》的施行、共同保护海底光缆和共享网络情报作为三大合作领域。⑤而事实上随着双边合作的不断推进，相关合作机制既包括保障商业网络安全、防护关键

---

① Ministry of Foreign Affairs, Japan, "Joint Statement of the Security Consultative Committee: Toward a Deeper and Broader U. S. – Japan Alliance: Building on 50 Years of Partnership," June 21, 2011, https://www.mofa.go.jp/region/n – america/us/security/pdfs/ joint1106_01.pdf.

② Ministry of Defense, Japan, "Joint Statement of the Security Consultative Committee: Toward a More Robust Alliance and Greater Shared Responsibilities," October 3, 2013, https://www.mod.go.jp/e/d_act/us/pdf/JointStatement2013.pdf, p. 4.

③ Ministry of Defense, Japan, "Joint Statement of the U. S. – Japan Cyber Defense Policy Working Group," May 30, 2015, https://www.mod.go.jp/j/press/news/2015/05/30a_1.pdf.

④ U. S. Department of State, "First Director – General Level U. S. – Japan Dialogue on the Internet Economy," November 1, 2010, https://2009 – 2017.state.gov/r/pa/prs/ps/2010/11/ 150264.htm.

⑤ 土屋大洋：『日米サイバーセキュリティ協力の課題』、笹川平和財団、2016 年 3 月、https://www.spf.org/topics/WG1_report_Tsuchiya.pdf。

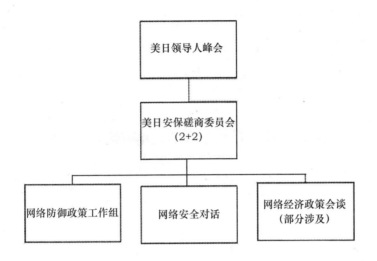

图1　美日网络安全合作机制层次示意图

资料来源：作者自制。

基础设施、协调政府间网络安全政策等偏向民用领域的安全合作，又涵盖网络部队建设、网络空间联合行动以及防御政策磋商等偏向军事领域的合作。两者相辅相成，构成了全方位的网络安全合作体系。此外，由于网络空间缺乏公认的国际规范和行动原则，探讨国际法如何适用于网络空间也是美日两国网络安全合作的重要内容。在此基础上，美日同盟向网络空间延伸将对美国全球同盟体系产生示范效应，并谋求为全球网络空间建章立制。

二、美日在民用网络安全领域的合作机制

在民用网络安全领域，自开启网络安全对话以来，美日两国即强调合作的首要任务在于促进各自的网络安全保障能力建设。网络

安全保障能力主要是应对网络安全风险的能力，即在真正的网络攻击发生之前评估网络安全风险，并通过网络安全技术的应用等提升信息系统的稳健性和恢复力，从而防范安全风险的发生，增强网络攻击出现时的应对能力并使损失最小化。

（一）以安全威胁信息共享推动民用网络安全合作

2017 年以来，美日两国分别为提升各自的网络安全保障能力做出了积极努力。例如美国国土安全部在 2018 年发布网络安全战略，其核心内容在于为联邦政府按照一定流程评估和应对网络安全风险提供指导。[1]在同一年公布的日本网络安全战略中，日本政府则将网络安全责任体系和风险管理确定为保障网络安全的关键路径。[2]在此基础上，网络安全保障能力建设成为两国间对话机制关注的重点。2019 年美日安保磋商发布的联合声明强调，尽管双方将在网络威慑和响应能力等方面加强合作，但提升各自对信息系统和关键基础设施的保护仍然是两国政府的优先目标。[3]

具体而言，共享有关网络安全威胁和风险的信息是美日两国促进各自网络安全保障能力的重要合作抓手。对于网络安全风险的防控来说，掌握充分的网络安全威胁信息是评估风险、发布预警并做出相关决策的基础。信息共享可为更加及时和充分地获知并预判网络安全风险助力。自首次网络安全对话开始，美日两国即强调交流

---

[1] U. S. Department of Homeland Security, "Cybersecurity Strategy," May 15, 2018, https://www.dhs.gov/sites/default/files/publications/DHS – Cybersecurity – Strategy_1.pdf.

[2] National Center of Incident Readiness and Strategy for Cybersecurity, "Cybersecurity Strategy," July 27, 2018, https://www.nisc.go.jp/eng/pdf/cs – senryaku2018 – en.pdf.

[3] Ministry of Foreign Affairs, Japan, "Joint Statement of the Security Consultative Committee," April 19, 2019, https://www.mofa.go.jp/files/000470738.pdf.

和共享与网络风险等相关的信息的重要性。^①为此，在 2017 年 5 月，日本内阁网络安全中心宣布将加入美国国土安全部的"自动指标共享"项目。该项目旨在促进网络安全威胁指标在公共部门和私营部门之间的流动，以强化并逐步整合各部门提前防范网络攻击的能力。^②这一合作意味着美日双方将在跨国别、跨部门的范围内共享有关网络安全威胁的指标，从而迈出了网络安全信息实时共享的关键一步。

（二）以最佳实践交流优化政府及产业网络安全保障体系

交流网络安全保障能力建设方面的最佳实践也是双方民用领域合作的重点，网络安全保障的核心在于信息系统的运行者及相关部门为预判和应对网络安全风险而提出一系列应对方案并予以落实。受各国战略文化、决策方式不同等因素影响，管控网络安全风险的具体路径和方式存在一定差异。例如在私营部门对网络安全的管控方面，只有 55% 的日本公司进行网络安全风险评估，而美国约为 80%；只有 27% 的日本公司设有首席信息安全官（CISO），而美国公司为 78%。^③与美国不同，在日本，将网络安全整合到公司治理中是一个相对较新的概念，只有约 1/5 的日本企业会将网络安全视为提升自身竞争力的重要因素。^④绝大部分日本企业高管不仅缺乏关于

---

① Ministry of Foreign Affairs, Japan, "Joint Statement of Japan – US Cyber Dialogue," May 10, 2013, https：//www. mofa. go. jp/region/page22e_000001. html.

② Department of Homeland Security, "Automated Indicator Sharing （AIS）," https：//www. dhs. gov/cisa/automated – indicator – sharing – ais.

③ 「企業のCISOやCSIRTに関する実態調査 2017 年調査報告書」、情報処理推進機構 IPA、2017 年 4 月 13 日、https：//www. ipa. go. jp/files/000058850. pdf。

④ 「平成 28 年度 企業のサイバーセキュリティ対策に関する調査報告書」、ニュートン・コンサルティング株式会社、2017 年 3 月、https：//www. nisc. go. jp/inquiry/pdf/kigyoutaisaku_honbun. pdf。

网络安全的专业知识和经验，而且将网络安全相关投入视为巨大的成本而非投资，进而使得相对有限的预算被耗散在风控、运营和技术部门。①

美日两国在网络安全合作中认识到这一点，并指出加强网络安全风险管控方式认知的必要性。②这不仅有助于增强双方在共同制定网络安全保障方案时的默契，也将帮助美日两国完善各自网络安全保障方案。尤其是在2017年"勒索"病毒席卷全球的背景下，美日两国开始进一步反思其国内网络安全治理架构，并为私营部门提出改善网络安全和应对紧急事态的最佳实践方案。其中，日本经济产业省和信息处理推进机构（Information-Technology Promotion Agency, IPA）共同为企业修订的"网络安全管理指南"，明确将美国国家标准技术研究所（National Institute of Standards and Technology, NIST）制定的网络安全框架作为参照标准，要求企业建立以首席信息官制度为代表的应对网络安全风险管理架构，增强企业从网络攻击中快速恢复的弹性，优化对关键资产的网络保护，定期进行网络风险评估，并加强供应链安全审核。③在此基础上，美、日两国在合作中尤其注重构建全政府（whole-of-government）的网络安全战略。两国的国家网络安全战略都强调，面对复杂的网络安全挑战，需要以跨部门、跨领域的综合手段予以应对。有效的网络风险防控体系应以覆盖所有政府部门乃至私营部门为目标。两国一致认为，应合作促进各自的全政府网络安全保障体系。④

以信息共享和实践交流为引导，各自建立全政府的网络安全保

① 「サイバーセキュリティ経営ガイドライン Ver 2.0」、経済産業省、2017 年 11 月、https：//www. meti. go. jp/press/2017/11/20171116003/20171116003-1. pdf。

② U. S. Department of State, "Joint Statement of the Japan-U. S. Cyber Dialogue," July 24, 2017, https：//www. state. gov/joint-statement-of-the-japan-u-s-cyber-dialogue/.

③ 「サイバーセキュリティ経営ガイドライン Ver 2.0」。

④ Ministry of Foreign Affairs, Japan, "Joint Statement of Japan-US Cyber Dialogue."

障体系是美日应对民用领域网络安全挑战的积极尝试。长期以来，日本在网络安全风险保障方面的一个主要短板在于投入的资源较为有限。①同时，与较早开始关注网络安全建设的美国不同，日本政府在受一系列国内外事件影响后，直到 2010 年前后才开始启动有关网络安全事务的整体战略规划，对于网络安全风险防控的经验相对不足。在此情况下，尽管军事上依赖与美国的联合防御能一定程度弥补日本的能力欠缺，但联合防御的覆盖范围有限，且成本较高，难以全面及时应对民用领域日益增长而又复杂的网络安全风险。因此，对日本而言，根本性解决方案是要突出跨部门、跨领域协调，建立全政府的网络安全保障体系。此外，美日两国的网络安全保障能力处于不均衡的状态，美日在当前的合作中以保护者和被保护者的角色出现，从而制约了两国共同探索网络安全保障方案的空间。从这个意义上说，促进各自网络安全保障能力建设将为美日两国开展更为广泛的网络安全合作奠定重要的基础。

三、美日在军事网络安全领域的合作机制

除强化民用领域的网络安全保障能力建设外，美日网络安全合作的另一大要点是通过双方军事合作应对潜在或现实的网络攻击。在 2013 年的美日安保磋商中，双方明确将共同应对军事领域的网络威胁作为修订《美日防卫合作指针》的目标之一。②2015 年发布的新

---

① James Andrew Lewis, "U. S. – Japan Cooperation in Cybersecurity," Center for Strategic and International Studies, November 2015, https：//csis – website – prod. s3. amazonaws. com /s3fs – public/legacy_files/files/publication/151105_Lewis_USJapanCyber_Web. pdf.

② Ministry of Defense, Japan, "Joint Statement of the Security Consultative Committee: Toward a More Robust Alliance and Greater Shared Responsibilities," October 3, 2013, https：//www. mod. go. jp/e/d_act/us/pdf/JointStatement2013. pdf.

版《美日防卫合作指针》中明确提出两国将合作保护对双方军队具有重要意义的信息关键基础设施与服务的安全，并规划了共享网络空间军事情报和开展联合军事行动的路径。①其中，网络威慑、共同防御和应对"灰色地带"挑战构成了美日网络军事安全合作的主要内容。网络威慑主要针对大规模网络攻击；共同防御既为网络威慑提供技术支撑，又是威慑失效后的最后防线，是对网络威慑的补充；应对"灰色地带"挑战则针对难以被有效威慑和防御的恶意网络活动，采取更加积极主动的军事行动。三者相辅相成，构成一体化的军事网络安全协同体系。

（一）以政策宣示强化网络威慑战略

美日同盟的一项重要支撑是美国长期为日本提供核保护伞，并实施延伸核威慑。自 2011 年美国国防部将网络空间作为美军第五大"行动领域"以来，美国的延伸威慑战略正逐步向网络空间拓展。②美日安保磋商及网络安全对话也多次论及如何构建网络空间的延伸威慑。与核威慑不同，网络威慑和反击涉及更为复杂的问题，关于核领域的延伸威慑能否有效地应用于网络空间存在很大争议。③网络威慑的可信度有赖于面对攻击时就采取报复措施所做出的承诺，因此，新版《美日防卫合作指针》指出，当发生威胁日本国家安全的

---

① Ministry of Foreign Affairs, Japan, "The Guidelines for Japan – U. S. Defense Cooperation," April 27, 2015, https://www.mofa.go.jp/files/000078188.pdf.

② 川口貴久『サイバー空間における安全保障の現状と課題』、日本国際問題研究所、http://www2.jiia.or.jp/pdf/resarch/H25_Global_Commons/03 – kawaguchi.pdf。

③ Martin C. Libicki, *Cyberdeterrence and Cyberwar*, RAND Corporation, 2009, pp. 104 – 106; Richard J. Harknett, John P. Callaghan and Rudi Kauffman, "Leaving Deterrence Behind: War – Fighting and National Cybersecurity," *Journal of Homeland Security and Emergency Management*, Vol. 7, No. 1, 2010, p. 9; David D. Clark and Susan Landau, "Untangling Attribution," *Harvard National Security Journal*, Vol. 2, No. 2, March 2011, pp. 25 – 40; P. W. Singer and Allan Friedman, *Cybersecurity and Cyberwar*, New York/Oxford: OUP Press, 2014, p. 73.

严重网络攻击事件时，两国政府将密切磋商并采取适当合作行动予以积极应对。①两国有关反击措施的表态从政治意愿上强化了网络威慑。

在此基础上，2019 年的美日安保磋商联合声明进一步表示，在特定情况下，网络攻击将被视为在《美日安全保障条约》第 5 条界定范围内的武装攻击。②根据这一条款，在日本境内对于两国中的任意一方发起的武装攻击将被视为危及和平与安全，两国对此将采取实际行动予以应对。③新版《美日防卫合作指针》提出，在发生针对日本和驻日美军的网络袭击时，由日本承担主要应对责任，美国则提供妥善支持，与之不同的是，此次联合声明明确了一旦网络攻击被认定为武装攻击，美国将担负起军事应对的主要责任。这充分表明美国在军事上对于保障日本的网络安全的承诺升级，也体现了两国有效实施网络威慑和反击以及网络延伸威慑有效性的信念。④这一政策宣示具有标志性意义，不仅是美日同盟向网络空间延伸的重大突破，也是美国通过其全球联盟体系来构筑网络空间集体防御机制的关键一步。

（二）以共同防御提升网络威慑的基础

除了强化关于网络威慑的政策宣示之外，进一步提升网络攻防能力建设也是确保网络威慑可信度的关键。其中，共同防御促使美

---

① Ministry of Foreign Affairs, Japan, "The Guidelines for Japan – U. S. Defense Cooperation".

② Ministry of Foreign Affairs, Japan, "Joint Statement of the Security Consultative Committee," April 19, 2019, https：//www. mofa. go. jp/files/000470738. pdf.

③ Ministry of Foreign Affairs, Japan, "Japan – U. S. Security Treaty," https：//www. mofa. go. jp/region/n – america/us/q&a/ref/1. html.

④ Indo – Pacific Defense Forum, "Cyber Threats Prompt Japan, U. S. to Bolster Cooperation," May 16, 2019, https：//ipdefenseforum. com/2019/05/cyber – threats – prompt – japan – u – s – to – bolster – cooperation/.

日两国尤其是能力建设相对不足的日本通过将网络安全事务迅速军事化的办法，获取更大的政策支持和资源投入。[①]尽管日本政府在网络安全战略规划方面起步较晚，但日本的国家安全战略正逐步将关键基础设施及政府部门等面临的网络安全风险和威胁视作与传统的军事攻击等同的重大国家安全挑战，并将军事化手段作为应对网络安全挑战的优先方案。[②]这一取向给美日两国应对网络安全挑战赋予越来越多的军事意义，并使网络安全在国防中日益处于核心地位。与传统的军事力量不同，网络攻防的实施需要有不断更新的网络安全技术和在信息技术方面专业化的网络部队，且鉴于归因困难以及国际规范欠缺等因素，成功实施网络威慑和反击的难度相对较大。为此，2018 年以来美日两国在网络部队的建设方面投入巨大。[③]而共同防御是双方网络部队合作的重点。一方面，共同防御为网络威慑提供必要的网络空间态势感知及溯源能力，是网络威慑的基础；另一方面，一旦网络威慑失效，良好的共同防御还能有效抵御网络攻击，确保系统的弹性，是网络威慑的补充。[④]

---

① Paul Kallender and Christopher W. Hughes, "Japan's Emerging Trajectory as a 'Cyber Power': From Securitization to Militarization of Cyberspace," *The Journal of Strategic Studies*, Vol. 40, No. 1 – 2, 2017, pp. 118 – 145.

② The Ministry of Foreign Affairs, Japan, "National Security Strategy," December 17, 2013, https://www.mofa.go.jp/fp/nsp/page1we_000081.html.

③ The Ministry of Defense, Japan, "Medium Term Defense Program (FY2019 – FY2023)," December 18, 2018, https://www.mod.go.jp/j/approach/agenda/guideline/2019/pdf/chuki_seibi31 – 35_e.pdf; The White House, "Cybersecurity Funding," March, 2019, https://www.whitehouse.gov/wp – content/uploads/2019/03/ap_24_cyber_security – fy2020.pdf.

④ Patrick M. Morgan, "Applicability of Traditional Deterrence Concepts and Theory to the Cyber Realm," in National Research Council of the National Academies, *Proceedings of a Workshop on Deterring Cyberattacks: Informing Strategies and Developing Options for U. S. Policy*, Washington, D. C.: The National Academies Press, 2010, pp. 75 – 76; Colin S. Gray, "Strategic Thoughts for Defence Planners," *Survival*, Vol. 52, No. 3, June – July 2010, pp. 159 – 178; Erik Gartzke, Jon R. Lindsay, "Weaving Tangled Webs: Offense, Defense, and Deception in Cyberspace," *Security Studies*, Vol. 24, No. 2, 2015, p. 343.

（三）以联合行动应对"灰色地带"的挑战

即便打造了强有力的网络威慑体系，但网络空间中仍然存在大量尚未触及武装冲突门槛的恶意活动。这些恶意活动难以被威慑，也防不胜防。为此，美日两国从 2010 年以来积极包装所谓"灰色地带"挑战的概念，①并通过国内政治和法律进程为其自由开展更为积极的网络军事行动背书。从目前公布的官方文件与相关研究讨论来看，美日双方对于"灰色地带"这一概念存在基本共识。两国一致认为"灰色地带"作为外交谈判与武力冲突之间的复杂行动状态，覆盖政治、经济、军事、科技等诸多领域，对国际秩序与两国国家安全构成了严重威胁，需要双方构建更为紧密的安全合作和共同防御机制。新版《美日防卫合作指针》便在此背景下应运而生，致力于打造从平时到战时的"无缝合作"体系。日本随后出台的新安保法提出从"灰色地带事态"到"重要影响事态"再到"生存危机事态"依次递进的作战场景，为日本行使集体自卫权，动用军事力量介入地区冲突提供了法律保障。②

但同时需要认识到，美日两国由于地缘环境、核心利益以及军事力量的差异，在针对网络空间"灰色地带"挑战的具体策略与措

---

① U. S. Department of Defense, "Quadrennial Defense Review Report," 2010, http：// archive. defense. gov/qdr/QDR%20as%20of%2029JAN10%201600. pdf, p. 73; Michael Green, et al. , "Countering Coercion in Maritime Asia: The Theory and Practice of Gray Zone Deterrence," Center for Strategic and International Studies, May 2017, p. 21, https：//csisprod. s3. amazonaws. com/ s3fs - public/publication/170505 _ GreenM _ CounteringCoercionAsia _ Web. pdf; Ministry of Defense, Japan, "National Defense Program Guidelines for FY 2011 and Beyond," 2010, http： // 59. 80. 44. 100/ www. mod. go. jp/e/d _ act/d _ policy/pdf/guidelinesFY2011. pdf, p. 13; Japan Cabinet Secretariat, "National Security Strategy," December 2013, https：//www. cas. go. jp/jp/siryou/ 131217anzenhoshou/ nss - e. pdf.

② Ministry of Foreign Affairs, Japan, "The Guidelines for Japan – U. S. Defense Cooperation," April 27, 2015, https：//www. mofa. go. jp/region/n – america/us/security/guideline2. html.

施上各有侧重。美国将"灰色地带"行动视为"修正主义国家"在全球范围内对现有国际秩序的挑战，既涵盖领土主权、金融贸易等传统领域，又向网络、太空等新兴领域延伸。美国因而主张整合其优势资源，对挑战者进行回击与遏制，甚至先发制人。尤其在所谓俄罗斯通过网络干涉美国 2016 年总统大选的刺激下，美国深刻认识到竞争对手可能通过网络活动获得不对称的战略优势。在特朗普政府发布的《国家网络战略》中，美国强调以跨领域战略应对复杂的网络威胁。[①]其核心要义就是跳出以网络安全应对网络安全挑战的传统思维，发挥美国在政治、经济、军事、外交以及盟友资源等多方面的比较优势。美国国防部则相应提出"持续接触"和"防御前置"的网络作战概念，进一步模糊了网络进攻和防御的界限，旨在以低烈度的持续行动瓦解对手的网络能力。[②]为了充分发挥跨领域战略的优势，推行更具进攻性的网络安全战略，美国积极打造包括美日同盟在内的网络空间"集体防御"机制，既威慑对手使其不要轻举妄动，又通过对全球盟友的示范效应来完善对网络空间行为规则的制定，从而维护美国主导下的霸权秩序。

日本方面则利用网络空间"灰色地带"的模糊特征，在与美国打造"无缝合作"体系的同时谋求为自身军事化松绑。[③]从政策上看，根据 2015 年版《网络安全战略》，日本主张各项网络安全措施应"从事后应对转为事前防御……从被动实施变为倡议主导"。[④]

---

① The White House, "National Cyber Strategy," September 20, 2018, https://www. whitehouse. gov/ wp - content/uploads/2018/09/National - Cyber - Strategy. pdf.

② Paul M. Nakasone, "An Interview with Paul M. Nakasone," *Joint Forces Quarterly*, Vol. 92, 2019, pp. 4 - 9.

③ See Scott W. Harold, Yoshiaki Nakagawa, Junichi Fukuda, John Anthony Davis, Keiko Kono, Dean Cheng, and Kazuto Suzuki, "The US - Japan Alliance and Deterring Gray Zone Coercion in the Maritime, Cyber, and Space Domains," RAND Corporation, 2017, https://www. rand. org/content/dam/ rand/pubs/conf_proceedings/CF300/CF379/RAND_CF379. pdf.

④ Ministry of Foreign Affairs, Japan, "National Security Strategy," September 4, 2015, https:// www. nisc. go. jp/eng/pdf/cs - strategy - en. pdf.

2018 年版《网络安全战略》进一步提出"积极网络防御",旨在通过政企合作、军民融合,以技术诱导来搜集攻击者的信息并与盟友共享。①这种情报搜集行动本身就介于网络攻击和防御之间,并呼应了美军提出的"持续接触"和"防御前置"原则。与此同时,日本仿照美国以跨领域战略提升网络威慑能力,要求执法机关与自卫队密切配合,以多种手段回应网络攻击,甚至包括使用进攻性网络武器。②从法律上说,对于大多数尚未达到武力攻击级别但可能侵犯日本主权或重大国家利益的网络活动,将由首相或国家安全保障会议决定是否做出(军事)回应。③一旦相关行为构成"重要影响事态"甚至是"生存危机事态",首相将获得采取军事介入的极大授权。④然而,就连时任首相安倍晋三自己也承认,对于网络冲突判断的主观性较强。⑤除此之外,由于美日同盟已经延伸至网络空间,一旦美国判断需要,日本也应当援引集体防卫原则支援美国的网络空间行动。由此可见,日本正充分利用网络空间的模糊特征,以国内政治和法律进程加速实现网络空间军事行动的自由。通过主观判定事态的严重性,日本可以采取自卫或行使集体自卫权等手段进行反击,抑或是采取先发制人策略,从而在实际上突破和平宪法的限制,以达到扩军修宪的目的。

---

① Ministry of Foreign Affairs, Japan, "National Security Strategy," July 27, 2018, https://www.nisc.go.jp/eng/pdf/cs-senryaku2018-en.pdf.

② Ministry of Defense, Japan, "National Defense Program Guidelines for FY 2019 and Beyond," December 18, 2018, https://www.mod.go.jp/j/approach/agenda/guideline/ 2019/pdf/20181218_e.pdf; Ministry of Defense, Japan, "Medium Term Defense Program (FY 2019 - FY 2023).".

③ Ministry of Defense, Japan, "Defense of Japan 2014, Chapter 2, Section 1: Establishment of National Security Council," October 31, 2014, https://www.mod.go.jp/e/publ/w_paper /pdf/2014/DOJ2014_2-2-1_web_1031.pdf.

④ 高兰:《日本"灰色地带事态"与中日安全困境》,载《日本学刊》,2016 年第 2 期,第 12-28 页。

⑤ 「第 189 回国会(常会)答弁书」,平成 27 年 8 月 7 日、https://www.sangiin.go.jp/japanese/joho1/kousei/syuisyo/189/touh/t189221.htm。

四、美日在网络空间国际规则领域的合作

网络空间作为与现实世界紧密相连的新兴领域，尚未形成完善的国际法规与行为规则体系，因而成为各国采取非战非和强制行动的热点空间。无论是民用还是军用网络安全保障，都涉及对相关网络行动进行准确界定从而有效应对的问题。然而，由于网络空间的跨国性、互通性、虚拟性和军民两用性等技术特征，如何准确界定网络攻击的性质并开展溯源和执法始终存在困难。从全球层面来看，联合国信息安全政府专家组在这一问题上开展了多轮讨论。虽然绝大多数国家都能够接受将《联合国宪章》和主权原则继续适用于网络空间，但在面对网络攻击时应当何时触发自卫或集体防御，以及如何约束甚至惩罚恶意网络行为等具体问题上仍然存在较大分歧。部分国际法学家试图通过《塔林手册》提出的以是否造成物理损伤后果来界定相关网络行动是否构成武装冲突或是战争行为。但是这种观点同样未能得到国际社会的普遍认可。而对于网络报复行为是否需要满足比例原则，以及如何界定和应对武装冲突门槛以下的恶意网络活动等问题，则显得更加棘手。

（一）通过国内政治和法律进程塑造国际舆论

探讨现有国际法尤其是武装冲突法如何适用于网络空间，不仅是美日两国深入开展网络安全合作并采取联合行动的法理前提，而且是美国及其同盟体系向网络空间延伸并为全球网络空间活动建章立制的重要基础。为了突破目前国际法层面的僵局，美日两国主要以分步走的方式开展合作。根据 2019 年举行的美日安保磋商，日本

受到的网络攻击是否被界定为武装攻击，将在美日两国进行协商的基础上，依据对具体事件和案例的分析判断来做出决定。①换句话说，美日两国并未就如何适用国际法提出明确的标准，而是采取了一种具体问题具体分析的办法。在具体场景中，由于对攻击者的确认以及对攻击所造成的安全影响的评估等都存在着较大的不确定性，是否将某次网络攻击界定为武装攻击，很有可能将取决于美日两国之间基于战略利益关系的讨价还价。而对于武装冲突门槛以下的恶意网络行为，美日两国主要是通过其国内政治和法律进程，为应对所谓"灰色地带"挑战而采取包括军事行动在内的强制性手段做铺垫。

除了开展针对恶意网络活动的个案研究以及国内立法合作之外，推动认可美日两国相关做法的国际共识，即可以依据主观判定网络攻击的性质而援引自卫权或集体防御原则，同样可以为美日两国在网络空间开展军事和执法等强制性行动提供所谓的国际支持。由于网络攻击红线本身存在模糊之处，政府间磋商以及学术界和产业界的讨论也能在一定程度上弥合各方分歧。因此，两国不仅在同盟内加强跨部门、跨领域的协调和沟通，而且围绕网络空间规则制定、积极构建与其他盟友和伙伴的区域协调机制。

（二）借助"四国机制"和东盟强化"印太地区"规则共识

美日第七届网络对话指出，双方旨在以自由、民主的普世价值观推动网络空间的规则制定，而"印太地区"的自由和开放与确保网络空间的安全和可靠密切相关。②作为美国"印太战略"的重要基

---

① Ministry of Foreign Affairs, Japan, "Joint Statement of the Security Consultative Committee," April 19, 2019, https://www.mofa.go.jp/files/000470738.pdf.

② U. S. Department of State, "The Seventh U. S. – Japan Cyber Dialogue," November 7, 2019, https://www.state.gov/the – seventh – u – s – japan – cyber – dialogue/.

石，美、日、印、澳"四国机制"于 2019 年升级为部长级磋商，并强调网络安全对地区稳定的重要意义。尽管"四国机制"尚未就网络空间国际规则达成具体协议，但四国之间早已形成多年的双边网络对话机制。

除了美日之外，美国和澳大利亚之间已经通过"五眼联盟"建立了长期的情报共享机制。美国和印度则在 2016 年第五届网络对话上发表联合声明，双方同意就网络威胁实现信息共享，加强网络执法合作，并推动负责任的网络空间行为准则和建立信任措施。①日本则以"促进网络空间法治、建立信任措施以及开展能力建设"作为其网络安全外交的三大支柱，与印度和澳大利亚开展了多轮网络对话。②而印度和澳大利亚也开展了三轮网络对话，围绕网络安全和国际规则制定进行了磋商。③

同时，东盟也是美日两国在"印太地区"拓展网络安全合作的重要对象。早在 2014 年，美日两国就宣布将共同帮助东盟国家提升网络防御能力，建立信任措施，并围绕网络空间的规则制定开展合作。④2016 年 9 月，日本—东盟峰会确认双方将围绕网络安全加强支援与合作。随后，日本国际协力机构（JICA）开始为部分东盟国家的网络安全部门官员提供培训。2018 年 6 月，日本—东盟网络安全

---

① White House, "Joint Statement: 2016 United States – India Cyber Dialogue," September 29, 2016, https: //obamawhitehouse. archives. gov/the – press – office/2016/09/29/joint – statement – 2016 – united – states – india – cyber – dialogue.

② Ministry of Foreign Affairs, Japan, "Third Japan – India Cyber Dialogue, Tokyo," February 27, 2019, https: //www. mofa. go. jp/press/release/press1e_000113. html; Ministry of Foreign Affairs, Japan, "The 4th Japan – Australia Cyber Policy Dialogue Joint Statement," March 8, 2019, https: // www. mofa. go. jp/fp/cp/page4e_000987. html.

③ Ministry of External Affairs, India, "3rd India – Australia Cyber Dialogue," September 4, 2019, https: //www. mea. gov. in/press – releases. htm? dtl/31794/3rd_IndiaAustralia_Cyber_Dialogue.

④ The White House Office of the Press Secretary, "U. S. – Japan Joint Statement: The United States and Japan: Shaping the Future of the Asia – Pacific and Beyond," April 25, 2014, https: // obamawhitehouse. archives. gov/the – press – office/2014/04/25/us – japan – joint – statement – united – states – and – japan – shaping – future – asia – pac.

中心在泰国启动。美日两国随后又共同举办了针对东盟国家的网络安全培训项目。①2019 年 10 月，首届美国—东盟网络对话在新加坡举行，旨在构建开放、安全、稳定的信息通信技术环境，并就负责任的网络空间国家行为提出非约束性规范建议。该对话还将日本—东盟网络安全中心纳入合作范围，从而满足地区成员在保护关键基础设施和打击网络犯罪方面的需要。②此外，美日两国还利用东盟地区论坛搭建有关网络安全信息共享和网络规则磋商的区域协调机制。尤其是日本以共同主席的身份与马来西亚和新加坡共同主持召开了第一届和第二届东盟地区论坛中使用信息和通信技术安全会议。③该会议还配套有关于建立信任措施的不限成员名额研究小组，由各国专家共同参与，并向联合国信息安全政府专家组和不限成员名额政府间工作组提供建议。④

尽管无论是"四国机制"还是东盟地区论坛都尚未就网络空间国际规则达成实质性的协议，但美日两国多年来通过多个双边和地区协调机制，借助政府间磋商和技术专家培训等手段，逐步弥合相关国家在网络规则方面的分歧，并谋求在全球网络空间治理进程中进一步提升话语权和影响力。在 2019 年 9 月召开的联合国大会期

---

① The Ministry of Economy, Trade and Industry, Japan, "US – Japan Cybersecurity Joint Training with ASEAN Member States Held," September 14, 2018, https：//www. meti. go. jp/ english/press/2018/0914_001. html.

② U. S. Mission to ASEAN, "Co – Chairs' Statement on the Inaugural ASEAN – U. S. Cyber Policy Dialogue," October 3, 2019, https：//asean. usmission. gov/co – chairs – statement – on – the – inaugural – asean – u – s – cyber – policy – dialogue/.

③ Ministry of Foreign Affairs, Japan, "ARF Inter – Sessional Meeting on Security of and in the Use of Information and Communication Technologies (ICTs) and 2nd ARF – ISM on ICTs Security," March 论坛（ARF）每年在东盟轮值主席国举行外长会议。每年举行 1 次高官会、1 次安全政策会议、1 次建立信任措施与预防性外交会间辅助（ISG）会议、5 场会间会（救灾、反恐与打击跨国犯罪、海上安全、防扩散与裁军、使用信息和通信技术安全会间会）和 2 次国防官员对话会（DOD）。参见外交部："东盟地区论坛"（最近更新时间为 2020 年 4 月），https：//www. fmprc. gov. cn/web/gjhdq_676201/gjhdqzz_681964/lhg_682614/jbqk_682616/。

④ Ministry of Foreign Affairs, Japan, "ARF – ISM on ICTs Security 5th SG," January 16, 2020, https：//www. mofa. go. jp/press/release/press4e_002757. html.

间，美国与包括日本以及"五眼联盟"国家在内的 26 个国家和地区签署了《关于在网络空间促进负责任的国家行为的联合声明》，并将中国和俄罗斯排除在外。与此同时，美国的军事同盟体系在网络空间的"集体防御"机制得到进一步扩展。在北约和美日同盟分别确认其安全条约适用于网络空间的基础上，日本已正式加入北约合作网络防御卓越中心，并寻求组建更加广泛的网络同盟，从而有效回应网络攻击。①由此可见，在国际法如何适用于网络空间的难题或将长期存在的背景下，美日两国正以国内法律规则和国际政治进程为其网络空间自由行动乃至军事行动做背书。然而，这种做法实际上是以单个国家或国家集团的私利凌驾于人类共同利益之上，以"丛林法则"和"先占逻辑"指导下的激进实践破坏国际社会共同制定规则的基础。当前世界主要国家纷纷出台网络安全战略，组建以网络空间为作战领域的军事单位，在这一新兴领域进行频繁的试探与博弈，增加了潜在冲突升级的风险。一旦以美日同盟为代表的传统军事同盟体系及其行动逻辑得到国际支持，无疑将加剧全球网络空间的紧张局势，或反噬美日网络安全的长期合作，甚至危及全球网络空间的战略稳定。

五、结论

美日同盟合作向网络空间延伸已是不争的事实，但美日网络安全合作在多大程度上能做到"无缝衔接"还面临结构性障碍。美国期待将一个更加强大的日本整合进自己的全球网络同盟体系，日本

---

① NATO, "Allies Agree Japan's Mission to NATO," May 24, 2018, https：//www. nato. int/ cps/ en/ natohq/ news_154886. htm；NATO, "NATO and Japan Intensify Dialogue on Cyber Defence," October 9, 2019, https：//www. nato. int/cps/en/natohq/ news 169493. htm? selectedLocale = en.

则需借助美国的安全承诺对外强化威慑，对内以共同防御突破资源和政策的约束。然而，美国进一步增加承诺也意味着其承诺可信度遭受挑战的概率大幅度上升。考虑到网络空间的复杂性和不确定性，这种可信度危机或与美日同盟时隐时现的结构性矛盾产生共振效应。在传统安全领域，日本国内力图通过扩军修宪，逐渐摆脱对美国保护的长期依赖。而在网络空间这一新兴领域，日本同样面临抉择。美国利用"棱镜"项目不仅窃听对手的重要信息，同样也包括针对日本政府以及重点企业的长期监听，引发同盟信任危机。①在特朗普上台后，美国外交政策更是整体上趋于单边主义，政策调整的随意性较大，且多次提出"抛弃"日本的言论。②这为美日同盟的发展增添了变数，也给双方的网络共同防御带来持续压力和风险。因此，美日同盟在对华网络威慑的协同政策上也并不完全一致。对日本来说，网络空间的模糊性很大。利用应对"灰色地带"挑战打破采取军事行动的枷锁是日本政府的着力点。但由于模糊的网络行为而卷入针对中国的网络攻击中，甚至根据跨领域战略思维将其上升到经济或军事层面可谓得不偿失。相比中日之间在网络安全议题上整体较为平和的表现，中美之间则在网络攻击、网络犯罪和科技管制等领域表现出更多的竞争和冲突。然而，这种冲突也并未无限制地蔓延到传统政治和安全领域。不难发现，在各大国竞相在网络空间进行试探与博弈的同时，维护网络空间基本的战略稳定，并采取更加谨慎和克制的态度符合各方的共同利益。所以，如何管控网络冲突，避免其迅速波及现实世界，依然是今后大国协调网络空间战略稳定的重点。

---

① "Wikileaks: US 'Spied on Japan Government and Companies'," *BBC News*, July 31, 2015, https: //www. bbc. com/news/world – asia – 33730758.

② "Trump Blasts US – Japan Defense Alliance Ahead of G20," *Financial Times*, June 27, 2019, https: //www. ft. com/content/506adafa – 9864 – 11e9 – 9573 – ee5cbb98ed36.

对中国来说，既要密切追踪美日同盟向网络空间的延伸，又要辨析两国在网络安全问题上的共同利益和可能的意见分歧。尤其在应对所谓"灰色地带"挑战这一当前热点问题上，中方需要进行长期深入的调查研究。一方面对美日同盟可能的联合行动做出预判并及早应对；另一方面要拿出中方对"灰色地带"挑战的判定标准。比如究竟什么样的网络行为构成所谓的"灰色地带"挑战；哪些网络行为构成国际法意义上的武装冲突行为，并自动触发自卫权和集体自卫权；对于网络攻击的自卫反击应该符合哪些国际法原则；对于不构成自卫反击的恶意网络行为又该如何应对等等。事实上，这些问题不仅局限于中、美、日三国之间，更是当前国际社会以及全球网络空间治理所面临的棘手问题。联合国信息安全政府专家组围绕上述问题的数轮谈判无果而终。部分国家和非政府组织则试图另起炉灶，设立新的标准和规范。网络空间作为与现实世界紧密相连的新兴领域，其治理需要各方群策群力，任何单一行为体的努力都难以确保网络空间的长治久安。中国作为负责任大国，在迈向建设网络强国的道路上，必然要对这些核心问题阐述自己的观点，甚至推广至国际社会，从而进一步丰富构建网络空间命运共同体的内涵。也只有这样，中国同美日两国之间才能有效确立网络安全领域的透明与信任措施，避免由于误判或意外冲突升级而造成连锁反应，殃及整体战略稳定。

网络恐怖主义防控中人工智能伦理的适用性探析*

汪晓风　林美丽**

摘　要： 网络恐怖主义利用网络空间的开放性和隐蔽性拓展活动空间，其网络依赖性为引入人工智能识别、跟踪、预测和应对网络恐怖主义提供了契机；另一方面，随着人工智能技术普遍应用，人工智能伦理问题也开始显现，各国政府、国际组织及网络平台相继提出人工智能伦理规范倡议和付诸行动，但这些伦理规范在网络恐怖主义防控中的适用性并未得到足够关注。当前，对网络恐怖主义威胁的重视弱化了对引入人工智能可能造成问题的担忧，人工智能伦理对网络恐怖主义反恐政策和实践的指导性不强。同时，国际社会对人工智能技术和应用提出了一些伦理规范倡议，但国际和区域层面的规范多数不具有约束力，在针对网络恐怖主义防控中的适用范围也有限。

关键词： 网络恐怖主义　人工智能伦理　反恐

网络恐怖主义是互联网发展和国际恐怖主义演变融合互动的产

＊ 本文发表于《中国信息安全》2022 年第 2 期。

＊＊ 汪晓风，复旦大学美国研究中心副研究员；林美丽，复旦大学国际关系与公共事务学院研究生。

物，恐怖分子或活跃于社交媒体宣扬恐怖理念和传播恐怖信息，或利用媒体分享发布恐袭视频和恐怖画面，或隐身于游戏空间进行秘密联络和策划恐袭行动。为遏止网络恐怖主义威胁蔓延，各国政府和国际社会加强合作，利用新科技手段以发现、跟踪恐怖组织和恐怖分子，协同阻止和打击恐怖活动，人工智能技术以其独特优势得到越来越广泛的应用。与此同时，人工智能在网络恐怖主义防控中暴露出来的合法性、公平性、隐私保护等伦理问题也值得关注。

一、人工智能在网络恐怖主义防控中的应用

近年来，随着人工智能技术的发展和应用的成熟，尤其神经网络、深度学习和强化学习等算法的发展带来人脸识别、语音识别、特征分析等领域效率大幅提升，世界各国越来越多地将人工智能应用于网络恐怖主义防控。

（一）人工智能应对网络恐怖主义的适用性

网络恐怖主义根植于网络空间，具有运行的网络依赖性和活动的网络隐秘性等特性，人工智能技术的应用能够大大提升网络恐怖主义防控的准确性和有效性。

首先，网络依赖性是人工智能用于识别和跟踪网络恐怖主义的基础。网络恐怖主义活动主要通过互联网进行，无论是在社交媒体上公开传播恐怖信息和宣扬恐怖理念，还是在暗网中隐秘地组织联络和策划恐怖活动，这种网络依赖性是网络恐怖主义的重要特征。对于恐怖分子或恐怖组织而言，互联网信息传播效率高、受众广泛，可为其尽可能扩大恐怖理念和恐慌心理的覆盖面提供便利，互联网

联络方式多样、交流迅速，使其指挥控制分布在不同地理位置甚至全球各地的分支机构成为可能，互联网资金和物流服务也很便捷，也成为其维持日常运转的重要依托。而人工智能技术和应用则能够利用网络恐怖主义这种网络依赖性，迅速准确地在海量信息中识别出恐怖组织、恐怖分子和恐怖活动的信息，大幅提升网络恐怖主义防控能力和效果。

其次，网络恐怖活动的隐蔽性和迷惑性是人工智能技术应用的优势。网络恐怖主义的信息传播往往通过其支持者进行，真正的恐怖分子尤其是重要成员并不直接在网络上展示真实身份。如印度推特博主迈赫迪·比斯瓦斯曾运营一个推特账号，发布大量与"伊斯兰国"有关的推文，在其账号下聚集了大量恐怖主义分子和支持者，但比斯瓦斯本人并非恐怖主义分子，与"伊斯兰国"也没有直接联系。因此，仅靠政府部门或网络平台的人工审查，难以从数量巨大的网络用户和纷繁复杂的网络活动识别和跟踪网络恐怖主义。而人工智能有能力应对海量、动态、复杂、隐秘和迷惑性数据信息，尤其适合于利用面部、体型、声音等个性特征准确识别和跟踪特定人员，可通过算法训练以检测网络活动中的异常情况，从而提供全面和动态的攻防屏障。[1]

最后，人工智能技术有助于提升防控网络恐怖主义的效率。人工智能的优势在于其能够通过大规模模型运算，合理化并提供最有可能实现特定目标的方案。人工智能是基于这一个原则，即人类的智能可以被定义为一种机器可以模仿并执行的任务，从最简单的识别到更复杂的推理。[2] 而人工智能这种通过大规模运算提出解决方案

---

① 程琳：《研究网络恐怖主义活动特点构建打防管控立体化体系》，载《网信军民融合》，2018 年第 11 期，第 3 页。

② Yeung, Joshua, "Basic Concepts of Artificial Intelligence and its Applications," https://medium. com/towards – artificial – intelligence/basic – concepts – of – artificial – intelligence – and – its – applications – 294fb84bfc5e.

的能力是人力无法比拟的，而且人工智能更擅长与从已有成功案例中学习并提出更优解决方案。

（二）人工智能应对网络恐怖主义的实践

网络恐怖主义由来已久，依托网络空间的繁荣而快速发展，从"基地"组织通过聊天室与支持者联系，到"基地"组织在油管上发布斩首视频，再到"伊斯兰国"通过脸书和推特公开招募新成员，在 2015 年前后达到鼎盛阶段。在国际社会合力打击下，网络恐怖主义有形存在基本被清除，传播链条被切断，网络公开活动大大缩减，这其中人工智能发挥了重要作用。

首先，各国政府积极将人工智能运用于网络恐怖主义防控。面对网络恐怖主义威胁，各国政府公共安全和反恐部门积极建立人工智能应用系统，识别、跟踪、清除和阻击恐怖主义分子和恐怖活动。英国政府将清除网络恐怖主义宣传和传播作为重要反恐目标，通过与科技公司合作开发人工智能预测系统，应用面部特征识别算法，能够在互联网上识别出大约94%"伊斯兰国"相关恐怖视频。美国国家安全局利用机器学习开发"天网"系统，通过分析通信数据，提取潜在涉恐信息，评估网络恐怖主义活动风险。[1] 美国国土安全部开发了一套"生物特征识别视觉监控系统"，通过深度学习算法，可在扫描人群后根据面部自动识别和定位跟踪。[2]泰国政府采用面部识别与语音识别技术，来打击三府穆斯林分离主义分子在社交媒体上

---

① 傅瑜、陈定定：《人工智能在反恐活动中的应用、影响及风险》，载《国际展望》，2018 年第 4 期，第 127 页。

② Charlie Savage, "Facial Scanning Is Making Gains in Surveillance," *The New York Times*, August 21, 2013, http://www.nytimes.com/2013/08/21/us/facial - scanning - is - making - gains - in - surveillance.html.

散布虚假信息、在公众与政府之间制造对立的活动。①

其次，国际组织积极倡导和政府间加强合作。联合国积极倡导和推动成员国之间的技术合作和经验分享，通过其反恐办公室、教科文组织、毒品和犯罪问题办公室、裁军事务办公室、裁军研究所、区域间犯罪和司法研究所等应对恐怖主义的专门机构和国际电信联盟等专业机构，为人工智能技术在反恐合作的适用性和具体路径提供指导。联合国反恐办公室曾提出，应用深度学习算法，提升识别图形、语音和视频能力，这将大大提升应对网络恐怖主义的有效性。② 国家间合作也在不断展开，美国和韩国共同研究和开发人工智能与网络安全技术，以携手打击网络恐怖主义，2016 年 5 月，美韩发布《关于联合研发人工智能技术探测黑客攻击风险威胁杜绝网络恐怖活动的意向声明》，表示将在人工智能领域加强合作，全面提升应对网络威胁的管理与处置能力。③

最后，互联网运营企业提升人工智能应用水平。网络平台是网络恐怖主义的活动场所，互联网运营企业的参与对于识别、跟踪和阻断网络恐怖主义至关重要。2019 年 3 月新西兰基督城发生枪击案，恐怖分子通过脸书直播枪击案过程，脸书 17 分钟后才判定该直播为恐怖活动。该事件促使脸书等网络平台采取更有效措施对抗网络恐怖主义，其中一项措施就是增加人工智能技术应用，以更迅速地辨

---

① Rachit Arunrungsri, "Strategies for managing cyber terrorism in the southern border provinces,", http：//www. dsdw2016. dsdw. go. th/doc_pr/ndc_2560 – 2561/PDF/8498st. pdf.

② UN Office of Counter – Terrorism, "Countering Terrorism Online With Artificial Intelligence, an overall for law enforment and counter – terrorism agencies in south asia and south – east asia," https：//www. un. org/counterterrorism/sites/www. un. org. counterterrorism/files/countering – terrorism – online – with – ai – un, unct – unicri – report – web. pdf.

③ 中国新闻网：《韩美两国拟共同研究人工智能打击网络恐怖主义》，2016 年 5 月 3 日，http：//korea. xinhuanet. com/2016 – 05/03/c_135329429. htm.

认网络恐怖主义相关图片、视频、文字以及假账户。^① 脸书推出一个"线上公民勇气倡议"项目，为政府部门、公民社会和行业领袖提供平台，在保护言论自由和人权的同时，提供打击在线仇恨言论、极端主义和种族主义所需的技术支持。^②谷歌公司投资开发的"谷歌大脑"，在机器学习理论和应用方面拥有巨大优势，谷歌将其语音和图像识别功能与网络反恐相结合，在语言、语音、翻译、视觉处理、排名和预测方面的许多工作都依赖于机器智能。^③

此外，国际组织和科技企业之间也加强了应对网络恐怖主义的合作，2017 年 6 月，联合国与互联网公司联合举办"全球网络反恐论坛"，呼吁国际社会协同努力，抵制来自"伊斯兰国"等恐怖主义势力在互联网上的扩张，为了共享反恐知识、加强技术协作、促进研究合作，论坛建设了一个行业共享哈希数据库，以便于各平台阻止国际恐怖分子和暴力极端分子对网络平台的利用。^④

二、网络恐怖主义防控中人工智能伦理问题的产生

先进技术几乎总是会引发伦理方面的问题，人工智能也不例外，尽管预防和打击网络恐怖主义拥有很强的道义正当性，但人工智能技术和应用伦理问题却不会消除，并随着人工智能在网络恐怖主义防控中广泛使用而变得日益突出。

---

① Alex Hern, "Facebook and YouTube defend response to Christchurch videos," The Guardian, March 19, 2019, https：//www.theguardian.com/world/2019/mar/19/facebook – and – youtube – defend – response – to – christchurch – videos.

② Facebook, "Counterspeech,", https：//counterspeech.fb.com/en/.

③ Google Research, "Machine Intelligence," https：//research.google/research – areas/machine – intelligence/.

④ 联合国：《联合国欢迎互联网巨头开展网络反恐倡议》，2017 年 6 月 27 日，https：//news.un.org/zh/story/2017/06/278092.

（一）人工智能应用对"无罪推定"法律原则的挑战

无论是响应政府要求，还是自主决定，将人工智能技术应用于防控网络恐怖主义，都需要在目标网络平台上安装数据搜集和监控系统，对特定网络用户的基本信息和活动信息进行跟踪和分析，以发现潜藏的网络恐怖分子，这是防控网络恐怖主义的基本模式。而建立这种监控模式的前提是这一群人都有嫌疑，或假定恐怖分子就潜藏于设定的监控目标中间。

事实显然并非如此，网络平台上绝大多数用户及其活动都正当合法，按照现行各国法律，普遍以"无罪推定"为立法前提，联合国《公民权利和政治权利国际公约》及《世界人权宣言》都确立了这一原则。故此，人工智能在应对网络恐怖主义中的广泛使用，无论是通过账号拥有者的地理来源和生物特征，还是依据发布内容和活动规律来识别或跟踪嫌疑人，在一定程度上都构成了对这一法律原则的挑战。

（二）人工智能识别和跟踪恐怖分子时的歧视与偏见

人工智能分析和判断能力取决于被训练数据集的可靠性，即被用于算法优化的数据本身必须是真实和无偏见的。如果在获取训练数据过程中就加入了种族、年龄、职业和性别偏见，那么通过人工智能算法形成的重要决策，也必然会产生不道德和不公平的后果。[1]联合国反恐办公室曾对此表示担忧，"人工智能算法能够适应不同的

---

[1] Harkut, D. G. and Kasat K. , "Introductory Chapter：Artificial Intelligence – Challenges and Applications," https：//www. intechopen. com/books/artificial – intelligence – scope – and – limitations/ introductory – chapter – artificial – intelligence – challenges – and – applications.

设定模式进行分析和判断，但不能理解和适应不断变化的世界"。①

人工智能系统往往将特定人种和种族的人员标记较高的风险等级，如美国法院系统会使用一款名为 COMPAS 的智能软件，帮助法官对被告和罪犯的保释金额、判刑等做出决策，但研究者发现，该系统倾向于裁定黑人被告相比白人被告更有可能是惯犯。反过来，技术人员也会专门针对人种和族裔特征改进算法，如增强对特定地区或宗教团体中留胡子和戴面纱人脸的识别率。

性别也是网络恐怖主义防控中人工智能伦理值得关注的问题，联合国教科文组织与 EQUALS② 一起发布了一项建议，通过建立机制和记录证据来帮助防止人工智能应用中的性别偏见问题，确定性别偏见的风险，并找到解决或预防性别问题的方法，该建议鼓励创建信息代码和协议，用于开发具有性别敏感性的数字数据助手人工智能系统，对用户的性别做出公正的反应。

（三）算法偏差和黑盒子特性

可信任人工智能系统的一个重要特性是不能出现算法偏差，这是确保决策公平的前提。然而，算法决策在很多时候其实就是一种预测，是以过去的数据预测未来的趋势，算法模型和数据输入决定着预测结果，这两个要素也就成为算法歧视的主要来源。这种偏差可能是群体歧视，即同一算法对不同群体给出不同的结果，也可能是个体偏差，即对不同样本之间的差异性结果。当通过人工智能识

---

① United Nations Office of Counter – Terrorism, "Countering Terrorism Online With Artificial Intelligence, an overall for law enforment and counter – terrorism agencies in south asia and south – east asia," https：//www. un. org/counterterrorism/sites/www. un. org. counterterrorism/files/countering – terrorism – online – with – ai – uncct – unicri – report – web. pdf.

② EQUALS 是国际电信联盟与联合国妇女署于 2014 年发起的合作项目，该项目旨在创建一个平台，促进妇女对信息通信技术的有意义的参与。

别网络恐怖分子和预测网络恐怖活动时，算法偏差将导致决策失误，或者将注意力放在无辜者身上，放过了真正的恐怖分子，甚至错过应对网络恐怖活动的最佳时机。

人工智能系统开发者和使用者对于系统原理的理解总会存在差异，尤其是开发者出于保护知识产权或技术机密，并不会将核心算法和关键技术全部提供给使用者。此外，当前人工智能决策所倚重的深度学习是典型的"黑箱"算法，连设计者可能都不知道算法如何决策，要在系统中发现是否存在偏差或偏差的来源，在技术上是比较困难的。这种黑盒子特性在人工智能系统中普遍存在，更增加了使用者在得到系统提供方案时进行自主决策的难度。

（四）规则一致性的挑战

目前尚不存在各方认可国际人工智能伦理规范，更谈不上识别和跟踪恐怖分子、阻止和对抗网络恐怖主义的技术标准和行为规范，反恐部门开发或采购不同的人工智能算法、应用时基于各自设定的规则，从而带来一些人工智能系统判定网络恐怖主义分子和网络恐怖活动的差别。这种规则一致性的缺失不仅会造成网络恐怖主义防控工作偏差，更重要的是会对各国政府、国际组织及网络平台之间的反恐合作造成障碍。

（五）新技术攻防对抗

随着人工智能在识别网络恐怖分子和跟踪网络恐怖活动中体现出优势，网络恐怖组织也开始提升对抗能力，特别针对人工智能算法和应用特性，发展出基于人工智能的反识别和反跟踪技术，如通过 Deepfake 生成个人头像，改变组织成员在社交媒体上的关联关系，阻止社会工程学的跟踪等。

三、人工智能伦理规则探索及争议

尽管迄今大多数人工智能伦理的探讨并不涉及网络恐怖主义防控问题，但其中的原则、规范、标准等仍有很强的关联性和适用性。因而，无论是国家人工智能应用规范，还是国际组织倡导的人工智能伦理，或是网络平台以自身认知执行的伦理规则，都可以合理延伸至网络恐怖主义防控的研究中。

（一）国家层面的实践

美国国防创新委员发布了一份《人工智能原则：国防部对人工智能伦理使用的建议》，该建议是应美国国防部 2018 年要求设计一套人工智能伦理原则而提出的，包含人工智能用于作战以及非作战时应遵循的责任、公平、可追溯、可靠和可控等五项原则。[①] 这是美国政府对军事人工智能应用所导致伦理问题的首次回应，基于美国国防部在全球反恐中所承担的角色，上述原则不仅适用于军事行动，显然也适用于反恐行动。虽然该建议还未成为一份正式政策文件，但美国国防部在其官方网站对该建议予以公布，由于美国国防创新委员会是一个独立的联邦顾问委员会，成员包括谷歌、微软等科技企业高管和专家，其提出的人工智能原则将会被美国国防部认可或作为讨论的基础。

---

① U. S. Defense Innovation Board, "Defense Innovation Board Report on AI Features Ethics Principles Recommendations," Octobor 2019, https：//media. defense. gov/2019/oct/31/2002204458/ - 1/ - 1/0/dib_ai_principles_primary_document. pdf.

中国政府发布了《新一代人工智能伦理规范》，提出在提供人工智能产品和服务时，应充分尊重和帮助弱势群体、特殊群体，并根据需要提供相应替代方案。同时要保障人类拥有充分自主决策权，确保人工智能始终处于人类控制之下。① 该规范旨在将伦理融入人工智能全生命周期，为从事人工智能相关活动的自然人、法人和其他相关机构等提供伦理指引，促进人工智能健康发展。该规范由国家新一代人工智能治理专业委员会制定，鉴于该委员会与科技部的密切关系，显示了从人工智能技术和研发着手，从源头上形成人工智能"道德算法"的思路。

新加坡个人数据保护委员会出台了人工智能治理框架，由新加坡人工智能伦理与治理知识机构和计算机协会推出的人工智能技术的开发和部署提供伦理方面的参考指南，旨在以实现"负责任、伦理和以人为本"的人工智能发展目标。此外，新加坡还强调，在人工智能的设计、开发和服务中，安全应首先考虑，强调人工智能应在操作过程中详细定义伦理原则，或将其作为规范。②

迄今为止，一些国家意识到将人工智能应用于网络恐怖主义防控中应考虑如何遵循人工智能伦理的问题，但总体上并没有对相关议题进行深入讨论，由于各国政府普遍重视网络恐怖主义威胁，这在一定程度上弱化了对引入人工智能可能造成问题的担忧，人工智能伦理对网络恐怖主义防控政策和实践的约束还是有限的。

① 中国国家新一代人工智能治理专业委员会：《新一代人工智能伦理规范》，2021 年 9 月 5 日，http：//www. most. gov. cn/kjbgz/202109/t20210926_177063. html。

② Eileen Yu, "Singapore releases AI ethics, governance reference guide,", October 17, 2020, https：//www. zdnet. com/article/singapore – releases – ai – ethics – governance – reference – guide/.

（二）国际和区域治理合作

2021 年 11 月 25 日，联合国教科文组织通过了《人工智能伦理问题建议书》，这是第一个规范性全球人工智能伦理框架，教科文组织总干事奥德蕾·阿祖莱指出，该建议的目的是确保透明度、问责制、隐私和人权，促使人工智能给社会带来积极影响及防止可能产生的风险。① 根据该建议，当人工智能应用于反恐行动时，应充分考虑其可能引发的伦理问题，包括应确保个人数据的透明度，个人应拥有删除个人数据记录、采取措施改善数据和控制自己数据的权利；应禁止社会评分和大规模监控，人工智能不应获得法律人格；应提供伦理评估途径和工具，建立人工智能伦理机制，帮助成员国评估各国法律和技术基础设施情况。

欧盟对于技术应用对个人权利的保护尤为关注，人工智能技术引发关于伦理、安全和保护个人信息等方面的挑战，使得欧盟强调制定适当的监管规则。② 从 2018 年开始，欧盟制定并实施一项人工智能相关授权法案，以确保内部人工智能应用安全和基本权利保障，尤其在隐私保护问题上加强监管。欧盟人工智能发展重点涵盖从开发控制、伦理规范和可靠性等，强调人工智能必须建立在伦理规范和价值观的基础上，应建立构成信任生态系统的框架，并确保人民与人工智能友好相处。③ 2020 年 2 月，欧盟委员会发布《人工智能白

---

① 联合国教科文组织：《教科文组织会员国通过首份人工智能伦理全球协议》，2021 年 11 月 25 日，https：//zh. unesco. org/news/jiao - ke - wen - zu - zhi - hui - yuan - guo - tong - guo - shou - fen - ren - gong - zhi - neng - lun - li - quan - qiu - xie - yi.

② 欧盟于 2021 年 4 月 21 日提出一项议案，要求严格限制人工智能恐威胁人类安全或权益的领域。

③ Bhumindr Butr - Indr,"Law and Artificial Intelligence," *Thammasat lampang law journal*, Vol. 3, No. 47, 2018, pp. 493 - 504.

皮书：走向卓越与信任之欧洲路径》①，提出两种方法来确定高风险
人工智能技术的准则：一是敏感工业部门使用人工智能或其工作方
式可能导致的影响；二是考虑人工智能可能产生影响的严重程度，
如生命危险、伤害或死亡、财产损失或对个人权利的影响。欧盟
《人工智能白皮书》对高风险人工智能应用给予了特别关注，这在应
对网络恐怖主义时产生的人工智能伦理问题具有特殊意义，尤其是
其中关于针对人工智能故障而加入人工干预的必要性、关于生物识
别技术作为身份认证的可靠性等方面的讨论等。

总体上，国际和区域层面达成或倡议的人工智能伦理原则倾向
于加强个人权益保护、强调非歧视原则等，对网络恐怖主义防控中
人工智能技术和应用增加了较多限制，但国际和区域层面的规范多
数不具有约束力，适用范围有限。

（三）网络平台和运营企业的困惑与选择

在网络恐怖主义防控过程中，网络平台和运营企业既是确保网
络活动合法合规的责任主体，也是应用人工智能部署和实施的运营
主体，还是人工智能伦理的约束对象，这三重身份增加了网络平台
选择和遵循人工智能伦理的困惑。

网络平台较早就认识到人工智能伦理问题，并试图通过组建专
家伦理委员会的方式以应对。2014 年，谷歌收购人工智能公司
DeepMind 后，即建立了一个伦理和安全委员会，以确保相关研发工
作符合人工智能伦理的方向。2018 年，优兔发起一个"变革创造
者"项目，与来自印度尼西亚、菲律宾、马来西亚、泰国和澳大利

---

① European Commission，"White Paper on Artificial Intelligence – A European Approach to Excellence and Trust"，Feburay 2020，https：//ec. europa. eu/info/sites/default/files/commission – white – paper – artificial – intelligence – feb2020_en. pdf.

亚等国的 15 个优兔频道及 14 个非政府组织合作，致力于阻隔或消除平台上来自或面向这些国家的歧视、仇恨、虚假及极端主义的言论和信息。[①]微软也成立了人工智能伦理道德委员会，提出遵守公平、可靠和安全、隐私和保障、包容、透明和责任等六个人工智能准则。[②]

但组建伦理委员会的方式并不能解决网络平台面临的两难处境。2021 年 2 月，谷歌人工智能伦理团队联合负责人玛格丽特·米切尔正式被解雇，谷歌称其存在多次违反公司行为准则和安全政策的行为，其中包括泄露机密的业务敏感文件和其他员工的私人数据，而米切尔则认为真正原因是其正在与人合作撰写一篇关于大型语言处理模型的危害的论文。因为研究的结果可能会损害谷歌的商业利益，并且米切尔以对人脸识别偏见的强烈批评而著称。这反映了网络平台的商业利益和人工智能伦理规则的内在冲突。

长期以来，社交媒体平台脸书的面部识别技术引发了广泛担忧，脸书也试图为面部识别技术的使用提供一套清晰的规则，2021 年 11 月，其母公司元宣布停止使用面部识别软件，并删除其通过人脸识别软件从用户处获得的所有数据。[③]元人工智能副总裁罗姆·佩森蒂表示，"超过三分之一的脸书日常活跃用户选择了人脸识别设置，并且能够被识别，删除它将导致超过 10 亿人的个人面部识别模板被删除。"这对于希望维护个人隐私和数据控制权利的脸书用户当然是个好消息，对那些隐藏在脸书平台上的恐怖组织和恐怖分子而言，这或许也是个好消息，而对希望借助人工智能系统与平台合作，以增强网络恐怖主义防控能力的反恐机构和组织而言势必就会感到失望了。

---

① Asia and the Pacific, "YouTube Creators for change," https：//www. asia - pacific. undp. org/content/rbap/en/home/programmes - and - initiatives/creators - for - change. html.

② https：//www. microsoft. com/en - us/ai/responsible - ai.

③ Jerome Pesenti, "An Update on Our Use of Face Recognition", November 2, 2021, https：//about. fb. com/news/2021/11/update - on - use - of - face - recognition/.

四、结论

物理学家斯蒂芬·霍金曾对人工智能充满期待，同时也满怀担忧，"有益的人工智能可以扩大人类能力和可能性，但失控的人工智能很难被阻止。所以，在开发人工智能时必须保证符合道德伦理与安全措施的要求。"就网络恐怖主义防控而言，似乎无论何种新技术的使用都具有正当性和必要性，但目标正义并不能替代手段正义，人工智能技术的复杂性和不确定性应引起重视，人工智能伦理也应当成为网络恐怖主义防控的前置规范。毕竟美国国家安全局以反恐为名行全球监控之实，曝光后遭到国内外一致谴责的历史并不久远。